MANNING

深入理解
Scala

Scala
IN DEPTH

〔美〕Joshua D. Suereth 著

杨云 译

U0285061

人 民 邮 电 出 版 社
北 京

图书在版编目（ＣＩＰ）数据

深入理解Scala / （美）苏瑞茨（Suereth, J.D.）著；
杨云译. -- 北京：人民邮电出版社，2015.1（2016.10 重印）
ISBN 978-7-115-36554-5

Ⅰ．①深… Ⅱ．①苏… ②杨… Ⅲ．①JAVA语言—程
序设计 Ⅳ．①TP312

中国版本图书馆CIP数据核字(2014)第251097号

内 容 提 要

  Scala 是一种多范式的编程语言，它既支持面向对象编程，也支持函数式编程的各种特性。

  本书深入探讨了 Scala 里几个较为复杂的领域，包括类型系统的高阶内容、隐式转换、特质的组合技巧、集合、Actor、函数式编程的范畴论等，而且不是干巴巴地讲述语言和库的概念。本书充满各种实用的建议和最佳实践，可以来帮助读者学习怎样把 Scala 里较少被掌握的部分应用到工作中。

  本书不是 Scala 的入门级教程，而是适合有经验的 Scala 程序员向专家水平进阶的参考读物。本书适合想要了解 Scala 语言的底层机制和技术细节的读者阅读参考。

◆ 著　　　　[美] Joshua D. Suereth
  译　　　　杨　云
  责任编辑　陈冀康
  责任印制　张佳莹　彭志环

◆ 人民邮电出版社出版发行　　北京市丰台区成寿寺路 11 号
  邮编　100164　电子邮件　315@ptpress.com.cn
  网址　http://www.ptpress.com.cn
  北京京华虎彩印刷有限公司印刷

◆ 开本：800×1000　1/16
  印张：18
  字数：385 千字　　　　　　　　2015 年 1 月第 1 版
  印数：6 901 – 7 300 册　　　　2016 年 10 月北京第 6 次印刷
  著作权合同登记号　图字：01-2012-4605 号

定价：59.00 元
读者服务热线：(010)81055410　印装质量热线：(010)81055316
反盗版热线：(010)81055315

前言

Joshua Suereth 似乎是我所知的最全面的程序员之一，熟悉各种编程语言和技术。他是高性能系统、构建工具、类型理论以及其他很多领域的专家。同时他在教学方面也极有才能。这些特质的结合使《深入理解 Scala》成为一本与众不同的书。

这本书深入探讨了 Scala 里几个较为复杂的领域，包括类型系统的高阶内容、隐式转换、特质的组合技巧、集合、Actor、函数式编程的范畴论等，而且不是干巴巴地讲述语言和库的概念。这本书里充满各种实用的建议和最佳实践来帮助读者学习怎样把 Scala 里较少被掌握的部分应用到工作中。书中的解释和例子展现出 Joshua 用 Scala 构建大型可伸缩系统的丰富经验。

《深入理解 Scala》不是一本入门级的书，而是有经验的 Scala 程序员向专家水平进阶的参考读物。书中所教的都是在构建灵活且类型安全的库时非常好用的技巧。其中很多都是"隐藏在民间"的技巧，第一次在本书中落在纸面上。

我还特别为另一件事而高兴：这本书填补了一个空白——它把正式的 Scala 语言规范中的关键部分解释给了不是专门研究语言的程序员们。Scala 是少数几个有正式的语言规范的编程语言之一。语言规范主要包含高度程序化的文本和数学公式，所以不是所有人都愿意一读。Joshua 的书在解释语言规范里的概念时做到了既权威又可理解。

Martin Odersky
Scala 语言的创始人
首席程序员
RESEARCH GROUP，EPFL

关于本书

《深入理解 Scala》是一本使用 Scala 的实用指导书，深入地探讨了一些必要的主题。这本书撷取了入门书籍忽略的主题，使读者可以写出符合 Scala 惯用法的代码，理解使用高级语言特性时的取舍。尤其是，这本书详细讲解了 Scala 的隐式转换和类型系统，然后才讨论怎样使用它们来极大地简化开发。本书提倡"混合风格"的 Scala 编程，结合使用不同编程范式以达成更大的目标。

谁应当阅读本书

本书适合新或中等水平的 Scala 开发人员来提升他们的开发技能。这本书在覆盖 Scala 中一些非常高阶的概念的同时，也尽量考虑了学习 Scala 的新手的需求。

本书的读者应当学过 Java 或别的面向对象语言。具有 Scala 经验可有助于读者阅读本书，但这种经验并不是必需的。本书覆盖 Scala2.7.x 到 Scala2.9.x 版本。

路线图

本书从讨论 Scala 的"禅"，也就是 Scala 的设计哲学开始——Scala 是把多种概念混合，达成 1+1 大于 2 的效果。 特别讨论了三组对立的概念：静态类型与表达力，函数式编程与面向对象编程，强大的语言特性与极简的 Java 集成。

第 2 章讨论 Scala 的核心规则。这些规则是每个 Scala 程序员都应当了解并在日常开发中使用的。这一章的内容适用每个 Scala 程序员，覆盖了那些使 Scala 如此卓越的基本内容。

第 3 章是关于编码风格及相关问题的插话。Scala 带来了一些新东西，任何 Scala 编码风格指导都应当反映这些内容。有些来自流行的编程语言如 Ruby 和 Java 的常用规则实际上会妨碍你写出好的 Scala 代码。

第 4 章覆盖了 Scala 的 mixin 继承带来的面向对象设计的新问题。每个 Scala 程序员都感兴趣的一个主题是早期初始化，这个主题在别的书里很少谈到。

谈完面向对象后，本书接着讨论隐式转换系统。在第 5 章，我们不是简单地讨论最佳实践，而是深入理解 Scala 的隐式转换机制。这章对于所有想写出有表达力的库和代码的 Scala 程序员都是必读章节。

第 6 章专注于 Scala 的类型系统。这章讨论 Scala 里"类型"的各种表现形式，以及如何利用类型系统来强制约束。这章接着进入到对高阶类型的讨论，然后深入到存在类型的讨论作为结束。

第 7 章讨论 Scala 语言最高阶的运用模式——类型系统和隐式转换的交叉使用。这种交叉使用带来了很多有趣而强大的抽象，典型的就是类型类模式。

讨论完 Scala 最高阶的部分后，在第 8 章，我们讨论 Scala 的集合库。内容包括 Scala 集合库的设计和性能，以及如何利用强大的类型机制。

第 9 章开始讨论 Scala 的 Actor。Actor 是一种并发机制，当正确使用时，可以提供极大的吞吐量和并行性。这一章从讨论基于 Actor 的设计入手，以展示 Akka actors 库默认提供的最佳实践作为结束。

第 10 章内容覆盖 Java 与 Scala 的集成。虽然 Scala 与 Java 的兼容性好于 JVM 上的大部分其他语言，但两者还是存在一些特性上的不匹配。这些不匹配的角落里容易发生 Scala-Java 集成问题，这章提供了几个简单规则来帮助避免这些问题。

第 11 章拿来了范畴论里的概念并使之实用化。在纯函数式编程里，很多来自范畴论的概念已经被应用到代码里。这些概念有点类似面向对象的设计模式，但是要抽象得多。虽然这些概念的名字挺吓人——这在数学上很常见——但它们其实极有实用价值。不讨论这些抽象概念就没法完整讲述函数式编程，本书尽力使这些概念更现实（不那么抽象）。

代码下载和约定

为了使代码显示区别于正文，本书中的所有代码都用等宽字体显示。很多代码清单里有一些用来指出关键点的注解。我已经尽量通过增加换行和使用缩进来调整代码格式，使注解能够在页面空间里显示完整，但偶尔还会有一些很长的语句不得不用换行连接符号。

书中所有例子的源代码可以在 www.manning.com/ScalainDepth 和 https://github.com/jsuereth/scala-in-depth-source 获取。要运行代码示例，读者需要安装 Scala 以及（可选的）SBT 构建工具。

全书包含很多代码示例，较长的代码有明显的清单标题，较短的代码直接显示在文本行之间。

作者在线

购买本书的同时，您获得了免费访问 Manning 出版社运营的私有网络论坛的权利，您可以在那里对本书做评论、询问技术问题、向作者和其他用户寻求帮助。要访问和订阅论坛，请在 Web 浏览器里打开地址 www.manning.com/ScalainDepth。这个页面提供了在注册后如何使用论坛，有哪些可用的帮助，以及论坛的指导规则等信息。

Manning 对读者的承诺仅是提供一个能够让读者之间、读者和作者之间进行有意义的对话的场所，并不承诺作者在论坛上的投入度。作者在论坛上的投入是义务的（无偿的）。我们建议您向作者提出一些有挑战的问题，以免他失去兴趣。

只要书还在印刷，作者在线论坛以及发生过的讨论将保持可访问。

作者简介

Josh Suereth 是 Typesafe 公司（Scala 背后的公司）的一名高级软件工程师。从 2007 年了解到 Scala 这门美丽的语言后，他就成了 Scala 的狂热分子。他在 2004 年开始了软件开发者的职业生涯，一开始先在 C++、STL 和 Boost 上磨砺技能。当时 Java 正在狂热传播，他的兴趣迁移到 Web 部署的基于 Java 的解决方案来帮助健康部门发现疾病的爆发。

他在 2007 年将 Scala 引入公司的代码库，然后迅速染上了 Scala 狂热症，他对 Scala IDE、maven-scala-plugin 和 Scala 本身都做出了贡献。今日，Josh 已经是好几个开源 Scala 项目的作者，包括 Scala 自动化资源管理库和 PGP sbt 插件，他还是 Scala 生态系统的一些关键组件的贡献者，比如说 maven-scala-plugin。他现在就职于 Typesafe 公司，做包括从构建 MSI 到侦测性能问题等各种事情。

Josh 定期地通过文章和演讲分享他的专业知识。他喜欢在海滩边散步还有喝黑啤。

致谢

在这本书出版的过程中得到了很多人的帮助。我将尽量全部列出，但我确信帮助我的人太多，实非我的小小脑袋能够全部记住。这本书让我知道我有非常多高水准的朋友、同事，还有家庭。

最应当感谢的是我的妻子和孩子，他们不得不忍受一个一直躲在角落里写书，该搭手帮忙的时候也不出来的丈夫和父亲。没有任何作者能够在没有家庭支持的情况下写一本书，我也不例外。

接着我要感谢 Manning 出版社和工作人员为使我成为一个真正的作者所做的事。他们不仅做了审阅、排版的工作，还帮助我提高有助于清晰沟通的写作技巧。对整个出版团队，我感激不尽，尤其要感谢 Katherine Osborne 容忍我的不断拖稿，宾夕法尼亚州的荷兰语式的语句和经常的拼写错误。Katherine 非常注意搜集对本书的读者之声，那些读过 MEAP（早期发行版）的读者应该能注意到本书的进步。

下一个应该感谢的群体是帮助我提高技术材料和文字写作的 Scala 专家和非专家们。在我写本书的差不多同时期，Tim Perret 正在为 Manning 出版社写《Lift in Action》。和 Tim 的讨论既有益又激励。对我不幸的是他先写完了他那本书。Justin Wick 是本书很多内容的审阅者和协作者，并最终帮助我使这本书所针对的读者范围比我开始时所想的大得多。他同时也是付印前最后一个审阅手稿和代码的人。Adriaan Moor，一如既往地在讨论类型系统和隐式解析时指出我所有的错误，使讨论既实用又正确。Eric Weinberg 是我的老同事，帮助提供了本书中给非 Scala 程序员的指导。Viktor Klang 审阅了"Actors"章节（和整本书）并提供了改进建议。也要感谢 Martin Odersky 的支持，感谢他给本书写序。感谢 Josh Cough，他是一个能在需要的时候跟我激荡创意的家伙，还有 Peter Simany，感谢他用电子邮件发给我对于整本书的非常详尽、细致、完整、极好的评审意见。

Manning 还联系了以下这些评审者，他们在不同阶段阅读了本书的手稿，我想在这里感谢他们无价的洞见和评论：John C. Tyler、Orhan Alkan、Michael Nash、John Griffin、

Jeroen Benckhuijsen、David Biesack、Lutz Hankewitz、Oleksandr Alesinskyy、Cheryl Jerozal、Edmon Begoli、Ramnivas Laddad、Marco Ughetti、Marcus Kazmierczak、Ted Neward、Eric Weinberg、Dave Pawson、Patrick Steger、Paul Stusiak、Mark Thomas、David Dossot、Tariq Ahmed、Ken McDonald、Mark Needham 和 James Hatheway。

最后，我要感谢所有 MEAP 版的评审者，他们给予我非常有价值的反馈，感谢他们的支持和本书付印前所得到的审阅意见。他们不得不忍受大量的拼写错误，使这本书由粗糙的初稿转变为最终的版本。

自序

2010 年秋，Manning 出版社的 Michael Stephens 联系我写一本关于 Scala 的书。当时我就职于一家主营虚拟化/安全方面的小创业公司，期间我学习并在工作代码中应用了 Scala 语言。在 Michael 和我的第一次会谈中我们讨论了 Scala 的生态系统和什么样的书对社区最有价值。

我认为 Scala 需要一本"实用 Scala"这样的书来指导那些 Scala 新人。Scala 是一种美丽的语言，但它一下子带给程序员很多新概念。我曾看着 Scala 社区慢慢地识别出最佳实践，慢慢地发展出完全属于"Scala"的编码风格，但我一直不确定我是不是写这本书的合适人选。当各种条件逐渐齐备——我对这个主题充满激情，有足够的自由时间来做研究，有社区牛人的支持——于是我决定写这本书。

在写作过程中我学到了很多，写这本书耗时如此之久的原因之一在于 Scala 的不断进化和不断涌现的新最佳实践。另一个原因则是我意识到自己的知识在 Scala 的某些领域非常不足。我想在这里告诉所有有志写书的作者，写书的过程能够让你成为专家。 在开始写书前你可能觉得自己本来就是专家，但我要告诉你真正的专业技能是在教导他人，是在尽力把复杂的概念清晰地解释给你的读者的过程中伴随着血、汗和泪成长起来的。

如果没有一直支持我的妻子、伟大的出版社、了不起的 Scala 程序员社区和愿意阅读我不同阶段的手稿，指出拼写错误，给出改进建议的读者，我绝不可能完成写这本书的旅程。感谢你们让这本书远超我独自一人能够达到的水平。

目录

第1章 Scala——一种混合式编程语言

本章包括的内容：
- 简要介绍 Scala 语言
- 剖析 Scala 语言的设计思想

Scala 是一种将其他编程语言中的多种技巧融合为一的语言。Scala 尝试跨越多种不同类型的语言，给开发者提供面向对象编程、函数式编程、富有表达力的语法、静态强类型和丰富的泛型等特性，而且全部架设于 Java 虚拟机之上。因此开发者使用 Scala 时可以继续使用原本熟悉的某种编程特性，但要发挥 Scala 的强大能力则需要结合使用这些有时候相互抵触的概念和特性，建立一种平衡的和谐。Scala 对开发者的真正解放之处在于让开发者可以随意使用最适合手头上的问题的编程范式。如果当前的任务更适合用命令式的设计实现，没什么规定禁止你写命令式的代码，如果函数式编程和不可变性（immutability）更符合需要，那程序员也可以尽管用。更重要的是，面对有多种不同需求的问题领域（problem domain），你可以在一个解决方案的不同部分采用不同的编程方法。

1.1 Scala 的设计哲学

为了理解 Scala 的哲学，我们需要理解产生 Scala 的环境：Java 生态圈 Java（TM）语言在 1995 年左右进入计算机科学领域，产生了巨大的影响。Java 和运行 Java 的虚拟机开始慢慢地变革了我们的编程方法。在那时候，C++正如日中天，开发者正在从纯 C 风格的编程转而开始学习如何有效地使用面向对象编程方法。尽管 C++有很多的优点，但它也有一些痛点，比如难以分发库（distributing libraries）以及其面向对象实现的复杂度。

Java 语言通过提供限制了部分能力的面向对象特性和使用 Java 虚拟机，同时解决了这两个痛点。Java 虚拟机（JVM）允许代码在一个平台上编写和编译后，几乎不费多大劲就能分发到其他的平台上。尽管跨平台问题并没有就此消失，但是跨平台编程的成本极大地降低了。

随着时间的推移，JVM 的执行效率越来越高，同时 Java 社区不断成长。HotSpot（TM）优化技术被发明出来，这样就可以先探测运行环境再进行针对性的代码优化。虽然这使得 JVM 启动速度变慢，但是之后的运行时性能则变得很适合于运行服务器之类的应用。尽管最初并非为企业服务器领域设计的，JVM 开始在此领域大行其道。于是人们开始尝试简化企业服务器应用开发，Enterprise Java Beans（TM）和较新的 Spring Application Framework（TM）出现，帮助程序员更好地利用 JVM 的能力。Java 社区发生了爆炸式的成长，创造出成百万的易于使用的库。"只要你能想到的，基本都能找到 Java 库"成为一个职场口号。Java 语言持续地缓慢进化，努力维持住其社区。

与此同时，部分开发者开始延展他们的羽翼，触及了 Java 本身设计上的局限之处。Java 简化了一些（编程元素），而社区中的部分成员需要增加一些复杂的，但是可控的元素。第二波创造 JVM 语言的浪潮掀起并持续至今。Groovy、JRuby、Clojure 和 Scala 等语言开始将 Java 程序员带入一个新时代。我们不再局限于一种语言，而是可以有多种选择，每一种语言都有不同的优点和弱点。Scala 是其中较为流行的一种。

Scala 语言创造者 Martin Ordersky 是 javac 编译器的作者，也是他将泛型引入 Java 语言中。Scala 语言衍生自 Funnel 语言。Funnel 语言尝试将函数式编程和 Petri 网结合起来，而 Scala 的预期目标则是将面向对象、函数式编程和强大的类型系统结合起来，同时仍然要能写出优雅、简洁的代码。将以上多种概念混合的目的是创造出一种既能让程序员真正用起来，同时又能用来研究新的编程范式的语言。事实上它取得了巨大的成功——它作为一种可行的有竞争力的语言已经开始被产业界采用。

要想掌握 Scala，你需要理解多种混合在一起的概念。Scala 试图将以下三组对立的思想融合到一种语言中。

- 函数式编程和面向对象编程。
- 富有表达力的语法和静态类型。
- 高级的语言特性同时保持与 Java 的高度集成。

我们来看一下这些特性是如何融合在一起的。先从函数式编程和面向对象编程概念开始。

1.2　当函数式编程遇见面向对象

函数式编程和面向对象编程是软件开发的两种不同途径。函数式编程并非什么新概念，在现代开发者的开发工具箱里也绝非是什么天外来客。我们将通过 Java 生态圈里的例子来展示这一点，主要来看 Spring Application framework 和 Google Collections 库。这两个库都在 Java 的面向对象基础上融合了函数式的概念，而如果我们把它们翻译成 Scala，则会优雅得多。在深入之前，我们需要先理解面向对象编程和函数式编程这两个术语的含义。

面向对象编程是一种自顶向下的程序设计方法。用面向对象方法构造软件时，我们将代码以名词（对象）做切割，每个对象有某种形式的标识符（self/this）、行为（方法）、和状态（成员变量）。识别出名词并且定义出它们的行为后，再定义出名词之间的交互。实现交互时存在一个问题，就是这些交互必须放在其中一个对象中（而不能独立存在）。现代面向对象设计倾向于定义出"服务类"，将操作多个领域对象的方法集合放在里面。这些服务类，虽然也是对象，但通常不具有独立状态，也没有与它们所操作的对象无关的独立行为。

函数式编程方法通过组合和应用函数来构造软件。函数式编程倾向于将软件分解为其需要执行的行为或操作，而且通常采用自底向上的方法。函数式编程中的函数概念具有一定的数学上的含义，纯粹是对输入进行操作，产生结果。所有变量都被认为是不可变的。函数式编程中对不变性的强调有助于编写并发程序。函数式编程试图将副作用推迟到尽可能晚。从某种意义上说，消除副作用使得对程序进行推理（reasoning）变得较为容易。函数式编程还提供了非常强大的对事物进行抽象和组合的能力。

表 1.1　　　　　　　　　　面向对象和函数式编程的一般特点

面向对象编程	函数式编程
对象的组合（名词）	函数的组合（动词）
封装的有状态的交互（Encapsulated stateful interaction）	推迟副作用
迭代算法	递归算法和 Continuations
命令流	延迟计算
-	模式匹配

函数式编程和面向对象编程从不同的视角看待软件。这种视角上的差异使得它们非常互补。面向对象可以处理名词而函数式编程能够处理动词。其实近年来很多 Java 程序员已经开始转向这一策略（分离名词和动词）。EJB 规范将软件切分为用来容纳行为的 Session bean 和用来为系统中的名词建模的 Entity bean。无状态 Session bean 看上去就更像是函数式代码的集合了（尽管欠缺了很多函数式代码有

用的特性）。

这种朝函数式风格方向的推动远不止 EJB 规范。Spring 框架的模板类（Template classes）就是一种非常函数式的风格，而 Google Collections 库在设计上就非常的函数式。我们先来看一下这些通用的 Java 库，然后看看 Scala 的函数式和混合面向对象编程能怎样增强这些 API。

1.2.1　重新发现函数式概念

很多现代 API 设计时都融入了函数式编程的好东西而又不称自己是函数式编程。对于 Java 来说，像 Google Collections 和 Spring 应用框架以 Java 库的形式使 Java 程序员也能接触到流行的函数式编程概念。Scala 更进一步，将函数式编程直接融合到了语言里。我们来将流行的 Spring 框架中的 JdbcTemplate 类简单地翻译成 Scala，看看它在 Scala 下会是什么样子。

清单 1.1　Spring 的 JdbcTemplate 类上的查询方法

```
public interface JdbcTemplate {
  List query(PreparedStatementCreator psc,           ❶查询对象列表
           RowMapper rowMapper)
  ...
}
```

现在，来直译一下，我们把接口转换为有相同方法的特质（trait）。

清单 1.2　查询方法的 Scala 直译

```
trait JdbcTemplate {
  def query(psc : PreparedStatementCreator,
             rowMapper : RowMapper) : List[_]
}
```

简单的直译也很有意思，不过它还是非常的 Java。我们现在来深挖一下，特别看看 PreparedStatementCreator 和 RowMapper 接口。

清单 1.3　PreparedStatementCreator 接口

```
public interface PreparedStatementCreator {
  PreparedStatement createPreparedStatement(Connection con)      ❶定义的唯一一个
    throws SQLException;                                            方法
}
```

PreparedStatementCreator 接口只有一个方法。这个方法接受 JDBC 连接，返回 PreparedStatement. RowMapper 接口看上去也差不多。

清单 1.4   RowMapper 接口

```
public interface RowMapper {
  Object mapRow(ResultSet rs, int rowNum)
      throws SQLException;
}
```
❶ 定义的唯一一个
方法

Scala 提供了一等函数（first-class function），利用这个特性，我们可以把 JdbcTemplate 查询方法改成接受函数而不是接口作为参数。这些函数应该跟接口里的基础方法有相同的签名。本例中，PreparedStatementCreator 参数可以替换为一个函数，这个函数接受 Connection，返回 PreparedStatement. RowMapper 可以替换成一个接受 ResultSet 和整数，返回某种对象类型的函数。更新后的 Scala 版本 JdbcTemplate 如下。

清单 1.5   Spring 的 JdbcTemplate 类的 Scala 版本初版

```
trait JdbcTemplate {
  def query(psc : Connection => PreparedStatement,
      rowMapper : (ResultSet, Int) => AnyRef
      ) : List[AnyRef]
}
```
❶ 使用一类函数

现在 query 方法变得更函数式了。它使用了称为租借模式（loaner pattern）的技巧。这种技巧的大意在于让一些主控的实体（controlling entity）——本例中是 JdbcTemplate——由它来构造资源，然后将资源的使用委托给另一个函数。本例中有两个函数和三种资源。同时，其名字 JdbcTemplate 隐含的意思是它是个模板方法，其部分行为是有待用户去实现的。在纯面向对象编程中，这一点通常通过继承来做到。在较为函数式的方法中，这些行为碎片（behavioral pieces）成为了传给主控函数的参数。这样就能通过混合/匹配参数提供更多的灵活性，而无需不断地使用子类继承。

你可能会奇怪为什么我们用 AnyRef 作为第二个参数的返回值。Scala 中的 AnyRef 就相当于 Java 里的 java.lang.Object。既然 Scala 支持泛型，即使要编译成 jvm1.4 字节码，我们也应该进一步修改接口移除 AnyRef，允许用户返回特定类型。

清单 1.6   Spring 的 JdbcTemplate 类的类型化后的版本

```
trait JdbcTemplate {
  def query[ResultItem](psc : Connection => PreparedStatement,
      rowMapper : (ResultSet, Int) => ResultItem
      ) : List[ResultItem]
}
```
❶ 有类型的返回列表

仅稍做转换，我们就创建了一个直接使用函数参数的接口。这比之前略为函数式一点，仅仅是因为 Scala 的函数特质允许组合。

当你读完本书的时候，你将能做出与此接口完全不同的设计。不过我们现在还是继续查看 Java 生态圈里的函数式设计。尤其是 Google Collections API。

1.2.2　Google Collections 中的函数式概念

Google Collections API 给标准 Java 集合库增加了很多功能，主要包括一组高效的不可变数据结构和一些操作集合的函数式方法，主要是 Function 接口和 Predicate（谓词）接口。这些接口主要用在通过 Iterables 和 Iterators 类上。我们来看下 Predicate 接口的使用方法。

清单 1.7　谷歌集合库的 Predicate 接口

```
interface Predicate<T> {
  public boolean apply(T input);
  public boolean equals(Object other);
}
```

❶ 匹配到 Function1.apply

Predicate 接口非常简单。除了 equals 方法，它就只有一个"apply"方法。apply 方法接受参数，返回 true 或 false。Iterators/Iterables 的"filter"方法用到了这个接口。filter 方法接受一个集合和一个谓词作为参数，返回一个新集合，仅包含被 predicate 的 apply 方法判定为 true 的元素。在 find 方法里也用到了 Predicate 接口。find 方法在集合中查找并返回第一个满足 predicate 的元素。下面列出 filter 和 find 方法签名。

清单 1.8　迭代器的 filter 和 find 方法

```
class Iterables {
  public static <T> Iterable<T> filter(Iterable<T> unfiltered,
      Predicate<? super T> predicate) {...}
  public static <T> T find(Iterable<T> iterable,
      Predicate<? super T> predicate) {...}
  ...
}
```

❶ 使用谓词的过滤器
❷ 使用谓词的 find 函数

另外还有个 Predicates 类，里面有一些用于组合断言（与和或等）的静态方法，还有一些常用的标准谓词，如"not null"等。这个简单的接口让我们可以用很简洁的代码通过组合的方式实现强大的功能。同时，因为 predicate 本身被传入到 filter 函数里面（而不是把集合传入到 predicate 里），filter 函数可以自行决定执行断言的最佳方法或时机。比如（filter 背后的集合）数据结构有可能决定采用延迟计算（lazily evaluating）断言的策略，那它可以返回原集合的一个视图（view）。它也可能决定在创建新集合的时候采用某种并行策略。 关键是这些都被抽象掉了，使得库可以随时改进而不影响用户的代码。

　　Predicate 接口自身也很有趣，因为它看上去就像个简单的函数。这个函数接受某个类型 T，返回一个布尔值，在 Scala 里用 T => Boolean 表示。我们用 Scala 来重写一下 filter/find 方法，看看它们的函数签名怎样定义。

清单 1.9　迭代器的 filter 和 find 方法的 Scala 版本

```
object Iterables {
    def filter[T](unfiltered : Iterable[T],
        predicate : T => Boolean) : Iterable[T] = {...}
    def find[T](iterable : Iterable[T],
            predicate : T => Boolean) : T = {...}     ❶ 不需要？
    ...
}
```

　　你会立刻注意到 Scala 里无需显示的标注 "? super T"，因为 Scala 的 Function 接口已经恰当地标注了协变（Covariance）和逆变（Contravariance）。如果某类型可以强制转换为子孙类，我们称为协变（+T 或? extends T），如果某类型可以强制转换为祖先类，我们称为逆变（-T 或? super T）。如果某类型完全不能被强制转换，就称为不变（Invariance）。在这个例子里，断言的参数可以在需要的时候强制转换为其祖先类型。举例来说，如果猫是哺乳动物的子类，那么一个针对哺乳动物的断言也能用于猫的集合。在 Scala 中，你可以在类定义的时候指定其为协变/逆变/不变。

　　那么在 Scala 里怎么组合断言呢？我们可以利用函数式组合的特性非常方便地实现一些组合功能。我们来用 Scala 实现一个新的 Predicates 模块，这个模块接受（多个）函数断言作为参数，提供它们的常用组合函数。这些组合函数的输入类型应该是 T => Boolean，输入类型也是 T => Boolean。初始的（组合前的）断言应该也是 T => Boolean 类型。

清单 1.10　Predicates 的 Scala 版

```
object Predicates {
  def or[T](f1 : T => Boolean, f2 : T => Boolean) =
        (t : T) => f1(t) || f2(t)                    ❶ 显式的匿名函数
  def and[T](f1 : T => Boolean, f2 : T => Boolean) =
        (t : T) => f1(t) && f2(t)
  val notNull[T] : T => Boolean = _ != null          ❷ 函数语法的占位符
}
```

　　现在我们开始踏入函数式编程的领域了。我们定义了一等函数（first-class function），然后把它们组合起来提供新的功能。你应该注意到了 or 方法接受两个断言，f1 和 f2，然后产生一个匿名函数，这个函数接受参数 t，然后把 f1（t）和 f2（t）的结果 "or" 一下。函数式编程也更充分地利用了泛型和类型系统的能力。Scala 投入了很多心血来减少使用泛型时的困难，使泛型可以被"日常使用"。

函数式编程并不仅仅就是把函数组合起来而已。函数式编程的精髓在于尽可能地推迟副作用。上例中的 Predicate 对象定义了一个简单的组合机制，只是用来组合谓词（而不执行）。直到实际的谓词传递给 Iterables 对象后才产生副作用。这个区分很重要。我们可以用 Preicate 对象提供的辅助方法把简单的谓词组合成很复杂的谓词。

函数式编程给我们提供了手段来推迟程序中改变状态的部分。它提供了机制让我们构造"动词"，同时又推迟副作用。这些动词可以用更方便推理（reasoning）的方式组合起来.直到最后，这些"动词"才被应用到系统中的"名词"上。传统的函数式编程风格是要求把副作用推到越晚越好。混合式面向对象-函数式编程（OO-FP），则是一种混合式风格（the idioms merge）

接下来我们看看 Scala 怎么解决类型系统和富有表达力的代码之间的矛盾。

1.3 静态类型和表达力

开发人员中有一个误解，认为静态类型必然导致冗长的代码。之所以如此是因为很多继承自 C 的语言强制要求程序员必须在代码中多处明确地指定类型。随着软件开发技术和编译器理论的发展，情况已经改变。Scala 利用了其中一些技术进步来减少样板（boilerplate）代码，保持代码简洁。

Scala 做了以下几个简单的设计决策，以提高代码表达力。

- 把类型标注（type annotation）换到变量右边。
- 类型推断。
- 可扩展的语法。
- 用户自定义的隐式转换。

我们先看看 Scala 是怎么改变类型标注的位置的。

1.3.1 换边

Scala 把类型标注放在变量的右侧。像 Java 或 C++等几种静态类型语言，一般都必须声明变量、返回值和参数的类型。在指定变量或参数的类型时，延续自 C 的做法是把类型标注放在变量名的左边。对于方法的参数和返回值来说，这是可以接受的，但在构造不同风格（style）的变量时就容易产生混淆。C++是最好的例子，它有很丰富的变量修饰符选项，比如 volatile、const、指针和引用等。

清单 1.11 C++里的整型变量示例

```
int x                                                    ❶可变整型变量
```

```
const int x
int & x
const int & const x
```

❷ 不可变整型变量

❸ 对整数值的引用

❹ 对不可变整数值的
不可变引用

把变量的类型和其修饰符混在一起的做法引致一些极其复杂的类型定义。而 Scala,和其他几种语言,则把类型标注放在变量的右边。把变量类型和修饰符分开能帮助程序员在读代码时减少一些复杂性。

清单 1.12 Scala 里的整型变量示例

```
var x : Int

val x : Int

lazy val x : Int
```

❶ 可变整型变量

❷ 不可变整型变量

❸ 延迟执行的不可变
整型变量

上例演示了仅仅把类型标准搬到变量右边,我们就可以使代码简化不少,而这还不是全部,Scala 能通过类型推断进一步减少语法噪音。

1.3.2 类型推断

只要能够进行类型推断,Scala 就会执行类型推断,从而进一步降低语法噪音(syntactic noise)。类型推断是指编译器自行判断类型标注,而不是强迫用户去指定。用户当然可以提供类型标注(如果他想),但他也可以选择让编译器来干这活。

清单 1.13 Scala 里的类型推导

```
val x : Int = 5
val y = 5
```

❶ 用户指定类型
❷ 编译器推断类型

这个特性能够极大地减少在其他强类型的语言中常见的语法噪音。Scala 更进一步对传递给方法的参数也进行某种程度的类型推断,特别是对(作为参数的)一等函数。如果已知一个方法接受一个函数参数,编译器能够推断出函数字面量(function literal)里面使用的类型。

清单 1.14 函数字面量类型推导

```
def myMethod(functionLiteral : A => B) : Unit
myMethod({ arg : A => new B })
myMethod({ arg => new B })
```

❶ 显式的类型声明
❷ 类型推断

1.3.3   抛开语法

　　Scala 语法采取了一种策略：如果一行代码的含义非常明确，就可以抛弃掉一些冗长的语法。这个特性可能会让刚学习 Scala 的用户感到困惑，但如果使用得当，这个特性是极其强大的。我们来看个重构代码的例子，从一个完全符合 Scala 标准语法的代码，简化为 Scala 社区的惯用写法。下面是 Scala 实现的 Quicksort 函数。

清单 1.15   冗长版的 Scala 快速排序

```
def qsort[T <% Ordered[T]](list:List[T]):List[T] = {      ❶ <%意思是 'view'
  list.match({
    case Nil => Nil;
    case x::xs =>
      val (before,after) = xs.partition({ i => i.<(x) });
      qsort(before).++(qsort(after).::(x)));              ❷ ++和::意为聚合
  });
}
```

　　这段代码接受一个 T 类型的列表，T 可以被隐式转换为 Ordered[T]类型（T <% Ordered[T]）。我们会在第 6 章详细讨论类型参数及其约束，目前先不要关注于此。简单来说，我们需要一个列表，里面的元素是可以排序的，所以该元素应该有个判断是否小于的方法"<"。然后我们检查列表，如果是空列表或 Nil，我们就返回个 Nil 列表。如果列表里有内容，我们取出列表的头（x）和尾（xs）。我们用头元素来把尾列表切分成两个列表。接着我们对这两个列表分别递归调用 quicksort 方法。在同一行上，我们把排序后的列表和头元素结合为一个完整的（排序后的）列表。

　　你可能会想，"哇哦，Scala 代码看上去真丑"。就这个例子来说，你可能是对的。代码相当凌乱，难以阅读。有很多语法噪音掩盖了代码本身的含义。不仅如此，qsort后面还有很多吓人的类型信息。让我们拿出手术刀，割掉那些讨厌的玩意。首先，Scala可以自行推断分号。编译器会假定一行结束就是一个表达式的结束，除非你在行末留了什么未完结的语法片段，比如方法调用前的那个"."（like the . before a method call）。

　　光删除分号显然没多大帮助。我们还需要应用"操作符"（operator notation）。操作符是 Scala的一个能力，可以把方法当作操作符。无参数的方法可以用作后缀操作符（postfix operator），只有一个参数的方法可以当作中缀操作符（infix operator）。还有一些对特殊字符的专门规定，比如方法名的最后一个字符如果是":"，则方法的调用方向反转。下面的代码演示了这些规则。

清单 1.16   操作符

```
x.foo();    /*is the same as*/ x foo        ❶ 后置符号
x.foo(y);   /*is the same as*/ x foo y      ❷ 中置符号
x.::(y);    /*is the same as*/ y :: x       ❸ 反转中置符号
```

在定义匿名函数时（又称 lambda），Scala 提供了占位符语法。可以使用 "_"关键字作为函数参数的占位符。如果使用多个占位符，每个相应位置的占位符对应于相应位置的参数。这种写法通常在定义很简单的函数时使用，比如我们的 Quicksort 例子里面比较元素大小的那个函数字面量。

我们可以结合使用占位符语法和操作符来改进我们的快速排序算法。

清单 1.17　较简洁版的 Scala 快速排序

```
def qsort[T <% Ordered[T]](list:List[T]):List[T] = list match {
    case Nil => Nil
    case x :: xs =>
        val (before, after) = xs partition ( _ < x )
        qsort(before) ++ (x :: qsort(after));
}
```

❶用占位符替代=>

Scala 不仅为简单场景提供了语法糖，它还提供了隐式转换和隐式参数机制让我们可以扭曲（bend）类型系统。

1.3.4　隐式转换概念早已有之

Scala 隐式转换是老概念的新用法。我是在 C++的基础类型上第一次接触到隐式转换的概念。只要不损失精度，C++可以自动转换基础类型，比如我可以在声明 long 值的时候给它个 int。对于编译器来说，实际的类型 "double"，"float"，"int" 和 "long" 型都是不同的，但在混用这些值时编译器尝试智能地去 "做正确的事"（Do the Right Thing (TM)）。Scala 提供了相同的机制，但是是作为一个语言特性给大家使用（而不是只让编译器用）。

Scala 会自动地加载 scala.Predef 对象，使它的成员方法对所有程序可用。这样可以很方便地给用户提供一些常用函数，比如可以直接写 println 而不是 Console.println 或 System.out.println。Predef 还提供了 "基础类型拓宽"（primitive widenings）。也就是一些能够把低精度类型自动转换为高精度类型的隐式转换。我们来看一下为 Byte 类型定义的转换方法。

清单 1.18　scala.Predef 对象里的字节转换方法

```
implicit def byte2short(x: Byte): Short = x.toShort
implicit def byte2int(x: Byte): Int = x.toInt
implicit def byte2long(x: Byte): Long = x.toLong
implicit def byte2float(x: Byte): Float = x.toFloat
implicit def byte2double(x: Byte): Double = x.toDouble
```

这些方法只是简单地调用运行时转换（runtime-conversion）方法。方法名前面的

implicit 关键字说明编译器会在需要对应的类型时尝试对 Byte 调用对应的方法。比如说，如果我们给一个需要 Short 类型的方法传了一个 Byte，编译器会调用隐式转换方法 byte2short。Scala 还把这个机制更进一步：如果对一个类型调用一个它没有的方法，Scala 也会通过隐式转换来查找这个方法。这比仅仅提供基础类型转换提供了更多的便利。

Scala 也把隐式转换机制作为扩展 Java 基础类型（Integer、String、Double 等）的一种手段。这允许 Scala 直接使用 Java 类以方便集成，同时提供更丰富的方法（method）以便利用 Scala 更为先进的特性。隐式转换是非常强大的特性，也因此引起一些人的疑虑，关键在于知道如何以及何时使用隐式转换。

1.3.5　使用 Scala 的 implicit 关键字

用好隐式转换是操纵 Scala 类型系统的关键。隐式转换的基础应用场景是按需自动地把一种类型转换为另一种，但它也可以用于有限形式的编译时元编程（limited forms of compiler time metaprogramming）。要使用隐式转换必须把它关联到某个作用域。可以通过伴生对象或明确的导入来做关联。

implicit 关键字在 Scala 里有两种不同用法。第一种用法是给方法声明一种特殊参数，如果编译器在作用域里找到了合适的值就会自动传递给方法。这可以用来把某 API 的某些特性限定在某个作用域里。因为 implict 采用了继承线性化（inheritance linearizion）的查找策略，所以可以用来修改方法的返回值。这使用户可以写出非常高级的 API 以及玩一些类型系统的小把戏，在 Scala collections API 里就使用了这种技术。这些技术会在第 7 章详加解释。

implicit 关键字的另一种用法是把一种类型转换为另一种。有两种场景会发生隐式转换，第一种场景是当你给一个函数传递参数的时候，如果 Scala 发现函数需要的参数类型（跟传给它的）不一样，Scala 会首先检查类型继承关系，如果没找到，就会去查找有没有合适的隐式转换方法。隐式转换方法只是普通的方法，用 implicit 关键字做了标注，该方法接受一个参数，返回某些结果（译著：实际上是接受转换前的参数，返回转换后的结果，然后 Scala 用转换后的结果作为参数去调之前那个函数）。第二种场景是当调用某类型的某方法时，如果编译器发现该类型没有这个方法，Scala 会对该查找适用于该类型的隐式转换，直到找到一个转换后具有该方法的结果，或者找不到（编译出错）。这种做法在 Scala 的 "pimp my library" 模式中得以应用，这些内容也会在第 7 章详解。

这些特性的组合给 Scala 带来了非常有表达力的语法，同时保持其高级的类型系统。创造有表达力的库需要深入理解类型系统，也必须彻底理解隐式转换的知识。第 6 章会全面地覆盖类型系统的知识。Scala 类型系统跟 Java 也能很好地交互，这是 Scala 的关键设计之一。

1.4 与 JVM 的无缝集成

Scala 的吸引力之一在于它与 Java 和 JVM 的无缝集成。Scala 与 Java 有很强的兼容性，比如说 Java 类可以直接映射为 Scala 类。这种紧密联系使 Java 到 Scala 的迁移相当简单，但在使用 Scala 的一些高级特性时还是需要小心的，Scala 有些高级特性是 Java 里没有的。在 Scala 语言设计时已经小心地考虑了与 Java 无缝交互的问题，用 Java 写的库，大部分可以直接照搬（as-is）到 Scala 里。

1.4.1 Scala 调用 Java

从 Scala 里调用 Java 库是透明的，因为 Java 惯用法直接对应到 Scala 惯用法。Java 类变成 Scala 类，Java 接口变成 Scala 抽象特质（trait），Java 静态成员被加入 Scala 伪对象（pseudo Scala object）。以上结合 Scala 的包导入机制和方法访问机制，使 Java 库感觉就像原生 Scala 库一样。虽然有过度简化之嫌，但一般情况下是直接就能用。举例来说，我们有个 Java 类，它有构造器，有一个成员方法和一个静态辅助方法。

清单 1.19 简单 Java 对象

```java
class SimpleJavaClass {
  private String name;
  public SimpleJavaClass(String name) {        ❶ 构造器
    this.name = name;
  }
  public String getName() {                    ❷ 类方法
    return name;
  }
  public static SimpleJavaClass create(String name) {   ❸ 静态辅助类方法
    return new SimpleJavaClass(name);
  }
}
```

现在我们在 Scala 里用这个 Java 类。

清单 1.20 在 Scala 里使用简单 Java 对象

```scala
val x = SimpleJavaClass.create("Test")       ❶ 调用 Java 静态方法

x.getName()                                   ❷ 调用 Java 方法

val y = new SimpleJavaClass("Test")           ❸ 使用 Java 构造器
```

这种映射非常自然，使用 Java 类库成为用 Scala 做开发时很自然的事。除了有这种紧密集成，你通常还能找到 Java 库的瘦 Scala 包装（thin Scala wrapper），提供一些 Java API 无法提供的高级特性。尝试在 Java 中使用 Scala 库时，这些特性就变得很凸显。

1.4.2　Java 调用 Scala

Scala 尝试以最简单的方式把其特性映射到 Java。大部分 Scala 特性可以一对一地简单映射为 Java 特性，比如类、抽象类、方法等。Scala 有些相当高级的特性就难以简单的映射了，包括对象、一等函数和隐式转换等。

Scala 对象映射到 Java

虽然 Java 的静态（statics）映射为 Scala 对象，但 Scala 对象实际上是个单例类（singleton）的实例，在编译时此单例类命名为对象名后加个$符号。这个单例类里有个 Module$静态成员，指向其唯一一实例。Scala 还提供了转发静态方法的能力，这些静态方法位于伴生类里（一个与 object 同名的类）。虽然 Scala 本身并没有使用静态方法，但是它们给从 Java 里调用 Scala 提供了便利的语法。

清单 1.21　简单 Scala 对象

```
object ScalaUtils {
  def log(msg : String) : Unit = Console.println(msg)      ❶ 简单的 Scala 方法

  val MAX_LOG_SIZE = 1056                                  ❷ 简单的 Scala 属性
}
```

清单 1.22　在 Java 里使用简单 Scala 对象

```
ScalaUtils.log("Hello!");                                       ❶ 用作静态调用

ScalaUtils$.MODULE$.log("Hello!");                              ❷ 使用单实例

System.out.println(ScalaUtils$.MODULE$.MAX_LOG_SIZE());         ❸ 变量变成了

System.out.println(ScalaUtils.MAX_LOG_SIZE());                  ❹ "方法"
```

Scala 函数映射到 Java

Scala 鼓励使用作为对象的函数（function as object），或称一等函数。到 Java1.6 为止，Java 语言（和 JVM 虚拟机）都还没有这样的概念。因此 Scala 创造了函数特质符号（notion of Function traits），一共有 23 个特质代表 0 到 22 个参数的函数。当编译器碰到需要把方法当做函数传递的场景时，就构造一个（参数数量）合适的特质的匿名子类。

由于特质无法映射到 Java，从 Java 中传递一等函数到 Scala 也就很难实现，但也不是完全没办法。

清单 1.23　在 Java 里调用需要函数作为参数的 Scala 方法

```
object FunctionUtil {
  def testFunction(f : Int => Int) : Int = f(5)
}

abstract class AbstractFunctionIntIntForJava extends
    (Int => Int) {
}
```

❶ 为了从 Java 调用而
提供的特殊抽象类

我们在 Scala 里构造了一个抽象类，这样 Java 实现起来就比 function 特质要容易。虽然这稍微简化了 Java 端的实现，但还是没百分百地简化问题。Java 类型系统和 Scala 对类型的编码中间还是存在不匹配，我们还是需要在调用 Scala 时对函数类型做强制转换。

清单 1.24　在 Java 里实现一等函数

```
class JavaFunction {
  public static void main(String[] args) {
 System.out.println(FunctionUtil.testFunction(
        (scala.Function1<Integer,Integer>)
            new AbstractFunctionIntIntForJava() {
    public Integer apply(Integer argument) {
      return argument + 5;
      }
    }));
  }
}
```

❶ 强制类型转换
❷ 一等函数
❸ 函数逻辑

所以在组合使用 Scala 和 Java 时，使用一等函数和更函数式的编程方法是可能的。但是还存在其他的手段来达到这个目的。这方面更详细的讨论以及其他 Java/Scala 交互相关的问题请见第 10 章。如你所见，Scala 可以很好地集成现有的 Java 程序，也可以和 Java 代码一起使用。Java/Scala 交互并非在 JVM 上跑 Scala 的唯一好处，JVM 本身也带来了巨大的好处。

1.4.3　JVM 的优越性

前文曾经提过，Java 的很多好处是 JVM 提供的。通过字节码，可以几乎原封不动地把库分发到很多不同的平台。JVM 在很多平台上经过仔细的测试，而且经过了大规模的企业部署。不仅测试完善，还在 Java 平台的性能方面投入了极大关注。HotSpot 编译器能在运行时对代码进行各种优化。用户可以简单地升级 JVM，然后立刻体验到性能提升，而无需打补丁或重编译。

HOTSPOT-ING

在 JVM 上运行 Scala 的首要好处是 HotSpot 运行时优化器。它会对程序进行运行时分析，自动对 JVM 字节码进行调优。Scala 运行于 JVM 上，自然就免费得到了这些优化。JVM 每次发布都提升了 HotSpot 编译器，也就连带着提升了 Scala 的性能。HotSpot 编译器使用了多种技术，包括以下这些。

- 方法内联（Method inlining）。
- 栈替换（On Stack Replacement）。
- 逃逸分析（Escape Analysis）。
- 动态去优化（Dynamic De-optimization）。

方法内联是指 HotSpot 能够判断是否能在调用点直接把被调的小方法的内容嵌入进去。这是 C++里我很喜欢的一项技术，而 HotSpot 能够动态判断这样做是否对性能有优化。栈替换指 HotSpot 能够判断一个变量应该放在栈（Stack）里还是堆（Heap）里。我记得用 C++的时候一个大问题就是在声明变量的时候应该把它放在栈里还是堆里。现在 HotSpot 可以为我回答这个问题。逃逸分析是指 HotSpot 分析判断各种东西是否逸出（escape）了特定作用域。这项技术主要用来在同步方法调用限定于某个作用域时减少锁开销，但也可以用于其他情况。动态去优化是 HotSpot 的一个关键特性，它有能力判断一个优化是否事实上没有提升性能，然后取消该优化，改用其他优化。以上特性的组合构成了很有吸引力的图景，这就是为什么各种新/旧语言（比如 Ruby）都很渴望在 JVM 上运行。

1.5   总结

本章中，你学到了一些 Scala 的设计理念。设计 Scala 的初衷在于把不同语言中的多种概念融合起来。Scala 融合了函数式和面向对象编程，尽管显然 Java 也已经这么做了。Scala 精选其语法，极大地减少了语言中的繁冗之处，使一些强大的特性可以优雅地表达，比如类型推断。最后，Scala 和 Java 能够紧密集成，而且运行在 Java 虚拟机上，这或许是让 Scala 变成一种实用选择的最重要的一点。几乎不花代价就可以把 Scala 用于我们的日常工作中。

因为 Scala 融合了多种概念，Scala 的用户发现他们要在函数式编程、面向对象、与现有 Java 应用集成、富有表达力的库 API 和通过类型系统确保需求（enforcing requirements through the type system）等方面做微妙的平衡，根据手头的需求做出的决定往往是最佳的。正是这些对立概念的交织，使得 Scala 成长兴盛，而这也正是需要最多关注的地方。本书会帮你趟过艰难领域，让你看到 Scala 闪耀的地方。

我们先来了解一些每个 Scala 程序员在做 Scala 编程时都需要知道的关键概念。

第 2 章   核心规则

本章包括的内容:

■ 使用Scala交互模式(Read Eval Print Loop 简称 REPL)
■ 面向表达式编程
■ 不变性（Immutability）
■ Option 类

　　本章内容覆盖了每个新 Scala 开发者都需要知道的几个主题。本章不会深入到每个主题里，但是会讲到可以让你自己去接着探索的程度。你将学会使用 REPL，学会如何利用这个工具做软件的快速原型开发。然后我们会学到面向表达式编程，并从另一个视角来看控制结构是怎么回事。在此基础上，我们来研究不变性，研究不变性为什么能帮助我们极大地简化程序，并且能帮助程序在并发环境下更好地运行。

2.1 学习使用 Scala 交互模式（REPL）

　　Scala 提供了很多学习材料帮助你学习核心语言内容，有很多在线的教程、示例和项目可以去研究。但是 Scala 提供的最重要的一个工具是交互模式 (REPL)。REPL 是一个交互式解释器，可以即时编译、运行代码并返回结果。假定你已经在机器上装好了 Scala，也设置了正确的路径，那么在命令行下运行 scala 命令就可以启动 Scala REPL。启动 Scala REPL 后屏幕上会输出如下内容：

```
$ scala
Welcome to Scala version 2.8.0.r21454-b20100411185142
  (Java HotSpot(TM) 64-Bit Server VM, Java 1.6.0_15).
Type in expressions to have them evaluated.
Type :help for more information.

scala>
```

后面的代码示例中，我会用 scala>提示这是输入到 REPL 的内容。接下来的一行是 REPL 的输出。我们在 REPL 里快速做几个例子，看看会得到什么输出。

```
scala> "Hello"
res0: java.lang.String = Hello

scala> "Hello".filter(_ != 'l')
res1: String = Hello

scala> "Hello".map(_.toInt + 4)
res2: scala.collection.immutable.IndexedSeq[Int] =
  Vector(76, 105, 112, 112, 115)

scala> "Hello".r
res3: scala.util.matching.Regex = Hello
```

你应该注意到了在我们输入解释器的每个语句后，它会输出一行信息，类似 res0: java.lang.String = Hello。输出的第一部分是 REPL 给表达式起的变量名。在这几个例子里，REPL 为每个表达式定义了一个新变量（res0 到 res3）。输出的第二部分（：后面的部分）是表达式的静态类型。第一个例子的类型是 java.lang.String，最后一个例子的类型则是 scala.util.matching.Regex。输出的最后一部分是表达式求值后的结果的字符串化显示。一般是对结果调用 toString 方法得到的输出，JVM 给所有的类都定义了 toString 方法。

图 2.1   REPL 的返回值

如你所见，REPL 是一种测试 Scala 语言及其类型系统的强有力手段。不仅如此，大部分构建工具都提供了机制让你能加载当前工程的 classpath，然后启动 REPL。这意味着你可以在 REPL 里访问工程中引用的库和你自己的代码。你能够在 REPL 里调用 API 和访问远端服务器。这是很棒的快速测试 Web 服务或 REST API 的方法，也导向我称为实验驱动开发（Experiment Driven Development）的方法。

2.1.1 实验驱动开发

实验驱动开发就是开发者在写测试或生产代码前，先花点时间在交互环境或 REPL 里做实验。这可以给你时间全面理解你需要打交道的软件或库的外部接口，并对其 API 的优点和缺点得到点切身体会。这是学习新发布的 Web 服务或 RESTful API 或最新的 Apache 库的极好办法，甚至可以用来学习你同事刚刚写出来的东西。在理解了 API 是怎么工作后，你就能更好地写自己的代码，或者开始写测试，如果你遵循测试驱动开发的话。

现在推动开发人员拥抱测试驱动开发（TDD）的呼声很高。TDD 要求开发者先写单元测试，然后写实现类。在你开始写测试前，你并不总是很清楚自己的 API 要定义成什么样的。TDD 的一个组成部分就是通过写测试来定义 API，这样你可以在（用户的）上下文里来看你的代码，可以感觉一下你自己愿意不愿意用你自己写的 API。由于表达力（较差）的原因，强类型语言在应用 TDD 时可能会比动态语言碰到更多麻烦。实验驱动开发将"定义 API"这个步骤向前期推动一步，提前到了写测试代码之前。REPL 帮助开发者确保其设计的 API 在类型系统里能表达得出来。

Scala 是一种语法非常灵活的强类型语言，因此有时候需要用点手段欺骗类型系统才能达成你真正想要的 API 设计。因为很多开发者缺乏强类型理论基础，所以经常需要更多的实验。实验驱动设计（Experiment Driven Design）让你在 REPL 里结合类型系统进行实验，以便为你的 API 提炼出最有效的类型定义。实验驱动设计主要用在给代码里添加大特性或领域对象的时候，不适合在添加新方法或者修 bug 时使用。

实验驱动设计在你定义领域特定语言时（DSL）也能帮上大忙。领域特定语言是用于特定领域的伪编程语言，这种语言专门用来解决手头的某个领域，比如说，从数据库里查询数据。DSL 可以是内部的，在很多 Scala 库里都能看到的；也可以是外部的，比如 SQL。在 Scala 社区，库开发者圈子里非常流行为自己的库创建一种 DSL。比如 Scala 的 actors 库定义了一种线程安全的发送和接收消息的 DSL。

用 Scala 定义 DSL 的挑战之一在于有效地利用类型系统。设计良好的类型安全的 DSL 不仅应该富有表达力、易读，而且应该能在编译期而不是运行期捕捉到很多编程错误。同时静态类型信息也可以极大地提高性能。REPL 不仅能用来实验怎样表达一个特定领域，而且能帮助你确定你得表达式是否能编译。进行 Scala 开发时，有些人采用下面这种创造性的流程。

- 在 REPL 里实验 API 设计。
- 把能工作的 API 拷贝到项目文件。
- 为 API 写单元测试。
- 修改代码直到测试通过。

有效地使用实验驱动开发能够极大地提高你的 API 的质量。也会帮你在推进过程中更适应 Scala 的语法。不过这种做法有个大问题，就是并非所有能用 Scala 表达的 API 都能在 REPL 里表达。这是因为 REPL 是积极（eagerly）解析输入，即时解释执行的。

2.1.2　绕过积极（eaglerly）解析

Scala REPL 尝试尽可能快地解析输入。这个特点加上其他一些限制，意味着有些东西很难甚至是无法在 REPL 里表达的。其中一个难以表达的重要的功能是伴生对象和伴生类。

伴生对象和伴生类是一组用完全一样的名字定义的对象和类。用文件编译的方式很容易实现，就像这样简单的声明对象和类：

```
class Foo
object Foo
```

这些语句在 REPL 里也能执行，但是它们不会像真的伴生类那样起作用。为证明这一点，我们来做一些只有伴生对象能做，普通对象做不了的事：访问类的私有变量。

清单 2.1　在 REPL 里使用伴生对象

```
scala> class Foo {
     |   private var x = 5
     | }
defined class Foo

scala> object Foo {
     |   def im_in_yr_foo(f : Foo) = f.x               ❶ 这可以正常编译
     | }
<console>:7: error: variable x cannot be accessed in Foo
       def im_in_yr_foo(f : Foo) = f.x
```

为了解决这个问题，我们需要把这些对象嵌入解释器里某个能访问到的其他作用域里。我们现在来把它们放入某个作用域里，以便能同时解释/编译类和伴生对象。

清单 2.2　在 REPL 里使用伴生对象的正确方法

```
scala> object holder {                                 ❶ 提供一个可访问的
     |   class Foo {                                        作用域
     |     private var x = 5
     |   }
     |   object Foo {
     |     def im_in_yr_foo(f : Foo) = f.x
     |   }
     | }
defined module holder                                  ❷ 整个 holder 对象一
                                                           起编译
scala> import holder.Foo
```

```
import holder.Foo

scala> val x = new Foo
x: holder.Foo = holder$Foo@a5c18ff

scala> Foo.im_in_yr_foo(x)
res0: Int = 5
```

我们在这创建了一个 holder 对象。这给了我们一个可访问的作用域，也把 REPL 的编译推迟到 holder 对象关闭的时候。这样我们就可以在 REPL 里测试/定义伴生对象了。

2.1.3　无法表现的语言特性

即使绕过了积极解析，也还有一些语言特性无法在 REPL 里重现。大多数这种问题都跟包、包对象、包可见性约束等问题有关。尤其是你无法像在源代码文件里一样有效地在 REPL 里创建包和包对象。这也意味着其他跟包有关的语言特性，特别是使用 private 关键字实现的可见性限制也无法在 REPL 里表达。包通常用来为你的代码设定命名空间，以便与你可能使用的其他类库分开。通常情况下你不需要在 REPL 里用到它，但是可能有些时候你需要把玩一些 Scala 的高级特性，比如包对象和隐式解析（implicit resolution），这时你可能会想做点实验驱动开发。但是这种场景下，你无法在 REPL 里去表达。

> **清单 2.3　在 REPL 里无法表达的语言特性**
>
> ```
> package foo                        ❶包定义
>
> package object bar {               ❷包对象
>   private[foo] def baz(...) = ...  ❸私有
> }
> ```

请不要绝望。如我之前说过的，大部分构建工具可以让你启动一个针对你当前工程的 Scala REPL。作为最后的手段，你可以在 Scala 文件里把玩那些高级概念，重编译然后重启 REPL 会话。

另外还有个工具叫做 JRebel（http://zeroturnaround.com/software/jrebel/），它可以动态地在运行中的 JVM 里重载类文件。JRebel 团队非常慷慨地为 Scala 中的使用提供了免费许可。利用这工具结合某种形式的持续编译——大部分 Scala 构建工具都提供的这一特性——你可以在修改工程文件后立刻在 REPL 会话里得到修改后的行为。对于 maven-scala-plugin，持续编译的细节见其网站：http://scala-tools.org/mvnsites/maven-scala-plugin/usage_cc.html。Simple Build Tool（http://code.google.com/p/simple-build-tool/）（译者注：已经搬迁到 github 了，https://github.com/harrah/xsbt/wiki）提供了 CC 任务来做持续编译。不管用哪种构建工具都必须和 JRebel 类加载器集成以便实现动态类重载。这个技巧有点过于细节，而且可能会变，所以如果需要帮助请参考你用的构建工具的文档或者 JRebel 网站。

在尝试创建大而复杂的系统前，你可以先利用 REPL 来实验 Scala 代码，获得一些真实的感觉。软件开发中，在开发一个新特性前，对当前系统得到一个稍微深入一些的理解（而不只是草草看过）往往是很重要的。Scala REPL 可以让你投入最少的时间达成对系统的理解，还可以提高你的开发技巧。本书全文穿插着很多 REPL 的例子，因为它是教学 Scala 的最好工具。我经常完全通过 REPL 运行示例，而不是采用 Java 开发时的标准做法，先写 main 方法或者单元测试。

REPL 也是开始学习面向表达式编程的极佳方法。

2.2　优先采用面向表达式编程

面向表达式编程是个术语，意思是在代码中使用表达式而不用语句。表达式和语句的区别是什么？语句是可以执行的东西，表达式是可以求值的东西。在实践中这有什么意义呢？表达式返回值，语句执行代码，但是不返回值。本节我们将学习面向表达式编程的全部知识，并理解它对简化程序有什么帮助。我们也会看一下对象的可变性，以及可变性与面向表达式编程的关系。

> **作者注：语句 VS 表达式**
> 语句是可以执行的东西，表达式是可以求值的东西。

表达式是运算结果为一个值的代码块。Scala 的一些控制块也是表达式。这意味着如果这个控制结构是有分支的，那么每个分支也必须被计算为一个值。if 语句就是个极佳的例子。if 语句检查条件表达式，然后根据条件表达式的值返回其中一个分支的结果。我们来看个简单的 REPL 会话：

```
scala> if(true) 5 else "hello"
res4: Any = 5

scala> if(false) 5 else "hello"
res5: Any = hello
```

如你所见，Scala 的 if 块是个表达式。我们的第一个 if 块返回 5，也就是表达式 true 的结果。第二个 if 块返回 hello，也就是表达式 false 的结果。要在 Java 里达到类似的目的，你得用下文所示的?:语法：

```
String x = true ? "true string" : "false string"
```

因此 Java 里的 if 块和?:表达式的区别在于 if 不被运算为一个值，Java 里你不能把 if 块的结果赋值给一个变量。而 Scala 统一了?:和 if 块的概念，所以 Scala 里没有?:语法，你只需要用 if 块就够了。这只是面向表达式编程的开始，实际上，Scala 绝大部分语句都返回其最后一个表达式的值作为结果。

2.2.1 方法和模式匹配

面向表达式编程挑战了其他语言的某些好的实践。用 Java 编程时，有个常用的实践是每个方法只有一个返回点。这意味着如果方法里有某种条件逻辑，开发者会创建一个变量存放最终的返回值。方法执行的时候，这个变量会被更新为方法要返回的值。每个方法的最后一行都会是个 return 语句。我们来看个例子。

清单 2.4 Java 惯用法：一个 return 语句

```
def createErrorMessage(errorCode : Int) : String = {
   var result : String = _                              ❶初始化为默认
   errorCode match {
     case 1 =>
       result = "Network Failure"                        ❷直接赋值结果
     case 2 =>
       result = "I/O Failure"
     case _ =>
      result = "Unknown Error"
   }
   return result;
}
```

如你所见，result 变量用来存放最终结果。代码流过一个模式匹配，相应地设置出错字符串，然后返回结果变量。我们可以用模式匹配提供的面向表达式语法稍微改进一下代码。事实上，模式匹配上返回一个值，类型为所有 case 语句返回的值的公共超类。如果一个模式都没有匹配上，模式匹配会抛出异常，确保我们要么得到返回值要么出错。我们把上面的代码翻译成面向表达式的模式匹配实现。

清单 2.5 使用面向表达式的模式匹配技巧重写的 createErrorMessage

```
def createErrorMessage(errorCode : Int) : String = {
  val result = errorCode match {                        ❶赋值模式匹配

    case 1 => "Network Failure"                          ❷返回表达式
    case 2 => "I/O Failure"                              ❷返回表达式
    case 3 => "Unkonwn Error"                            ❷返回表达式
  }                                                       ❷返回表达式
  return result
}
```

你应该注意到两件事。首先，我们把 result 变量改成了 val，让类型推导来判断类型。因为我们不在需要在赋值后改变 result 的值，模式匹配应该能够判断唯一的值（和类型）。

所以我们不仅减少了代码的大小和复杂度，我们还增加了程序的不变性。不变性（immutability）是指对象或变量赋值后就不再改变状态，可变性（mutability）是指对象或变量在其生命周期中能够被改变或操纵。我们将在下一节探讨可变性和面向表达式编程。你经常会发现面向表达式编程和不变对象合作无间。

我们做的第二件事是去掉了 case 语句里的所有赋值。case 语句的最后一个表达式就是 case 语句的"结果"。我们可以在每个 case 语句里嵌套更深的逻辑，只要在最后能得到某种形式的表达式结果就行。如果我们不小心忘了返回结果，或者返回结果不对，编译器也会警告我们。

代码看上去已经简洁多了，不过我们还可以再改进一点。用 Scala 开发时，大部分开发者会避免在代码里使用 return 语句，而更喜欢用最后一句表达式作为返回值（这也是所有其他面向表达式语言的风格）。实际上，对于 createErrorMessage 方法，我们可以完全去掉 result 这个中间变量。我们看下最后改进的结果。

清单 2.6 面向表达式的 createErrorMessage 方法最终版

```
def createErrorMessage(errorCode : Int) : String = errorCode match {
  case 1 => "Network Failure"
  case 2 => "I/O Failure"
  case _ => "Unkown Error"
}
```

你注意到我们甚至没为这个方法开个代码块吗？模式匹配是这个方法唯一一个语句，而它返回个字符串类型的表达式。我们完全把这个方法转化为了面向表达式的语法。注意到现在代码变得简洁得多，表达力也强多了吗？同时请注意，如果有任何类型不匹配或者无法走到的（unreachable）case 语句，编译器会警告我们。

2.2.2 可变性

面向表达式编程一般与不变性编程（immutable programming）搭档得很好，但是与可变对象协作就没那么好了。不变性是个术语，拿对象来说，一旦对象构造完毕，其状态就不再改变。面向表达式编程和可变性（也就是对象在其生命周期中可以改变状态）混搭的时候，事情就变得复杂了一点。因为使用可变对象的代码一般倾向于用命令式（imperative）的风格编码。

命令式编码可能是你以前熟悉的风格。很多早期语言，如 C、Fortran 和 Pascal 都是命令式的。命令式代码一般由语句构成，而不是表达式。先创建对象，设定状态，然后执行语句，而语句会"操纵"或改变对象的状态。对那些没有对象的语言也是一样，只不过改成了操纵变量和结构。我们来看个命令式编码的例子。

清单 2.7 命令式风格代码例子

```
val x = Vector2D(0.0,0.0)
x.magnify(2.0)
```

注意看这里构造了一个 Vector，然后通过 magnify 方法操纵其状态。而面向表达式的代码喜欢让所有的语句返回某个表达式或值，magnify 方法也不例外。在这个操纵对象的例子里，应该返回什么值呢？一个选择是返回刚被操纵过状态的对象。

清单 2.8 状态可变的面向表达式方法示例

```
class Vector2D(var x : Double, var y : Double) {
  def magnify(amt : Double) : Vector2D = {

    x *= amt
    y *= amt
    this
  }
}
```

乍看上去这是个很棒的选择，但实际上有严重的缺陷。尤其难以判断对象的状态是什么时候被改变的，在跟不变对象混用时缺陷就更明显。假设 Vector2D 的 - 方法符合数学上的定义，请你试试看能否判断出下面这段代码在结束时会打印出什么值？

清单 2.9 在表达式里混用可变和不可变对象

```
scala> val x = new Vector2D(1.0, 1.0)
x : Vector2D = Vector2D(1.0,1.0)

scala> val y = new Vector2D(-1.0, 1.0)
y : Vector2D = Vector2D(1.0, 1.0)

scala> x.magnify(3.0) - ((x - y).magnify(3.0)
res0 : mutable.Vector2D = ???
```

最后一句表达式的结果是什么呢？第一眼看上去结果应该是 vector（3.0，3.0）减去 vector（6.0，0.0），也就是（-3.0，3.0）。然而这里面每个变量都是可变的，也就是说变量的值是按照操作顺序修改的。我们来演算一下实际编译的结果。首先 x，vector（1.0，1.0）被放大 3 倍变成了（3.0，3.0）。然后我们用 x 减 y，x 变成了（2.0，4.0）。为什么？因为 - 方法右边的代码要先计算，其中（x-y）要先计算。接着我们再把 x 放大 3 倍，变成了（6.0，12.0）。最后我们用 x 减去 x 自己，结果是（0.0，0.0），你没看错，x 自己减自己。为什么？因为减号左边的表达式和减号右边的表达式都是 x 变量开头的。因为我们使用可变对象，也就说每个表达式最后返回 x 自身。所以不管我们做什么，我们最后都是调用 x-x，结果就是 vector（0.0，0.0）。

因为存在这种混淆性，在用面向表达式编程时最好使用不可变对象。尤其在有操作符重载的场合下，比如上例。而在有些场景下可变性和面向表达式编程也可以合作得很好，尤其是在使用模式匹配或 if 语句时。

编码时一个常见的任务是根据某个值查找某个对象的值。这些对象可以是可变的，也可以是不变的。而面向表达式编程可以发挥作用的地方是简化查找。我们来看个简单的例子：根据用户点击的菜单按钮查找需要执行的操作。当按下菜单按钮的时候，我们从事件系统接受到一个事件。这个事件里有哪个按钮被按下的标记。我们要执行某种操作并返回状态。我们看下面的代码。

清单 2.10 可变对象与表达式——正确的做法

```
def performActionForButton(buttonEvent : ButtonEvent,
                           form : Form) : Boolean =
  buttonEvent.getIdentifier match {
    case "SUBMIT" if form.isValid() =>
      try {
        form.submit()
        true                                              ❶返回值
      } catch {
        case t : FormSubmitError =>
          false                                           ❶返回值
      }
    case "CLEAR" =>
      form.clear()
      true                                                ❶返回值
    case _ =>
      false                                               ❶返回值
  }
```

注意看我们是怎么就地操纵对象并返回结果的。我们没有明确地用 return 语句，而是简单地写下我们打算返回的表达式。你可以看到这样的代码比创建一个用于存放返回值的变量来得简洁。也可以看到在表达式里混入操纵状态的语句导致代码的清晰性有所降低。这是我们更推崇不变性代码的原因之一，也就是下一节的主题。

面向表达式编程可以减少样板代码（boiler plate），使代码更优雅。其做法是让所有语句返回有意义的值，这样就可以减少代码的凌乱，增加代码的表达力了。现在是时候学习为什么我们要关注不变性了。

2.3 优先选择不变性

编程中的不变性指对象一旦创建后就不再改变状态。这是函数式编程的基石之一，也是 JVM 上的面向对象编程的推荐实践之一。Scala 也不例外，在设计上优先选择不变性，在很多场景中把不变性作为默认设置。对此，你可能一下子会不适应。本节中，我们将学到不变性对于判等问题和并发编程能提供什么帮助。

　　Scala 里首先要明白的是不变对象和不变引用（immutable referene）的区别。Scala 里的所有变量都是指向对象的引用。把变量声明为 val 意味着它是个不变"引用"。所有的方法参数都是不变引用，类参数默认为不可变引用。创建可变引用的唯一方法是使用 var 语法。引用的不变性不影响它指向的对象是否是不可变的。你可以创建一个指向不变对象的可变引用，反之亦然。这意味着，重要的是知道对象本身是不变的还是可变的。

　　对象是否有不变性约束不是那么显然的事。一般来说如果文档指出一个对象是不可变的，那么可以安全地假定它就是不可变的，否则就要小心。Scala 标准库里的集合类库把可变还是不变描述得很清楚，它有并列的两个包，一个放不变类，一个放可变类。

　　Scala 里不变性很重要，因为它有助于程序员推理代码。如果一个对象的状态不改变，那程序员找到对象创建的地方就可以确定其状态。这也可以简化那些基于对象状态的方法，这个好处在定义判等或写并发程序时尤其明显。

2.3.1　判等

　　优先选择不变性的关键原因之一在于简化对象判等。如果一个对象在生命周期中不改变状态，你就能为该类型对象创建一个既深又准的 equals 实现。在创建对象的散列（hash）函数时这一点也很关键。

　　散列函数返回对象的简化表现形式，通常是个整数，可以用来快速地确定一个对象。好的散列函数和 equals 方法一般是成对的，即使不通过代码体现，也会以某种逻辑定义的方式体现。如果一个对象的生命周期中改变了状态，那就会毁掉为该对象生成的散列代码。这又会连带着影响对象的判等测试。我们来看个非常简单的例子：一个二维几何点类。

> **清单 2.11　可变的 Point2 类**

```
class Point2(var x : Int, var y : Int) {
  def move(mx : Int, my : Int) : Unit = {
    x = x + mx
    y = y + my
  }
}
```

　　Point2D 类非常简单，它包含 x 和 y 值，对应 x 和 y 坐标轴上的位置。它还有个 move 方法，用来在平面上移动点。想象我们要在这个二维平面上的特定点上贴个标签，每个标签就只用一个字符串表示。要实现这功能，我们会考虑定义一个 Point2D 到字符串的映射。出于性能考虑，我们打算写个散列函数并用 HashMap 来存放这个映射。我们来试试可行的最简单方法：直接对 x 和 y 变量做散列。

清单 2.12　带有散列函数的可变 Point2 类

```
class Point2(var x : Int, var y : Int) {
  def move(mx : Int, my : Int) : Unit = {
    x = x + mx
    y = y + my
  }
  override def hashCode() : Int = y + (31*x)
}

scala> val x = new Point2(1,1)
x: Point2 = Point2@20

scala> x.##
res1: Int = 32


scala> val y = new Point2(1,2)
y: Point2 = Point2@21

scala> import collection.immutable.HashMap
import collection.immutable.HashMap

scala> val map = HashMap(x -> "HAI", y -> "ZOMG")
map: scala.collection.immutable.HashMap[
  Point2,java.lang.String] =
  Map((Point2@21,ZOMG), (Point2@20,HAI))

scala> map(x)
res4: java.lang.String = HAI

scala> val z = new Point2(1,1)
z: Point2 = Point2@20

scala> map(z)
java.util.NoSuchElementException: key not found: Point2@20
...
```

　　一开始代码执行结果看上去完全符合预期。但到我们试图构造一个与点 *x* 的值一样的新点对象时就不对了。这个新的点对象的散列值应该对应到 map 的同一块，然而判等检查却是否定的。这是因为我们没有为之创建自己的判等方法（equals）。默认情况下 Scala 用对象位置判等法和散列，而我们只覆盖了散列代码（hashCode）方法。对象位置判等法用对象在内存中的位置来作为判等的唯一因素。在我们的 Point2 例子里，对象位置判等可能是判等的一种便捷方法，但是我们也可以用 x 和 y 的位置来判等。

　　你可能已经注意到 Point2 类覆盖了 hashCode 方法，但我对 x 实例调用的却是##方法。这是 Scala 的一个规约。为了与 Java 兼容，Scala 同样使用在 java.lang.Object 里定义的 equals 和 hashCode 方法。但是 Scala 把基础数据类型也抽象成了完整的对象。编译器会在需要的时候为你自动打包和拆包基础数据类型。这些类基础数据类型

（primitive-like）的对象都是 scala.AnyVal 的子类，而那些继承自 java.lang.Objec 的"标准"对象则都是 scala.AnyRef 的子类。scala.AnyRef 可以看作 java.lang.Object 的别名。因为 hashCode 和 equals 方法只在 AnyRef 中有定义（AnyVal 里没有），所以 Scala 就提供了可以同时用于 AnyRef 和 AnyVal 的##和==方法。

> **作者注：hashCode 和 equals 应该总是成对实现。**
>
> equals 和 hashCode 方法应该实现为如果 x == y 则 x.## == y.##。

我们来实现自己的判等方法，看看结果会怎样。

清单 2.13 带有 hashing 和 equals 的可变 Point2 类

```
class Point2(var x : Int, var y : Int) extends Equals {
  def move(mx : Int, my : Int) : Unit = {
    x = x + mx
    y = y + my
  }
  override def hashCode() : Int = y + (31*x)
  def canEqual(that: Any): Boolean = that match {
    case x : Point2 => true
    case _ => false
  }
  override def equals(that: Any): Boolean = {
    def strictEquals(other : Point2) =
      this.x == other.x && this.y == other.y
    that match {
      case x: AnyRef if this eq x => true
      case x: Point2 => (x canEqual this) && strictEquals(x)
      case _ => false
    }
  }
}

scala> val x = new Point2(1,1)
x: Point2 = Point2@20

scala> val y = new Point2(1,2)
y: Point2 = Point2@21

scala> val z = new Point2(1,1)
z: Point2 = Point2@20

scala> x == z
res6: Boolean = true

scala> x == y
res7: Boolean = false
```

　　equals 的实现看上去可能有点怪，不过我会在 2.5.2 节详做解释。当前我们注意看
strictEquals 辅助方法直接比较 x 和 y 的值。意思是如果两个点在同一位置，就认为它们
是相等的。现在我们的 equals 和 hashCode 方法采用相同标准了，也就是 x 和 y 的值。
我们再次把点 x 和点 y 放入 HashMap，只是这次我们准备移动点 x，看看与点 x 绑定的
标签会发生什么。

清单 2.14　带有 HashMap 的可变 Point2 类

```
scala> val map = HashMap(x -> "HAI", y -> "WORLD")
map: scala.collection.immutable.HashMap[Point2,java.lang.String] =
  Map((Point2@21,WORLD), (Point2@20,HAI))

scala> x.move(1,1)

scala> map(y)
res9: java.lang.String = WORLD

scala> map(x)
java.util.NoSuchElementException: key not found: Point2@40
...

scala> map(z)
java.util.NoSuchElementException: key not found: Point2@20
...
```

　　贴在点 x 上的标签出什么问题了？我们是在 x 为（1，1）的时候把它放进 HashMap
的，意味着其散列值为 32。然后我们把 x 移到了（2，2），散列值变成了 64。现在我们
试图查找 x 对应的标签时，HashMap 里存放的是 32，而我们却用 64 去找。但是为什么
我们用新点 z 去找也找不到呢？z 的散列值还是 32 啊。这是因为根据我们的规则，x 和
z 不相等。你要知道，HashMap 在插入值的时候使用散列值，但是当对象状态变化时
HashMap 并不会更新。这意味着我们无法用基于散列的查找来找到 x 对应的标签，但是
我们在遍历 map 或者用遍历算法时还是能得到值：

```
scala> map.find( _._1 == x)
res13: Option[(Point2, java.lang.String)] = Some((Point2@40,HAI))
```

　　如你所见，这种行为令人困扰，还会在调试的时候造成无尽的争议。因此，在实现
判等的时候一般推荐确保如下的约束。
- 如果两个对象相等，它们的散列值应该也相等。
- 一个对象的散列值在对象生命周期中不应该变化。
- 在把对象发送到另一个 JVM 时，应该用两个 JVM 里都有的属性来判等。

　　如你所见，第二个约束意味着用来创建散列值的要素在对象生命周期里不应该变
化。最后一个约束则是说，对象的散列和 equals 方法应该尽量用其内部状态来计算（而

不依赖虚拟机里的其他因素）。再跟第一个约束结合起来，你会发现唯一满足这些要求的办法就是使用不变对象。如果对象的状态永远不变，那用状态来计算散列值或判等就是可以接受的。你可以把对象序列化到另个虚拟机，同时仍然保证其散列和判等的一致性。

你或许会奇怪为什么我要关心把对象发送到另一个 JVM？我的软件只在一个 JVM 里跑。甚至我的软件可能是在移动设备上跑的，资源是很紧张的。这种想法的问题在于把一个对象序列化到另一个 JVM 并非一定要是实时的。我们可能会把一些程序状态保存到磁盘，过会儿再读回来。这跟发送对象到另一个 JVM 其实没什么区别。尽管你或许没有通过网络传递对象，但你实际上是在通过时间传递对象，从今天这个写数据的 JVM 传递到明天启动的读数据的 JVM。在这种情况下，保持一致的散列值和判等实现是非常关键的。

最后一个约束使不变性成为必要条件了。去掉这个约束的话，其实也只有以下两种较简单的办法来满足前两个约束。

- 在计算散列值时只使用对象的不可变状态（不用可变的状态）。
- 为散列计算和判等使用默认概念。

如你所见，这意味着对象里的某些状态必须是不可变的。把整个对象变成不可变实际上极大简化了整个过程。不变性不仅简化了对象判等，还简化了对数据的并发访问。

2.3.2 并发

不变性能够彻底地简化对数据的并发访问。随着多核处理器的发展，程序越来越变得并行。无论哪种计算形式，在程序里运行并发线程的需求都在增长。传统上，这意味着使用创造性的方式对多线程共享的数据进行保护。通常使用某种形式的锁来保护共享的可变数据。不变性有助于共享状态同时减少对锁的依赖。

加锁必然要承担一定的性能开销。想要读数据的线程必须在拿到锁后才能读。即使使用读写锁（read-write lock）也可能造成问题，因为写线程有可能比较慢，妨碍了读线程去读想要的数据。JVM 上的 JIT 有做一些优化来试图避免不必要的锁。一般来说，你希望你的软件里的锁越少越好，但又必须足够多，以便能够做较多的并发。你设计代码时越能避免锁越好。我们做个案例分析——试试测量加锁对一个算法的影响，然后看我们能不能设计个新的算法，减少加锁的数量。

我们来创建个索引服务，让我们能用键值来查找特定项。这服务同时允许用户把新项加入索引中。我们预期查找值的用户数量很多，加内容的用户数量较少。这里是初始接口：

```
trait Service[Key,Value] {
  def lookUp(k : Key) : Option[Value]
  def insert(k : Key, v : Value) : Unit
}
```

　　服务由两个方法构成。lookUp 方法根据 key 的索引查找值，insert 方法插入新值。这服务基本上是个键值对的映射。我们用加锁和可变 HashMap 来实现它。

```
import collection.mutable.{HashMap=>MutableHashMap}

class MutableService[Key, Value] extends Service[Key, Value] {
  val currentIndex = new MutableHashMap[Key, Value]
  def lookUp(k : Key) : Option[Value] = synchronized(currentIndex.get(k))
  def insert(k : Key, v : Value) : Unit = synchronized {
    currentIndex.put(k,v)
  }
}
```

　　这个类有三个成员，第一个是 currentIndex，指向我们用来存放数据的可变 HashMap。lookUp 和 insert 方法都用 synchronized 块包起来，表明对 MutableService 自身做同步。你应该注意到了我们对 MutableService 的所有操作都加了锁。因为案例背景指出应用场景是 lookUp 方法比 insert 方法调用频繁得多，在这种场景下读写锁可能有所帮助，但我们来看看怎么能不用读写锁而用不变性来达到目的。

　　我们把 currentIndex 改成一个不可变 HashMap，每次调用 insert 方法的时候覆盖原值。然后 lookUp 方法就可以不加任何锁了。我们来看以下内容。

```
class ImmutableService[Key, Value] extends Service[Key, Value] {
  var currentIndex = new ImmutableHashMap[Key,Value]
  def lookUp(k : Key) : Option[Value] = currentIndex.get(k)
  def insert(k : Key, v: Value) : Unit = synchronized {
    currentIndex = currentIndex + ((k, v))
  }
}
```

　　首先要注意的是 currentIndex 是个指向不变变量的可变引用。每次 insert 操作我们都会更新引用。第二个要注意的是我们没把这个服务变成完全不可变的。我们唯一做的就是利用不可变 HashMap 减少了锁的使用。这个简单的改变能够带来运行时的极大提升。

　　我为这两个类设置了简单的微型性能测试套件。基本原理很简单：我们构建一组任务向服务写数据，另一组任务从索引读数据。然后我们把两组任务交错提交给两个线程的队列去执行。我们对整个过程的速度做计时并记录结果。下面是一些"最差场景"（worst case）的结果。

　　如图 2.2 所示，y 轴表示测试的执行时间。x 轴对应于提交给线程池的插入/查找任务数。你会注意到（完成同样数量的任务时）可变服务的执行时间增长快于不可变服务的执行时间。这个图明显地表现出额外的加锁对性能有严重影响。然而，有人应该会注意到这种测试的执行时间波动可能会很大。由于并行计算的不确定性，可能另一次运行产生的图上，不可变和可变服务的执行时间轨迹会几乎相同。一般来说，可变服务慢于不变服务，但是我们不该仅凭一张图或一次执行来判断性能。所以图 2.3 是另一次执行的图，你可以看到，在某一次测试里，可变服务得到上帝垂青，加锁开销极大降低。

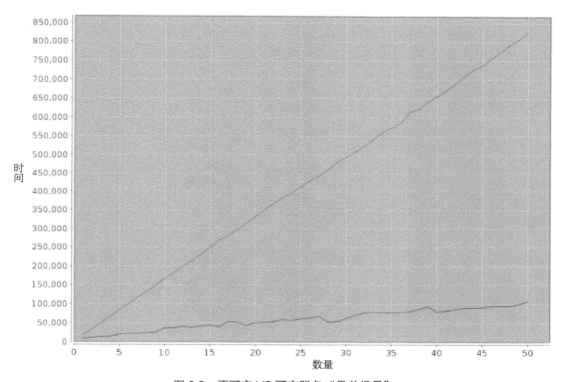

图 2.2 不可变 VS 可变服务"最差场景"

在图 2.2 里你可以看到有一个测试案例执行时所有时机都配合得恰到好处，以至于可变服务在那一瞬间超过了不变服务的性能。尽管存在这种个别案例，一般情况下不变服务的性能好于可变服务。如果我们得出的结论也适用于真实世界的程序的话，就说明不变服务性能一般较优，而且也没有随机争用降速（random contention slowdown）的问题。

最重要的事是要认识到不可变对象可以安全地在多个线程之间传递而不用担心争用。能够消除锁以及锁所带来的各种潜在 bug，能极大地提高代码库（codebase）的稳定性。再加上不变性可以提高代码的可推理性，如我们在前文 equals 方法里所见。我们应该努力在代码库里保持不变性。

Scala 通过不变性减少了开发者在与不可变对象交互时必须得采用的保护措施，从而简化了并发程序开发。除了不变性，Scala 还提供了 Option 类，减少了开发者在处理

null 时需要采用的保护措施。

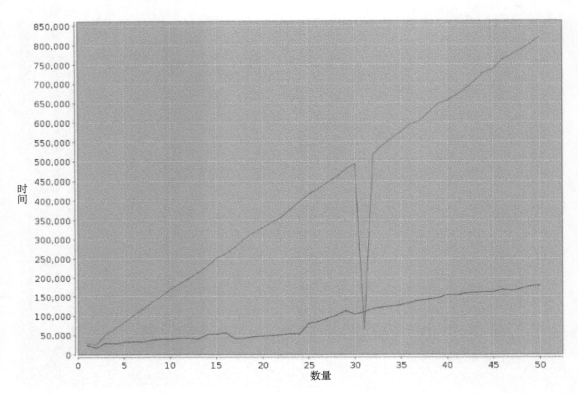

图 2.3 不可变 VS 可变服务 "一次完美运行场景"

2.4 用 None 不用 null

Scala 在标准库里提供了 scala.Option 类，鼓励大家在一般编程时尽量不要使用 null。Option 可以视作一个容器，里面要么有东西，要么什么都没有。Option 通过两个子类来实现此含义：Some 和 None。Some 表示容器里有且仅有一个东西，None 表示空容器，有点类似 List 的 Nil 的含义。

在 Java 和其他允许 null 的语言里，null 经常作为一个占位符用于返回值，表示非致命的错误，或者表示一个变量未被初始化。Scala 里，你可以用 Option 的 None 子类来代表这个意思，反过来用 Option 的 Some 子类代表一个初始化了的变量或者非致命（non-fatal）的变量状态。我们来看看这两个类的用法。

清单 2.15　Some 和 None 的简单应用

```
scala> var x : Option[String] = None
x: Option[String] = None

scala> x.get
java.util.NoSuchElementException: None.get in

scala> x.getOrElse("default")
res0: String = default

scala> x = Some("Now Initialized")
x: Option[String] = Some(Now Initialized)

scala> x.get
res0: java.lang.String = Now Initialized

scala> x.getOrElse("default")
res1: java.lang.String = Now Initialized
```

❶ 创建未初始化的字符串变量

❷ 访问未初始化的变量导致抛出异常

❸ 使用带默认值的方式访问

❹ 用字符串初始化 x

❺ 访问初始化后的变量成功

❻ 没有使用默认值

　　不包含任何值的 Option 用 None 对象来构建，包含一个值的 Option 用 Some 工厂方法来创建。Option 提供了很多不同的方法用来把其值取出来。用得特别多的是 get 和 getOrElse 方法。get 方法会尝试访问 Option 里保存的值，如果 Option 是空的则抛出异常。这和其他语言里访问可能为 null 的变量一样。getOrElse 也访问 Option 里存放的值，有则返回，否则返回其参数（作为默认值）。你应该尽量使用 getOrElse 而不是 get。

　　Scala 在 Option 的伴生对象里提供了工厂方法，这个方法能把 Java 风格的引用（null 代表空变量）转换为 Option 类型，使其更明确。我们快速过一下。

清单 2.16　Option 工厂的应用

```
scala> var x : Option[String] = Option(null)
x: Option[String] = None

scala> x = Option("Initialized")
x: Option[String] = Some(Initialized)
```

　　如果输入是 null，Option 工厂方法会创建一个 None 对象，如果输入是初始化了的值，则创建一个 Some 对象。这使我们处理来自不信任的来源（比如另一种 JVM 语言）的输入，把输入包装成 Option 时容易许多。你可能会问，为什么我要这么做？代码里检查一下 null 不是一样简单吗？好吧，Option 提供了一些高级特性，使它比简单用 if null 检查要理想得多。

Option 高级技巧

　　Option 的最重要特性是可以被当作集合看待。这意味着你可以对 Option 使用标准的 map、flatMap、foreach 等方法，还可以用在 for 表达式里。这不仅有助于确保优美简洁的语法，而且开启了另一种不同的处理未初始化值的方法。我们来看几个常见问题，分别用 null 和 Option 来解决。第一个问题是创建对象或返回默认值。

1. 创建对象或返回默认值

代码里有很多地方需要在某变量有值的时候构建某结果，变量没值的时候构建一个默认值。假设我们有个应用在执行时需要某种临时文件存储。应用设计为用户能在命令行下提供可选的参数指定一个目录来存放临时文件，如果不指定目录，那我们要返回一个合理的默认临时文件目录。我们来创建一个返回临时文件目录的方法。

清单 2.17　创建一个对象或返回默认对象

```
def getTemporaryDirectory(tmpArg : Option[String]) : java.io.File = {
  tmpArg.map( name =>  new java.io.File(name) ).           ❶如果已定义则创建

    filter(_.isDirectory).                                 ❷仅目录

    getOrElse(new java.io.File(                            ❸指定默认值
      System.getProperty("java.io.tmpdir")))
}
```

getTemporaryDirectory 接受 Option[String]类型的参数，返回指向我们将使用的临时文件目录的 File 对象。我们首先对 option 应用 map 方法，在参数有值的情况下创建一个 File 对象。然后我们用 filter 方法来确保这个新创建的文件对象必须是目录，filter 方法检查 option 里的值是否符合断言要求，如果不符合就转化为 None。最后我们检查 Option 里是否有值，如果没有则返回默认的文件路径。

这使得我们可以不需要嵌套很多（判断是否为空的）if 语句或代码块就可以实施一系列的检查。有时候我们会想要基于某个参数是否存在来决定是否执行一个代码块。

2. 如果变量已初始化则执行代码块

可以通过 foreach 方法来做到仅当 Option 有值时才执行某段代码块。foreach 方法正如其名所示，遍历 Option 里的所有值。因为 Option 只能有零或一个值，所以其代码块要么执行，要么不执行。foreach 语法和 for 表达式协作尤其好用。我们来看个例子。

清单 2.18　如果 Option 有值则执行代码

```
val username : Option[String] = ...
for(uname <- username) {
  println("User: " + uname)
}
```

如你所见，代码看上去就像一般的"迭代一个集合"的控制块。如果我们需要迭代多个变量，还是用相似的语法。我们来看个案例，假设我们使用某种 Java Servlet 框架，现在我们想要对用户做验证。如果验证成功，我们要把安全令牌注入（inject）HttpSession，以便后续的 filter 和 servlet 可以检查用户的访问权限。

清单 2.19　如果多个 Option 都有值则执行代码

```
def authenticateSession(session : HttpSession,
                        username : Option[String],
                        password : Option[Array[Char]]) = {
  for(u <- username;
     p <- password;
     if canAuthenticate(username, password)) {     ❶条件逻辑
    val privileges = privilegesFor(u)              ❷不需要 Option
    injectPrivilegesIntoSession(session, privileges) ❷不需要 Option
  }
}
```

注意你可以在 for 表达式里嵌入条件逻辑。这样可以在代码里少用嵌套的逻辑代码块。另一个要点是所有的辅助方法都不需要使用 Option 类。Option 用作对未初始化变量的一道优良的防火墙，你代码的其他部分可以不受污染（译者注：指不需要到处判断非空，也不需要到处使用 Option，防火墙后的部分直接处理有值的情况就可以了）。在 Scala 里，参数类型为 Option 表示参数可能是未初始化的。Scala 的惯例是不要把 null 或未初始化的参数传给函数。

Scala 的 for 表达式相当强大，你甚至可以用它产生值，而不只是执行代码块。当你想把一些可能为空的参数转化为某个其他结果变量的时候，这个功能就非常好用了。

3．用多个可能未初始化的变量构造另一个变量

有时候我们需要把多个可能未初始化的变量转化为一个变量以便处理。为此我们要再次使用 for 表达式，这次加上 yield。我们来看个案例，假设我们从用户输入或者某个安全位置读取了数据库配置信息，然后尝试用这个参数创建数据库连接。因为这只是个工具函数，不需要直接面对用户，所以我们不想对获取连接失败的情况做很多处理。我们只想简单地把数据库配置参数转化为一个 Option，里面放上我们的数据库连接。

清单 2.20　合并多个 Option

```
def createConnection(conn_url : Option[String],
                     conn_user : Option[String],
                     conn_pw : Option[String]) : Option[Connection] =
  for {
    url <- conn_url
    user <- conn_user
    pw <- conn_pw
  } yield DriverManager.getConnection(url, user, pw)
```

这个函数准确地达成了我们期望，虽然看上去只是在 DriverManager.getConnection 外面包了一层。那如果我们想把这种包装方法抽象化，让我们能把任意函数包装成同样对 Option 友好的版本要怎么做呢？来看一下我们称为 lift 的函数。

清单 2.21　通用转换函数

```
scala>    def lift3[A,B,C,D](f : Function3[A,B,C,D]) : Function3[Option[A], Option[B]
     |      (oa : Option[A], ob : Option[B], oc : Option[C]) =>
     |         for(a <- oa; b <- ob; c <- oc) yield f(a,b,c)
     |    }
lift3: [A,B,C,D](f: (A, B, C) => D)(Option[A], Option[B], Option[C]) => Option[D]

scala> lift3(DriverManager.getConnection)                        ❶ 直接使用 lift3
res4: (Option[java.lang.String], Option[java.lang.String], Option[java.lang.String])
```

lift3 方法看上去有点像我们之前那个 createConnection 方法，差别在于它接受一个函数作为唯一的参数。如你在 REPL 里所见，我们可以把它应用在已有的函数上，创建出 Option 友好的函数来。我们直接接受 DriverManager.getConnection 方法，然后把它提升（lift）为语义上与我们之前的 createConnection 方法相等的函数。这个技巧在"封装"未初始化变量时很有效。你在写大部分代码，包括工具类时，可以假定所有变量都是初始化好的，然后在需要的地方把你的函数 lift 成 Option 友好的版本。

有一点要重点注意，Option 根据其包含的值来计算判等和散列值。用 Scala 的时候，理解判等和散列值是非常重要的，尤其是在多态的场景下。

2.5　多态场景下的判等

众所周知，为多态的面向对象系统定义合适的判等和散列方法是个特别难的过程。这是因为子类可能在整个过程中造成一些相当怪异的问题，尤其是当类型层次上有多个实体（concrete）级别的时候。一般来说，对于需要比引用判等更强的判等（译者注：比如需要判断对象内部数据）的类，最好避免多层实体类层次。这是什么意思呢？有些时候类只需要引用判等就够了。也就是说只要两个对象不是同一个实例就判为不等。但是如果我们需要判断两个不同实例是否相等，而且又有多层实体类层次（multiple concrete hierarchies），那我们在实现判等的时候就要特别小心了。

为了理解这个问题，我们来看下如何写一个好的判等方法。为此，我们从写一个显示和渲染时间线和事件的库开始。

2.5.1　例子：时间线库

我们想构建一套时间线，或称日历构件。这个构件需要显示**日期、时间、时间安排**，以及每天相关的**事件**。这个库的基础概念叫作一个瞬时（a instantaneoustime）。

我们用 InstantaneousTime 类表示时间序列中一个特定的时间片。我们本可以用 java.util.Date 类，但是我们更希望使用某种具有不变性的东西，因为我们刚刚学到了不变性使写好的 equals 和 hashCode 方法变得简单。为了简化例子，我们把时间保存为返回自 1970 年 1 月 1 日 00:00:00 GMT 以来的秒数（译者注，java.util.Date 是毫秒数）。我们假定所有的其他时间都能格式化为这种形式的表示，而且时区和表现形式是正交的不同问题。我们还对应用中关于判等的使用做如下的一般假设。

- 如果调用 equals 返回 true，这是因为两个对象是同一个引用。
- 大部分对 equals 的调用返回 false。
- 我们实现的 hashCode 足够稀疏，对于大部分判等比较，hashCode 会是不同的。
- 计算散列值比做一次深度判等比较的效率高。
- 引用判等比做一次深度判等比较的效率高。

上述假设是大部分判等实现的标准假设。但对你的应用来说不一定始终正确。我们现在初步实现这个类和简单的 equals、hashCode 方法，看下是什么样子。

清单 2.22　简单的 InstantaneousTime 类

```scala
trait InstantaneousTime {
  val repr : Int

  override def equals(other : Any) : Boolean = other match {
    case that : InstantaneousTime =>
      if(this eq that) {              ❶ 引用判等
        true
      } else {
        (that.## == this.##) &&       ❷ Hash code 检查
        (repr == that.repr)           ❸ 深度判等
      }
    case _ => false
  }
  override def hashCode() : Int = repr.##   ❹ 连接到 equals 实现
}
```

这个类只有一个成员，repr，是个整数，表示自 1970 年 1 月 1 日 00:00:00 GMT 以来的秒数。因为 repr 是这个类里唯一的数据值，并且它具有不变性，equals 和 hashCode 方法就基于这个值来实现。在 JVM 里实现 equals 时，一般来说在做深度判等前先判断引用是否相等的性能更高。但是在这个例子里就没必要这么做了。对于有一定复杂度的类来说，这么做（先判断引用相等）能够极大地提高性能，然而这个类太简单，真没必要这么做。设计好的 equals 方法的另一个常用范式是（在深度判等之前）用 hashCode 做个早期判断。在散列值足够稀疏且易于计算的情况下，这是一个好主意。跟引用判等一样，在当前这个例子里不是很需要这么做，但对于一个足够复杂的类来说，性能会高

很多。

这个类告诉我们两个道理：① 好的判等方法很重要。② 你应该经常挑战代码里的假定条件。在这个例子里，按照"最佳实践"实现的判等方法，尽管对于足够复杂的类非常有用，但对于我们这个简单的类就几乎没上面好处。

注意：在给自己的类实现判等方法时，确认一下标准的判断实现方式中的一些假设对你的类是否适用。

我们的 equals 实现还有一个瑕疵，那就是多态。

2.5.2　多态判等实现

一般来说，最好避免在需要深度判等的情况下使用多态。Scala 语言自身就出于这个原因不再支持 case class 的子类继承。然而，还是有些时候这样做是有用甚至是必要的。要做到这一点，我们需要确保正确地实现了判等比较，把多态放在脑子里，并且在方案中利用多态。

我们来实现一个 InstantaneousTime 的子类，这个子类比父类多保存了标签（label）。我们在时间线上保存时间的时候使用这个类，所以我们就叫它 Event。我们假定同一天的事件被散列到同一个桶里，因此具有相同的散列值。但是判等则还要检查事件的名字是否相等。我们快速地实现一个。

清单 2.23　InstantaneousTime 类的 Event 子类

```
trait Event extends InstantaneousTime {
  val name : String
  override def equals(other : Any) : Boolean = other match {
    case that : Event =>
      if(this eq that) {                    ❶ 快速引用检查
        true
      } else {
        (repr == that.repr) &&              ❷ 用全部值进行深度
        (name == that.name)                    判等
      }
    case _ => false
  }
}
```

我们抛弃了之前代码里的 hashCode 早期检测，因为在我们这个特定的案例里，检测 repr 的值性能是一样的高。你会注意到的另一件事是我们修改了模式匹配，使得只有两个 Event 对象才能做判等。我们在 REPL 里试用一下。

清单 2.24　使用 Event 和 InstantaneousTime

```
trait Event extends InstantaneousTime {
  val name : String
  override def equals(other : Any) : Boolean = other match {
    case that : Event =>
      if(this eq that) {
        true
      } else {
        (repr == that.repr) &&
        (name == that.name)
      }
    case _ => false
  }
}

scala> val x = new InstantaneousTime {
     | val repr = 2
     | }
x: java.lang.Object with InstantaneousTime = $anon$1@2

scala> val y = new Event {
     | val name = "TestEvent"
     | val repr = 2
```

❶ 原类的子类

❷ Deep equals using all values

发生什么事了？旧的类使用旧的判等方法，因此没检查新的 name 字段，我们需要修改基类里最初的判等实现，以便考虑到子类可能希望修改判等的实现方法。在 Scala 里，有个 scala.Equals 特质能帮我们修复这个问题。Equals 特质定义了一个 canEqual 方法，可以和标准的 equals 方法串联起来用。通过让 equals 方法的 other 参数有机会直接造成判断失败，canEqual 方法使子类可以跳出（opt-out）其父类的判等实现。为此我们只需要在我们的子类里覆盖 canEqual 方法，注入我们想要的任何判断标准。

在考虑到多态的情况下，我们用这两个方法来修改我们的类。

清单 2.25　使用 scala.Equals

```
trait InstantaneousTime extends Equals {
  val repr : Int
  override def canEqual(other : Any) =
    other.isInstanceOf[InstantaneousTime]
  override def equals(other : Any) : Boolean =
    other match {
    case that : InstantaneousTime =>
      if(this eq that) true else {
        (that.## == this.##) &&
        (that canEqual this) &&
        (repr == that.repr)
      }
    case _ => false
  }
```

❶ 允许任意子类

❷ 调用另一个对象的 canEqual

```
    override def hashCode() : Int = repr.hashCode
}
trait Event extends InstantaneousTime {
  val name : String
  override def canEqual(other : Any) =
    other.isInstanceOf[Event]                              ❸子类被剔出判等
  override def equals(other : Any) : Boolean = other match {
    case that : Event =>
      if(this eq that) {
        true
      } else {
        (that canEqual this) &&
        (repr == that.repr) &&
        (name == that.name)
      }
    case _ => false
  }
}
```

我们做的第一件事是在 InstantaneousTime 里实现 canEqual，当 other 对象也是一个 InstantaneousTime 时返回 true。然后我们在 equals 实现里考虑到 other 对象的 canEqual 结果。最后，Event 类里覆盖 canEqual 方法，使 Event 只能和其他 Event 做判等。

作者注：在覆盖父类的判等方法时，同时覆盖 canEqual 方法。

canEqual 方法是个控制杆，允许子类跳出父类的判等实现。这样子类就可以安全地覆盖父类的 equals 方法，而避免父类和子类的判等方法对相同的两个对象给出不同的结果。

我们来看下之前的 REPL 会话，看看新的 equals 方法是否有所改善。

清单 2.26　使用新的 equals 和 canEquals 方法

```
scala> val x = new InstantaneousTime {
     | val repr = 2
     | }
x: java.lang.Object with InstantaneousTime = $anon$1@2

scala> val y = new Event {
     | val name = "TestEvent"
     | val repr = 2
     | }
y: java.lang.Object with Event = $anon$1@2

scala> y == x
res10: Boolean = false

scala> x == y                                              ❶不再返回 true
res11: Boolean = false
```

我们成功地定义了恰当的判等方法。我们现在可以写出一般情况下通用的 equals 方法，也可以正确处理多态场景了。

2.6 总结

本章中我们了解了 Scala 编程时的第一个关键组成部分。利用 REPL 做快速原型是每个成功的 Scala 开发者必须掌握的关键技术之一。面向表达式编程和不可变性都有助于简化程序和提高代码的可推理性。Option 也有助于可推理性，因为它明确声明了是否接受空值。另外，在多态的场景下实现好的判等可能不容易。以上这些实践可以帮助我们成功踏出 Scala 开发的第一步。要想后面的路也走得顺利，我们就必须来看一下编码规范，以及如何避免掉进 Scala 解析器的坑。

第 3 章　来点样式——编码规范

本章包括的内容：

■　把以前的编码规范带进 Scala 的危险
■　行尾推断（end of line inference）
■　避免危险的变量名
■　利用注解确保正确的行为

本章提出编码样式方面的建议来帮助你避免编译或运行时错误。样式问题经常会在程序员之间引发口水战，每个人都有自己的理解。有些写法从样式的角度来说是 Scala 允许的，但是却会造成你的程序产生逻辑或者运行时错误。本章不会教你括号中间是否应该加空格或者缩进的最佳字符数是几个这种问题。本章只是列举一些确实会在 Scala 里造成真正问题的编码样式，所以你需要根据你的实际情况相应地调整你喜欢的编码样式。

我们会讨论为什么表达式块的左大括号放在不同位置会向编译器传达不同的意思。当编译器无法识别行尾时，操作符有可能出问题。另外，在命名变量的时候，有些变量名是编译器允许的，但实际却会造成编译或运行时错误。最后，我们会讨论编译时警告的价值，以及怎样通过注解（annotation）来让编译器给我们更多帮助。我们从一些通用的编码规范开始。

3.1 避免照搬其他语言的编码规范

我发现在我真正把一门新语言学好前，我会大量借用原来用的语言的编码风格。Scala 也不例外。很多 Scala 用户来自 Java 和 Ruby 语言，你可以在语法中看到这样的影响。一段时间后，随着学习一些编程指南和遇到的实际问题，样式会逐渐改变和调整到适应新语言。因此，你需要确切地理解你的编码样式是从哪来的，以及那种样式在新语言里是否有意义。事实上编码样式并非仅由语言这个因素决定，有很多社交因素需要考虑，尤其是当你在一个有很多开发者的公司工作的时候。在以前用 C++编程时，编码规范总是让我沮丧，直到便宜且功能齐全的 C++ IDE 出现。基于良好的语法分析器，通过可视化的修改代码，IDE 就干掉了很多不必要的编码规范。不仅如此，IDE 允许开发者在方法调用的地方点击打开方法定义和声明，使开发者能够快速地对代码在做什么找到感觉。好的现代 IDE 使很多"标准实践"编码规范变得不再必要。但 IDE 并没把**所有**的编码规范都消灭掉。编码规范确实有一些想达成的目标，可以归纳为三类：**代码发现**、**代码一致性**、**错误防止**。

错误防止规范指那些有助与在生产代码里避免 bug 的样式规则。这种规范可能有各种形式，比如 Java 里把方法参数标记为 final，C++里把所有单参数构建器标注为 explicit。这种规范的目的对该语言的任何有经验的开发者来说都是显然的。

一致性规范的作用在于使整个项目的编码风格保持一致。这是软件开发管理中必要的灾祸，也是编码风格论战的缘由。没有这种规范，版本控制历史会错位，因为程序员会争相上传他们个人风格（也可能根本没风格）的代码。有了这种规范，在代码中穿行时就可以节省点花在代码可读性上的精力。这类规范主要是像括号之间放多少个空格之类的规定。

代码发现规范的作用在于使工程师能够轻松地推理代码，看懂其他工程师的意图。这类规范一般是像变量命名规范这样的形式，比如在成员变量前加上 m_前缀，或者在接口前加个大写"I"前缀，如表 3.1 所示。

表 3.1   编码风格示例

防止出错的规则	统一格式规则	代码发现规则
• （C++）不要用隐式转换 • （Java）把所有参数标记为 final	• 缩进三个空格 • 在左括号前放个空格，右括号后放个空格	• （C++）成员变量加 m_前缀 • （Eclipse）接口名字前加 I 前缀

代码发现规范应该与团队的开发环境相匹配。如果团队是用 VI 来做开发，那就需要比其他项目加入更多的代码发现规范。如果团队成员都是 IDE 高手，团队可能不需要那么多代码发现规范，因为 IDE 可以提供很多其他的代码发现手段。

你为团队设计编码规范应该采用如下的方法。

1. 从错误防止规范开始。一般先从相同语言的其他项目中拷贝过来，然后根据情况调整。

2. 开发一套代码发现相关的规范，比如怎么命名包，源代码文件放在哪里等等。这类规范应该与团队使用的开发环境匹配。

3. 完成前两者后再继之以代码一致性规则。这类规则每个团队都不一样，达成一致的过程也可能很"有趣"。在创建代码一致性规范时，你应该考虑到自动化工具支持的需要，有很多工具可以自动检查代码风格或者把已有代码重构成规定的风格。这可以帮新工程师节约时间，直到他们习惯了规定的编码风格。对 Scala 来说，你应该看一下 Scalariform 项目，这工具能根据给定的规则自动重构 Scala 代码。

　　如今的问题是大部分开发者都已经有一套习惯的编码规范，并且用在各种项目中，完全不考虑所用的语言或团队的情况。在开始新项目并且设计新编码规范时，请确保不要简单地把之前用的语言的编码规范搬过来用。Scala 语法不是直接的 C-克隆，有些其他语言的编码规范会在 Scala 下掉进坑里。我们来看一个在 Scala 里定义代码块的例子。

块瓦解

　　代码块是 C 风格语言的常见内容，一般用 { }标注。代码块是在循环、if 语句、闭包或者新变量命名空间（new variable namespace）里执行的代码段。有两种常见的编码规范：同行左大括号或换行左大括号。

```
if ( test ) {
  ...
}
```

　　以上代码展示了同行左大括号写法，这是我本人喜欢的写法(来吧，用 SLOBs!(Same line open brace))。大多数语言中，选择同行或换行带括号是无关紧要的。但在 Scala 里不是这样，因为 Scala 会自动推断分号（译者注，Scala 里不要求程序员在语句后用分号结尾，而是自动推断），这在一些关键地方可能引发问题。这使得换行左大括号的风格很容易出错。展现这个问题的最简单方法就是方法定义。我们来看个普通的 Scala 方法。

```
def triple(x : Int) =
{
  x * 3
}
```

　　在 Scala 里，像 triple 这么简单的函数，按惯例是直接一行写完，不用写成代码块(不用大括号)。不过在这里只是个用来演示的例子，所以我们假定你有足够好的理由用代码块来写，或者你的编码规范规定要用代码块。不管什么情况，上例能完美地工作。现在我们来尝试创建一个返回 Unit 的函数。

```
def foo()
{
  println("foo was called")
}
```

这方法在交互会话下能很好地编译，但在 Scala2.7.x 以下版本里，放在类、对象、特质定义里面的时候完全无法编译。要在 2.8 版本里重现这个问题，我们需要在方法名和左大括号之间再加一行空行。在很多 C 风格的语言中，包括 Java，这是可接受，但在 Scala 里我们会看到问题。

清单 3.1　换行后的左大括号造成的问题

```
class FooHolder
{
  def foo()

  {
    println("foo was called")
  }
}
```
❶这段代码块会在构造时执行

在 FooHolder 类定义块里，Scala 认为 def foo（）这行代码定义了一个抽象方法。这是因为它没有捕捉到下下行的左大括号，因此它认定 def foo（）是完整的一行语句。当它（继续编译）碰到代码块定义时，它认为这是一个新的匿名代码块，应该在类构建过程中执行。

对这问题有个很简单的解决办法：加一条新的编码规定，要求所有的方法定义使用"="语法。这应该能解决使用换行左大括号时可能碰到的各种问题。我们来试一下。

清单 3.2　换行后的左大括号可以正常编译

```
trait FooHolder2
{
  def foo() : Unit =

  {
    println("foo2 was called")
  }
}
```

在 def foo（）：Unit 后面的=号告诉编译器，你期望后面有个包含 foo 函数的函数体的表达式。编译器就会继续在文件里寻找代码块。这样就解决了方法定义的问题，但还有其他块表达式可能造成问题。在 Scala 里 if 语句完全不需要代码块。这意味着如果代码没有正确的布局（换行、缩进等）就可能发生（和方法定义）一样的现象。幸运的是，

编译器能捕捉到这种情况并标示出错误。我们试试下面的代码,这次问题出在 else 语句:

```
if(true)
{
  println("true!")
}
else
{
  println("false!")
}
```

　　在交互会话中你无法完整输入这段代码,因为编译器会在第一个代码块 (if 语句) 结束时就编译它,因为编译器认为语句已经结束了。在类里面这个函数应该能符合期望的工作。

> **作者注**:我的编码规范是否应该(设计成)让我可以把代码复制粘贴到交互会话里去测试它?
>
> 　　这个选择应该基于你的开发环境。大部分优秀的工具允许你对工程里编译好的实例自动启动一个交互会话。这意味着你无需从工程里把代码复制粘贴到交互会话里,但是在实践中,有时候我发现我的工程无法编译,而我想测试一个功能。这种情况下,我就不得不先修改文件,然后再赋值粘贴到交互会话里。

　　所以当你设置一个新项目,尤其这个项目使用你以前没有大规模使用过的语言时,你需要三思你的编码规范,选择适合新语言和开发环境的。不要只是把以前在其他语言中有效的规范搬过来就以为能在 Scala 中也有效。多挑战自己的决策!

3.2　空悬的操作符和括号表达式

　　对 Scala 有极大帮助的一个风格调整是把操作符空悬在行尾。空悬操作符是指一行代码的最后一个非空字符是一个操作符,比如"+"或"-"。空悬操作符有助于编译器判断语句真正结束的位置。我们之前描述过这对于块表达式的重要性。这概念对于 Scala 里的其他类型的表达式也一样有效。

　　"大字符串聚合"是空悬操作符能够帮到编译器的极佳例子。"大字符串聚合"是指你试图创建一个很大的、无法在一行里完整定义的字符串。我们看一个 Java 的例子。

```
class Test {
  private int x = 5;
  public String foo() {
    return "HAI"
      + x
      + "ZOMG"
      + "\n";
  }
}
```

Test 类的 foo 方法试图创建一个大字符串。它没有采用空悬操作符，而是把"+"操作符放在下一行。把这段 Java 代码用 Scala 写会无法编译，我们来看一下。

```
object Test {
    val x = 5
    def foo = "HAI"
        + x
        + "ZOMG"
        + "\n"
}
```

会报编译错误：值 unary_+不是 java.lang.String 的方法。同样地，这又是因为编译器自动推断的行末位置在我们期望的位置之前。为了解决这个问题，我们有两个选择：空悬操作符和括号。空悬操作符只是简单的把操作符放到行末，从而让编译器知道后面还有更多的内容。我们来看一下。

清单 3.3 使用空悬操作符

```
object Test {
    val x = 5
    def foo = "HAI" +
        x +
        "ZOMG" +
        "\n"
}
```

空悬操作符的优点是语法量最小。这也是编译器自身偏好的风格。

另一个选择是把表达式围在括号里。你可以把任何跨多行的表达式用括号围起来。这种做法的优点是表达式的成员之间可以放任意数量的空格。我们来看一下。

清单 3.4 使用小括号

```
object Test {
    val x = 5
    def foo = ("HAI"
        + x
        + "ZOMG"
        + "\n")
}
```

选择其中哪种风格取决于你和你的公司。我个人倾向于空悬操作符，但是两者在 Scala 里都是合法的语法，都能帮你避免代码解析问题。

我们讨论完了编译器自动分号推断问题的解决办法，现在我们来讨论避免编译器问题的另一类方法：变量命名。

3.3 使用有意义的命名

各种语言通用的规范之一是使用有意义的参数或变量名。代码是否清晰很大程度上要归因于有意义的参数名字。有意义的命名能帮我们把一段神秘的代码变成新开发者可以在很短时间里掌握的代码。

当然有些变量非常难以取个恰当的名字。在我的印象里这一般发生在实现某种数学算法的时候，比如快速傅里叶变换，这种特殊领域里有一些众所周知的变量名。在这种情况下，使用标准符号比发明你自己的变量名要好得多。拿傅里叶变换来说，其公式如图 3.1 所示。

$$X_k = \sum_{n=0}^{N-1} x_n e^{-i2\pi k \frac{n}{N}} \qquad k = 0, \cdots, N-1 \text{。}$$

图 3.1 傅里叶变换公式

在实现傅里叶变换的时候，用变量名 N 代表输入数据的大小，用 n 代表求和操作的索引，用 k 代表输出数组的索引，这种命名是可以接受的，因为这就是公式本身使用的符号。在很多语言里你不得不拼出（数学）符号，因为这些语言不直接支持数学符号。而在 Scala 里我们可以直接使用符号而不是用 Pi。

本节里我们看一下保留字符，这些字符是你不该用作变量名的，同时我们也会来看一下如何有效地利用命名参数和默认参数。保留字符是编译器保留做内部使用的字符，但是在你真用到的时候并不会警告你。这会在编译期，甚至更糟——在运行期——出问题。问题的表现形式可能是在完全合法的代码里提示个警告信息，或者在运行时抛出异常。

Scala 给变量和方法提供了非常灵活的命名方案。如果你想对数学方程直接编程，你可以使用扩展字符。这样当你写某种形式的高级数学库时，你可以写出看上去非常像数学符号的函数。我建议你注意不管你打算用什么字符命名你的变量或方法，请确保开发团队的大部分开发者知道怎么在键盘上输入，或者确保键盘上直接有个键能输入该符号。最糟糕的就是仅仅因为你想用特殊字符，大家就不得不通过复制粘贴来输入特殊字符。

Scala 命名的灵活性的一个例子是=>和?，这是用来声明闭包或模式匹配。甚至为了在本书中使用这些字符，我都不得不查找然后粘贴到我的编辑器里。使用 unicode 和非 unicode 操作符的最佳例子来自 Scalaz 库。我们来看一下来自 Scalaz 库源代码的一个例子：

```
val a, b, c, d = List(1)
...
a  b  c  d apply {_ + _ + _ + _}
a |@| b |@| c |@| d apply {_ + _ + _ + _}
```

　　如你所见，Scalaz 在 Applicative Builder 里同时提供了|@|和? 方法。Applicative Builder
是用来创建 applicative functor 的操作符。applicative functor 是操作容器里的值的便捷手法。
上例中，我们应用一个函数，这个函数把整数集合加起来，然后应用到四个集合。我们会
在函数式编程一章讲述 applicative functor，暂时我们只要关注在方法命名上。

　　同时给 Applicative Functor 两个名字：一个看上去很好笑的 unicode 字符，另一个是
不用复制粘贴或事先查找键码就能输入的普通名字。这样一来 Scalaz 既满足了一般开发
者的需要，也满足了那些要用 unicode 字符在公司里证明自己水平高的用户。如果你要
提供 uncode 操作符的话，我建议学习 Scalaz 的做法。

　　尽管大部分 unicode 字符很折腾程序员，但是有一个字符既容易输入而且可能在程
序里造成真正的问题：美元符号$。

3.3.1　命名时避免$符号

　　Scala 给命名提供了极大的灵活性，以至于你甚至能用它自己的名称重整（name
mangling）方案干涉 JVM 上的高层概念(you can even interfere with its own name mangling
scheme for higher level concepts on the JVM)。名称重整是指编译器修改或修饰类名或方
法名，以便把它翻译到底层的平台上。这意味着如果我去看 Scala 生成的字节码，我可
能找不到跟我在代码里用的类名一样的类。这是 C++里的一个常用技巧，用这个技巧它
可以共享跟 C 版本相近的二进制接口，同时允许方法重载。Scala 里名称重整用在嵌套
类和辅助方法上。

　　我们来做个例子，创建一对简单的特质和对象，来看看 Scala 是如何命名底层的 JVM
类和接口。当 Scala 必须生成匿名函数或匿名类时，Scala 会生成一个名字，包括函数或
类所处的类名、字符串 annonfun 和一个数字。这些字符串用$符号连接起来构成一个实
体。我们来编译个例子程序，看一下编译后目录里有什么。这个例子是个计算整数列表
的平均数的简单方法。

清单 3.5　计算平均值的简单方法

```
object Average {
  def avg(values : List[Double]) = {
    val sum = values.foldLeft(0.0) { _ + _ }
    sum / values.size.toDouble
  }
}
```

这个例子非常简单，我们定义一个 Average 对象，里面放个 avg 方法。在 avg 方法里我们定义了一个闭包{ _ + _ }，这个闭包会编译成匿名函数类。我们在编译后的文件里找一下这个类：

```
$ ls *.class
Average$$anonfun$1.class   Average.class   Average$.class
```

如你所见，目录里编译出了一些有意思的 JVM 类。Average 对象编译成 Average$ 类，Average 类会把静态方法调用转发给 Average$ 对象。这是 Scala 实现"单例对象"时采用这种机制，以便确保其实际上是对象，但同时看上去又类似 Java 里的静态方法调用。我们传给 foldLeft （{ _ + _ }）的闭包编译成 Average$$annonfun$1 类。这是因为它正好是 Average$ 类里的第一个匿名函数。如你所见，在为高级 Scala 特性创建实际的 JVM 类时，Scala 大量使用了$符号。

我们来玩个游戏，叫作"打破 Scala 闭包"。如果我们定义自己的类时使用与匿名函数相同的名称修饰会怎样？运行时用我们的类还是用匿名函数类？我们新建一个 Average.scala 文件，用"`"语法构造一个恶作剧类看看会发生什么。

清单 3.6　带有恶作剧类的 Average.scala 文件

```
object Average {
  def avg(values : List[Double]) = {
    val sum = values.foldLeft(0.0) { _ + _ }
    sum / values.size.toDouble
  }
}

class `Average$$anonfun$1` {
  println("O MY!")
}
```

Average 类和原来一样，但我们创建了一个恶作剧类叫作 Average$$annonfun$1。这段代码编译没问题，因此我们知道编译器没能捕捉到我们这是在恶作剧。我们来试试在交互会话里使用它，看看会发生什么：

```
scala> Average.avg(List(0.0,1.0,0.5))
O MY!
java.lang.IncompatibleClassChangeError: vtable stub
  at scala.collection.LinearSeqLike$class.foldLeft(LinearSeqLike.scala:159)
  at scala.collection.immutable.List.foldLeft(List.scala:46)
  at Average$.avg(Average.scala:3)
```

我们可以看到输出了"O MY!"，表明恶作剧类被初始化了。我们还可以从堆栈跟踪里看出来恶作剧类甚至被传递给了 foldLeft 方法。直到 foldLeft 方法试图调用它时才发现这个类不是闭包。好吧，你会想，什么样的怪人会用这种用作名称重整的神字符串来命名类呢？或许真的很少，但是$字符还是会给 Scala 带来一些问题。在定义嵌套类的时候，Scala 也会用$符号来修饰名字，类似 Java 的内部类。我们可以通过定义恶作剧内部类制造类似的错误

清单 3.7　带有恶作剧内部类的 Average..scala 文件

```
object Average {
  def avg(values : List[Double]) = {
    val sum = values.foldLeft(0.0) { _ + _ }
    sum / values.size.toDouble
  }

  class `$anonfun` {
    class `1` {
      println("O MY!")
    }
  }
}
```

❶ 这个类与匿名闭包重整后的名字冲突

因此，一般来说最好彻底避免在你的命名方案中使用$字符。最好也避免给内部类起 annofun 或$annofun 这种名字（其实我想不出有什么理由你要起这种名字）。完整地来说，最好完全避免跟编译器的名称重整方案冲突。

编译器也会对默认参数应用名称重整措施。Scala 的默认参数也是被编码成方法的。方法名为 default 加上用来表示参数在函数里的出现顺序的序号。但这会出现在方法名字空间（namespace）里而不是在类名字空间里。所以，要制造问题，我们需要命名一个象是 avg$default$1 这样的方法。

```
object Average {
  def avg(values : List[Double] = List(0.0,1.0,0.5)) = {
    val sum = values.foldLeft(0.0) { _ + _ }
    sum / values.size.toDouble
  }

  def `avg$default$1` = List(0.0,0.0,0.)
}
```

幸运的是，在这种情况下，编译器会警告我们方法 avg$default$1 重复了。这个错误信息不是很明确，不过话说回来，这方法名也很怪异。因此，尽管能够在方法名和类名中使用$字符，但它会给你带来麻烦。我举的例子有点极端，但展示了如果真的发生名称重整问题时，要找到问题会有多麻烦。所以你应该完全避免$字符。

3.3.2　使用命名和默认参数

Scala 2.8.x 增加了对命名参数的支持。这意味着你给方法参数的名字成为公开 api

的一部分。这不仅仅意味着你给方法参数的名字成为公开 api 的一部分，更意味着修改名字会破坏客户代码。同时，Scala 允许子类定义不同的参数名。我们快速过一下命名和默认参数特性。

　　Scala 定义命名参数很容易。你定义方法时声明的参数名可以在调用方法时使用。我们来定义个简单的 Foo 类，里面只有一个 foo 方法，但是有几个参数。这些参数会被赋予个默认值。我们来看看各种用法。

清单 3.8　命名参数的简单应用

```scala
class Foo {
  def foo(one : Int = 1,
          two : String = "two",
          three : Double = 2.5) : String =        ❶定义默认参数
    two + one + three
}

scala> val x = new Foo
x: Foo = Foo@565902ca

scala> x.foo()                                    ❷使用全部默认值
res0: String = two12.5

scala> x.foo(two = "not two")                     ❸使用命名参数
res1: String = not two12.5

scala> x.foo(0,"zero",0.1)                        ❹位置参数混杂命名
res2: String = zero00.1                              参数

scala> x.foo(4, three = 0.4)                      ❺混用命名参数和位
res3: String = two40.4                               置参数
```

　　首先，注意看 foo 方法给所有参数声明了默认值。这使我们可以不带任何参数调用 foo 方法。更有意思的是我们可以指定名称给函数传参数，像这样 x.foo（two = "not two"）。

　　Scala 仍然允许参数位置语法。参数位置语法是指定义参数的次序和调用时传递参数的次序一致。可以在 x.foo（0，"zero"，0.1）这行代码看到这一点。这个调用里，0 是第一个参数，在函数里会用参数 one 来引用。另外我们还用到了混合模式。

　　混合模式是说你可以对部分参数采用参数位置语法，对其余的采用命名参数语法。这种做法有个显然的限制，就是你只能对命名参数出现前的几个参数用参数位置语法，最后一行代码展示了这个用法：x.foo（4，three = 0.4）。这行代码里，第一个参数 4 被传递给 one，0.4 被传递给 three。

　　那么，参数命名有什么好大惊小怪的？因为参数命名会在跟继承结合时变得令人困惑。

　　Scala 为参数名使用静态类型或变量，但是它会动态修改默认值。请跟着我念：名字是静态绑定的，值是动态绑定的。我们来看个"简单"的例子，关于继承。

清单 3.9　命名参数和继承

```
class Parent {
  def foo(bar : Int = 1, baz : Int = 2) : Int =          ❶ 初始化方法定义
    bar + baz
}
class Child extends Parent {
  override def foo(baz : Int = 3, bar : Int = 4) : Int =  ❷ 用糟糕的名字覆盖
    super.foo(baz,bar)
}

scala> val p = new Parent
p: Parent = Parent@271a2576

scala> p.foo()
res0: Int = 3                                            ❸ 父类里的默认参数

scala> val x = new Child
x: Child = Child@3191394e

scala> x.foo()
res1: Int = 7

scala> val y : Parent = new Child
y: Parent = Child@6c5bdfae

scala> y.foo()
res2: Int = 7

scala> x.foo(bar = 1)
res3: Int = 4                                           ❹ 子类里的默认参数

scala> y.foo(bar = 1)
res4: Int = 5                                           ❺ 静态类型决定名字
```

　　Parent 是是个父类，里面定义了 foo 方法。Child 类继承了 foo 方法，但是注意命名上的差异。我们故意重用相同的名字不同的次序来表现困扰之处，但我们保留了相同的方法实现。如果我们实例化 Parent 类，执行 foo 方法，我们看到结果是 3。当我们实例化 Child 类并执行 foo 方法时，我们看到结果是 7（默认值是动态的！）。有趣的部分是当我们实例化 Child 但是声明其静态类型为 Parent 时。当我们对声明为 Child 类型的 Child 实例调用 foo 方法时，我们看到结果是 4，而当对声明为 Parent 类型的 Child 实例调用 foo 方法时，我们看到结果是 5。

　　出什么问题了？在 Child 类里，我们用跟父类相反的次序定义了参数名。不幸的是 Scala 里的命名参数根据静态类型来决定参数的顺序。记得之前的咒语吗：值是动态的，

名字是静态的。编译器不会为在子类里重命名参数的行为给出警告信息，到 Scala 2.8.0 为止，除非你自己写个编译器插件，否则就没办法。如果你一个人写整个类型层次的话，这个命名问题可能还算不上大问题。但是在一个大团队里，如果某开发者使用别人提供的类，同时又不爽别人的参数命名方式，就可能出问题。

有些开发公司，尤其是我待过的那家，允许开发者不遵循方法命名规范，因为他们以前从没在意过，但是随着 2.8.0 的发布，他们在意了。请确保你的开发人员不仅仅注意一般的命名规范，同时要注意到这个特别令人惊讶的改变（至少对来自没有命名参数的语言的开发者来说是够惊讶的）。

所以请记住在 Scala 里变量、类、参数的命名都是非常重要的。不恰当的命名会带来各种问题，从编译期错误到微妙而难以修复的 bug。在这方面编译器除了给出一些有帮助的错误信息外，没法给你太多帮助。

下个主题就是关于如何让编译器给我们提供有帮助的错误信息，特别是通过 override 关键字。

3.4　总是标记覆盖（overriden）方法

Scala 引入 override 关键字，造福了世界。这个关键字用来区分一个方法是否要覆盖还是重载一个方法。如果你漏了这个关键字，而编译器发现你在覆盖超类里的方法，编译器会发出警告。如果你加了 override 关键字，而超类里没有能覆盖的方法，编译器会给出警告。谢天谢地，大部分情况下编译器能确保正确。但还是有一种情况 override 不是必须的，但是（不写）会造成问题：纯抽象方法。纯抽象方法是指只有声明没有实现的方法。

我们来看看使用 override 的例子。我们要为一个应用定义个业务服务。这个服务用于用户管理，我们给用户提供登录、修改密码、登出的功能，还可以验证某个用户是否还处于登入状态。我们打算为用户服务设计个抽象接口，代码如下面所示：

```
trait UserService {
  def login(credentials: Credentials) : UserSession
  def logout(session : UserSession) : Unit
  def isLoggedIn(session : UserSession) : Boolean
  def changePassword(session : UserSession,
                     credentials : Credentials) : Boolean
}
```

这服务很简单。我们定义了 login 方法，接受用户登录验证信息，返回一个新 session 对象。我们也定义了 logout 方法，接受 UserSession 对象，使之失效并执行可能需要的清除工作。最后，我们针对 session 定义两个方法。isLoggedIn 方法检查 UserSession 是否有效，也就是用户是否是登入状态。changePassword 方法修改用户密码，但只在新密码合法并且 UserSession 有效时可用。现在我们来做个简单实现，假定任何用户使用任何登录信息都能登录，而且所有用户都是合法的。

```
class UserServiceImpl extends UserService {
  def login(credentials : Credentials) : UserSession =
    new UserSession {}
  def logout(session: UserSession) : Unit
  def isLoggedIn(session : UserSession) : Boolean = true
  def changePassword(session : UserSession,
      credentials : Credentials) : Boolean = true
}
```

　　但是等等，我们忘了加 override 关键字了。但方法照样编译通过了，这说明这种情况下 override 关键字不是必需的。为什么？因为如果你的类首次定义某抽象方法，Scala 不要求使用 override 关键字。在多重集成时也会发生这情况，但我们晚点再谈那个。我们现在先看看如果修改父类里的方法签名会发生什么。

清单 3.10　修改底层的方法

```
trait UserService {
  def login(credentials: Credentials) : UserSession
  def logout(session : UserSession) : Unit
  def isLoggedIn(session : UserSession) : Boolean
  def changePassword(new_credentials : Credentials,
                     old_credentials : Credentials) : Boolean       ❶ 修改后的定义
}

class UserServiceImpl extends UserService {
  def login(credentials : Credentials) : UserSession =
    new UserSession {}
  def logout(session: UserSession) : Unit
  def isLoggedIn(session : UserSession) : Boolean = true
  def changePassword(session : UserSession,
                     credentials : Credentials) : Boolean = true    ❷ 编译错误
}
```

　　你可以看到我们修改了 UserService 特质的 changePassword 方法。新方法顺利编译，但是 UserServiceImpl 类却编译不过了。因为它是个具体（concrete）类，编译器会发现 UserService 的 changePassword 方法没有实现。如果我们提供的不是具体类而是提供了部分功能的库，会发生什么呢？我们把 UserServiceImpl 改成特质。

清单 3.11　特质不会造成编译错误

```
trait UserService {
  def login(credentials: Credentials) : UserSession
  def logout(session : UserSession) : Unit
  def isLoggedIn(session : UserSession) : Boolean
  def changePassword(new_credentials : Credentials,
    old_credentials : Credentials) : Boolean                        ❶ 修改后的定义
```

```
}

trait UserServiceImpl extends UserService {
  def login(credentials : Credentials) : UserSession =
    new UserSession {}
  def logout(session: UserSession) : Unit
  def isLoggedIn(session : UserSession) : Boolean = true
  def changePassword(session : UserSession,
    credentials : Credentials) : Boolean = true
}
```

❷编译通过

把 UserServiceImpl 变成特质后，编译通过了。在提供没有具体实现的库或者提供某种期望被用户扩展的 DSL 的时候，这问题就会发生。这意味着只有库用户很容易注意到这点时才能避免错误。我们所需要做的就是对每个覆盖的方法是使用 override 关键字。

清单 3.12　特质会造成编译错误

```
trait UserServiceImpl extends UserService {
  override def login(credentials : Credentials) : UserSession =
    new UserSession {}
  override def logout(session: UserSession) : Unit
  override def isLoggedIn(session : UserSession) : Boolean = true
  override def changePassword(session : UserSession,
    credentials : Credentials) : Boolean = true
}
```

❶编译错误

既然这么容易就能让编译器捕捉到这问题，没理由再犯这种错。那我们之前提到过的多重继承情况又如何呢？现在是时候看看 Scala 是怎么处理多重继承中的方法覆盖的了。

Scala 之所以不要求实现抽象类的时候使用 override 关键字就是为了帮助多重继承。我们来看看多重继承中经典的"致命钻石"问题。如果一个类继承自两个父类，而这两个父类又是同一个祖先（parent-parent）类的子类时，就产生了致命钻石问题。你要是画个继承关系图，就能看到一个钻石（菱形）。

我们来构造一个钻石，先创建两个特质，Cat 和 Dog，它们继承自同个基础特质 Animal。Animal 特质定义了 talk 方法，Cat 和 Dog 也同样定义了此方法。现在想象有个疯狂科学家试图把 Cat 和 Dog 组合起来创造一种新物种，KittyDoggy。利用 override 关键字，他能做到哪一步呢？我们来定义这三个类瞧瞧。

清单 3.13　带有 override 的动物继承树

```
trait Animal {

  def talk : String
}
```

```
trait Cat extends Animal {
  override def talk : String = "Meow"
}

trait Dog extends Animal {
  override def talk : String = "Woof"
}
```

我们在 Animal 特质里定义了 talk 方法返回 String。然后创建了 Cat 和 Dog 特质分别实现了 talk 方法。我们打开 REPL 实验一下是否能构建出 KittyDoggy。

清单 3.14　带有 override 的多重继承

```
scala> val kittydoggy = new Cat with Dog
kittydoggy: java.lang.Object with Cat with Dog = $anon$1@631d75b9

scala> kittydoggy.talk
res1: String = Woof

scala> val kittydoggy2 = new Dog with Cat
kittydoggy2: java.lang.Object with Dog with Cat = $anon$1@18e3f02a

scala> kittydoggy2.talk
res2: String = Meow
```

首先我们试图在 Cat 上组合 Dog，这导致 talk 操作选择了 Dog 的行为而忽略了 Cat 的行为。这不是我们的疯狂科学奖想要的结果，所以我们又反过来试图在 Dog 上组合 Cat，最后的结果是引入了 Cat 的行为而忽略了 Dog 的！Scala 里在类线性化和方法委托时，在后的特质"获胜"，所以这并非意外的结果。

类线性化指调用某个类的父类方法时的调用顺序。在上例中，对于 Cat with Dog 类型，父类调用会先尝试在 Dog 特质里找，然后 Cat，最后是 Animal。类线性化将在 4.2 节详解。

如果我们去掉 Cat 和 Dog 特质里的 override 关键字会怎样？我们来看看。

清单 3.15　不带 override 的动物继承树

```
trait Animal {
  def talk : String
}

trait Cat extends Animal {
  def talk : String = "Meow"
}

trait Dog extends Animal {
  def talk : String = "Woof"
}
```

　　Animal、Cat 和 Dog 的定义都跟之前完全一样，除了现在不再使用 override 关键字。现在我们再次披上邪恶的白大褂，看看能否组合猫和狗。

清单 3.16　不带 override 的多重继承

```
scala> val kittydoggy = new Cat with Dog
<console>:8: error: overriding method talk in trait Cat of type => String;
 method talk in trait Dog of type => String needs `override' modifier
       val kittydoggy = new Cat with Dog
                            ^

scala> val kittydoggy2 = new Dog with Cat
<console>:8: error: overriding method talk in trait Dog of type => String;
 method talk in trait Cat of type => String needs `override' modifier
       val kittydoggy2 = new Dog with Cat
```

　　当我们尝试构建 Cat with Dog 时，编译器报了错误，指出我们试图覆盖方法但没写 override 关键字。编译器不让我们组合两个没有明确标注为 override 的具体方法。也就是说，如果我们想防止科学家做这件坏事，我们就要避免使用 override 修饰符。在两个特质不共用同一个祖先时这个特性显得更有用，因为它要求疯狂科学家手动覆盖两个类的冲突行为，使之统一。然而在存在共同基类时，情况可能变得有点怪异。我们来看一下如果 Cat 定义 talk 方法时用了 override，而 Dog 没用时会发生什么。

清单 3.17　混用 override 的多重继承

```
scala> val kittydoggy = new Cat with Dog
<console>:8: error: overriding method talk in trait Cat of type =>
    java.lang.String;
 method talk in trait Dog of type => String needs `override' modifier
       val kittydoggy = new Cat with Dog
                            ^


scala> val kittydoggy2 = new Dog with Cat
kittydoggy2: java.lang.Object with Dog with Cat = $anon$1@5a347448
```

　　如你所见，Cat 混入 Dog 仍然失败，因为 Dog 没有标注其 talk 方法为可以覆盖。然后 Dog 混入 Cat 成功了，因为 Cat 的 talk 方法允许覆盖。如果我们想要用编译器去强制用户在每次继承 Dog 和另一种 Animal 时选择一种实现，我们无法做到。如果 Animal 的任何子类定义 talk 方法时没用 override 关键字，我们失去了错误信息。这降低了这个特性的实用性，特别是在集成的场景里。

> **作者注：多重继承**
>
> Scala 的特质是线性化的，所以如果想要使用覆盖的方法，可以在实例化对象的时候混入父类，而不需要定义新的类。
>
> ```
> trait Animal { def talk : String }
> trait Mammal extends Animal
> trait Cat { def talk = "Meow" }
> scala> val x = new Mammal with Cat
> x: java.lang.Object with Mammal with Cat =
> $anon$1@488d12e4
> scala> x.talk
> res3: java.lang.String = Meow
> ```
>
> 在实践中，为了子类方法覆盖而不使用 override 的做法所带来的好处远远不如使用 override 的好处。因此你应该确保用 override 标注你的对象。在考虑多重继承和方法覆盖时，你需要确保完全理解了类型线性化和相关推论。特质和线性化会在 4.2 节详细讨论。

我们来看一下另一个编译器能给我们极大帮助的领域：优化相关的错误信息。

3.5 对期望的优化进行标注

Scala 编译器为将函数式代码编译成高性能的字节码提供了几种优化方案。编译器会把尾递归优化为运行时的循环执行，而不是递归调用。当方法在最后一句语句调用自己时，叫作尾递归。如果不优化，尾递归会使栈的占用急剧增长。尾递归优化最主要是避免栈溢出错误而不是提高速度。

编译器也可以优化看上去像 Java switch 语句的模式匹配，使之运行时如同 swich 语句一样执行。编译器能够算出是否使用分支查找表（branch lookup table）会更有效率而且结果一样正确。如果可行，则编译器会对模式匹配生成 tableswitch 字节码。tableswitch 字节码是一种比多重比较分支语句更有效率的分支语句。

分支优化和尾递归优化有一些可选的标注。这些标注会确保编译器在期望的地方实施优化，否则出错。

我们要讨论的第一种优化是把模式匹配当作 switch 语句。这种优化实质上做的是把模式匹配编译成分支表而不是决策树。这意味着，不是在模式匹配里对值做很多比较，而是用值去在分支表里查找对应的标签。然后 JVM 就可以直接跳到相应的代码。整个操作用一个字节码完成，tableswitch 操作。在 Java 里，switch 语句可以编译成 tableswitch 操作。在 Scala 里，编译器可能会把模式匹配优化成单个 tableswitch 操作——如果福星高照——或者至少在恰当的条件下。

要想 Scala 应用 tableswitch 优化，下面的条件必须满足。

- 匹配的值必须是个已知整数。
- 每个匹配语句都必须"简单"。不能包含类型检查、if 语句或抽取器。表达式的值必须在编译期可获得。也就是说，表达式的值不能在运行时计算，而必须是个不变的确定值。
- 应该有多于两个 case 语句，否则优化就没意义了。

我们快速看一些成功优化的代码，以及什么样的操作会破坏优化。我们从基于整数的简单 switch 开始。我们对整数做 switch，处理整数为 1、为 2，以及其他值的情况。

```
def unannotated(x : Int) = x match {
  case 1 => "One"
  case 2 => "Two!"
  case z => z + "?"
}
```

这是有三个分支的 match 语句。如前面所说，我们明确地看整数为 1 或 2 的情况。编译器能把它优化为 tableswitch，你可以在字节码里看到这一点。下面是 javap 的输出：

```
public java.lang.String unannotated(int);
  Code:
   0:   iload_1
   1:   tableswitch{ //1 to 2
         1: 51;
         2: 46;
         default: 24 }
...
```

你看到的是 unannoated 方法的字节码指令。标签为 0：处的第一行指令表示把第一个参数作为整数加载（iload_1）。下一个指令是我们的 tableswitch。tableswitch 指令由整数到字节码指令标签（或行行）的映射组成。现在我们能比较清楚地看到优化规则了。如果编译器要生成这样的 tableswitch 指令，它需要知道每个 case 语句的值以便做正确的事。要破坏这条件很容易，我们看看几种做法。

首先，我们可以在模式匹配里加个类型检查。这会让你惊讶，因为你或许会认为这里的类型检查是多余的，不会改变编译出的代码。我们还是用之前的函数，只简单地在其中一个 case 上加个对 Int 的类型检查。

```
def notOptimised(x : Int) = x match {
  case 1 => "One"
  case 2 => "Two!"
  case i : Int => "Other"
}
```

这个例子跟前面的区别在于第三个 case 语句：i : Int，这里加了类型检查。尽管变量的类型已知是 Int，编译器还是会在模式匹配里加入类型检查指令，这就使编译器无法使用 tableswitch 字节码。我们看看生成的字节码（省略若干）：

```
public java.lang.String notOptimised(int);
  Code:
   0:   iload_1
   1:   iconst_1
   2:   if_icmpne 10
   ...
   10:  iload_1
   11:  iconst_2
   12:  if_icmpne 20
   ...
   20:  iload_1
   21:  invokestatic #43; //Method scala/runtime/BoxesRunTime.boxToInteger:
          (I)Ljava/lang/Integer;
   24:  instanceof #85; //class java/lang/Integer
   27:  ifeq 33
   30:  ldc #87; //String Other
   32:  areturn
   33:  new #89; //class scala/MatchError
   ...
```

首先，你会注意到有 if_icmpne 比较字节码而没有了 tableswitch 字节码。从截取的片段里，你能看出这个方法事实上编译成一系列的比较指令。我们还注意到第 33 行构造了一个 MatchError。省略的部分是抛出异常的字节码指令。编译器推断我们的匹配不完整，因此创建了一个会抛出运行时异常的默认匹配。

> **作者注：关于基础类型和类型检查**
>
> 在上例的 21 行和 24 行，你可能已经注意到我们的参数，一个 Int，被打包（boxed）执行 instanceof 指令。JVM 用 instanceof 字节码执行类、特质和对象的类型检查。但是整数在 JVM 里是基础数据类型。这意味着为了进行类型检查，Scala 必须把基础的整数打包成整数对象的形式。这是 Scala 在 JVM 上对任何基础数据类型做类型检查的基本机制，所以代码里尽量避免不必要的类型检查。

如你所见，很容易构建一个例子，我们以为 Scala 会优化代码，而实际上无法优化。这问题有个简单的解决方案——对表达式做注解，这样编译器会在无法优化时警告你。

注解优化

到 Scala2.8.0 为止，编译器目前提供两种注解，能够让优化无法执行时程序也编译不过。分别是@tailrec 和@switch 注解。可以在你期望优化的表达式上应用这些注解。我们看看 switch 注解对我们前面的例子能有什么帮助。

清单 3.18 使用@switch 注解

```
import annotation.switch
def notOptimised3(x : Int) =
  (x : @switch) match {
    case 1 => "One"
    case 2 => "Two!"
    case i : Int => "Other"
  }

<console>:6: error: could not emit switch for @switch annotated match
        def notOptimised3(x : Int) = (x : @switch) match {
```

❶ 加了注解的 match 表达式

你首先会注意的是这个好笑的（x: @switch）语法。Scala 允许给类型表达式加注解。这使编译器知道我们期望执行 switch 优化。你也可以完整地写（x: Int @switch），不过简单地加注解也不错。

编译器给出了我们期望的警告语句。因为模式匹配无法优化，我们的代码编译不过。tableswitch 的价值是存在争议的，也不像另一个注解那么通用：@tailrec。

@tailrec 注解用于确保可以对方法执行尾递归优化（通常用缩略语 TCO）。尾递归优化是把最后一句语句调用自身的递归函数转换为不占用栈控件，而是类似传统的 while 或 for 循环那样执行。JVM 本身不支持 TCO，所以尾递归方法需要依赖 Scala 编译器来执行优化。

要优化尾递归调用，Scala 编译器需要以下条件。

- 方法必须是 final 或私有。换句话说，方法不能多态。
- 方法必须注明返回类型。
- 方法必须在其某个分支的最后一句调用自身。

我们来试试看能否创建个好的尾递归方法。我本人的第一个尾递归函数是用来处理树形结构，所以我们现在做个同样的：用尾递归实现广度优先搜索算法。

广度优先搜索算法是搜索图或树的一种算法：先检查顶层元素，然后是这些元素的最近邻居，然后是最近邻居的最近邻居，如此类推，直到找到你想要的元素。我们先把函数的样子定下来。

```
case class Node(name : String, edges : List[Node] = Nil)

def search(start : Node, predicate : Node => Boolean) : Option[Node] = {
  error("write me")
}
```

我们首先做的是定义 Node 类，这样我们就可以用它构建图或树。这个类很简单，而且不允许创建循环（creation cycle），但是个很好的起点来定义我们的算法。接着是 search 方法的定义，search 方法接受一个起点参数，Node 类型，和一个在找到正确节点时返回 true 的断言。算法本身很简单，包括维护一个待检查对象的队列和判断节点是否已找到的机制。

我们来创建一个用尾递归搜索节点的帮助函数。这个函数应该接受一个待检查节点的队列和已访问节点的集合。然后 search 方法就可以调用帮助函数，将 List（start）传给它作为要检查的初始队列，再传个空 set 作为已访问节点的初始值。

```
def search(start : Node, p : Node => Boolean) = {
  def loop(nodeQueue : List[Node], visited : Set[Node]) : Option[Node] =
    nodeQueue match {
      case head :: tail if p(head) =>
        Some(head)
      case head :: tail if !visited.contains(head) =>
        loop(tail ++ head.edges, visited + head)
      case head :: tail =>
        loop(tail, visited)
      case Nil =>
        None

    }
  loop(List(start), Set())
}
```

这个 loop 帮助方法是用模式匹配实现的。第一个 case 语句从节点队列里弹出第一个元素来检查，然后它判断这个元素是不是我们要找的，如果是则返回。第二个 case 语句也从待检查队列里弹出第一个元素，然后检查看这个元素是不是已经被访问过了。如果没被访问过，则加到已检查节点集合中，并把其邻居节点加到待检查队列的末尾。下个 case 语句在节点已经被访问过时触发，这个 case 用队列里剩下的节点继续调用算法。最后一个 case 语句在队列为空时触发，返回 None 表示没有找到节点。

这个算法有趣的地方在于看编译器怎么编译它。我们来看看生成的字节码里有没有调用 loop 帮助方法，没有，所以尾递归优化一定是生效了。我们检查一下方法里的分支看看发生了什么。有三个 goto 字节码和一个 return 字节码：

```
private final scala.Option loop$1(scala.collection.immutable.List,
  scala.collection.immutable.Set, scala.Function1);
  Code:
   0:    aload_1
   ...
   61:   invokespecial   #97; //Method scala/Some."<init>":(Ljava/lang/Object;)V
   64:   goto  221
   ...
   150: astore_2
   151: astore_1
   152: goto 0
   ...
   186: astore_1
   187: goto 0
   ...
   218: getstatic #158; //Field scala/None$.MODULE$:Lscala/None$;
   221: areturn
   ...
```

　　第 61 行代码显示字节码构建了一个 Some 对象，然后跳到了第 221 行。第 221 行是方法的 return 字节码。紧贴着 221 行前面的那行代码是个 getStatic 操作，用来获取 None 对象的引用。最后还有第 152 和第 187 行的 goto 指令都是返回第 0 行。这些代码行是我们的每个 case 语句最终产生的字节码。第 61、64 和 221 行对应于第一个 case 语句的 Some（head）调用。第 218 和 221 行对应于待处理队列为空而返回 None 的情况。第 150、151、152 行对应于更新待处理队列和已处理队列（用 astore 字节码），然后跳转回算法。最后，第 186、187 行对应于更新待处理队列并跳转回算法开始处。编译器把尾递归转化成了实质上的 while 循环。

　　这种把尾递归函数转化为 while 循环的技巧能够帮助避免很多递归算法容易造成的运行时堆栈溢出问题。这可能是写代码时最需要要求编译器执行的优化。没人想看见生产代码中出现意外的堆栈溢出！要求尾递归优化（跟 switch 优化）一样只需要用@tailrec 对尾递归方法做个简单的注解。我们来看一下面代码：

```
def search(start : Node, p : Node => Boolean) = {
  @tailrec
  def loop(nodeQueue : List[Node], visited : Set[Node]) : Option[Node] =
    nodeQueue match {
      case head :: tail if p(head) =>
        Some(head)
      case head :: tail if !visited.contains(head) =>
        loop(tail ++ head.edges, visited + head)
      case head :: tail =>
        loop(tail, visited)
      case Nil =>
        None
    }
  loop(List(start), Set())
}
```

　　太棒了，现在你能确保程序中需要优化的地方会得到期望的优化。记住这类注解并非请求编译器执行优化，而是要求编译器要么按照要求优化，要么在无法优化时给出警告。

　　在 switch 例子里，如果编译器无法提供 table switch 指令，代码就会编译失败。这并不是说（不优化的）代码就会执行得比较慢。事实上，在仅有两个 case 语句的情况下，用 table switch 指令可能反而更慢。因此，请确保仅在真正需要的地方用这类注解。

　　而和 switch 优化不同，你在任何时候都应该注解尾递归优化。

3.6　总结

　　在本章中，你学习（或重温）了一点编码规范的知识，包括它们的功能以及为什么在进入 Scala 世界时需要用新的视角重新审视之。Scala 是一种现代编程语言，和 C 风格语言有一些微妙的差异。因此它会需要你调整语法和编码风格。Scala 用户应该确保：

- 同行左大括号。
- 使用空悬操作符或括号。
- 使用有意义的名字。
- 参数命名保持一致。
- 总是标记覆盖的方法。

这些规则能够帮你避免简单的语法相关的编程错误，使你更有生产力。

在 Scala 里，语法是用一种"可伸缩"（scalable）的方式设计的。这意味着，如果你试图写非常简洁的代码，但是碰到点问题，你可以试着先用不那么简洁，更正式的语法去写，直到问题解决。这种优雅降级（graceful degradation）特点在实践中是很有帮助的，因为它让用户能够在理解语法规则的过程中"成长"。语法不应当成为开发中的拦路虎，而应当成为程序员将其思想编码为程序的载体。因此你需要知道语法，以及如果避免对语言的不当使用造成的编译期或运行时问题。

现在我们已经看过如何使用 Scala 语法，是时候深入到一些高级特性了，先从面向对象开始。

第 4 章　面向对象编程

本章展现有助于更好利用 Scala 的面向对象特性的编程技巧。

4.1　限制在对象或特质的 body 里初始化逻辑的代码

大多数程序员开始学习 Scala 都是从标准的"Hello，World"程序开始的。你能在互联网上找到很多像下面这样的代码。

清单 4.1　糟糕的 Scala 版 Hello World 例子

```
object Test extends Application {
  println("Hello, World!")
}
```

上面的代码例子虽然优雅，但是在简单之中隐藏着误导。Application 特质用了个漂亮的小技巧来简化创建新应用的过程，但是是有其代价的。我们来看看简化后的 Application 特质。

清单 4.2　Application 特质

```
trait Application {
  def main(args : Array[String]) : Unit = {}
}
```

就是这样。Application 特质唯一需要的就是这个空方法。但这是怎么起作用的呢？我们稍微深入一点字节码。

在编译特质的时候，Scala 创建一个接口/实现对（interface/implementation pair）。

接口用于 JVM 交互，实现里则是一组静态方法，在类实现特质时可以用得到。编译 Test 对象时，main 方法会被创建并转发给 Application 实现类。虽然方法体是空的，但是 Test 对象里的逻辑会被放入 Test 对象的构建器里。最后，Scala 为对象创建"静态转发器"。main 方法是这些静态转发器之一，且其签名符合 JVM 的期望。静态转发器只是简单地调用 Test 单例对象的方法（译者注，Scala 里的 object 定义一个单例）。这个实例在一段静态初始化块里构建。最后问题来了，静态初始化块里的代码不能应用 HotSpot 优化。事实上，在较早的 JVM 版本中，被静态初始化代码块调用的方法也无法优化。我最近做的基准测试发现这问题已经改正，现在只有静态初始化块自身无法被优化。

Scala2.9 提供了更好的解决方案：DelayedInit 特质。

4.1.1 延迟构造

Scala2.9 为构造器提供了一种新的机制。DelayedInit 特质是为编译器提供的标记性的特质。当实现一个继承 DelayedInit 的类时，整个构造器被包装成一个函数并传递给 delayedInit 方法。我们来看下 DelayedInit 特质。

```
trait DelayedInit {
  def delayedInit(x: => Unit): Unit
}
```

此特质只有一个 delayedInit 方法。如前面指出的，这个方法接受一个函数对象，函数对象里包含了全部的一般的构造器逻辑。这为解决 Application 特质的问题提供了清晰的解决方案。我们来自己实现一个新的特质，展示一下 DelayedInit 的行为。

```
trait App extends DelayedInit {
  var x : Option[Function0[Unit]] = None
  override def delayedInit(cons : => Unit) {
    x = Some(() => cons)
  }
  def main(args : Array[String]) : Unit =
    x.foreach(_())
}
```

新的 App 特质继承了 DelayedInit。它定义了 Option x 用来容纳构造器行为。覆盖了 delayedInited 方法，在 x 变量里存放构造器逻辑。main 方法定义为去执行存放在 x 变量里的构造器逻辑。现在特质已经创建好，我们在 REPL 里试一试。

```
scala> val x = new App { println("Now I'm initialized") }
x: java.lang.Object with App = $anon$1@2013b9fb

scala> x.main(Array())
Now I'm initialized
```

第一行代码创建了一个 App 特质的匿名子类。这个子类在构造器里打印字符串"Now I am initialized"。这个字符串不是在构造的过程中打印到控制台的。下一行代码调用 App 特质的 main 方法。这时会调用延迟的构造器并打印字符串"Now I am initialized"。

DelayedInit 特质可能是危险的，因为它推迟了对象的构造，那些期望完整初始化对象的方法可能在运行期发生难以查找的错误。DelayedInit 特质非常适用于对象构造和初始化被延迟的场景。比如说在 Spring 容器里，先构造对象，然后注入属性，之后对象才被认为是完全的。DelayedInit 特质可以用于延迟整个对象的构造过程，直到所有属性都被注入完成。类似的机制可以用于 Android 里构造对象。

DelayedInit 特质解决了构造和初始化对象需要根据外部约束在不同时间点进行的问题。这种分离在实践中是不推荐的，但有时候不得不这么做。Scala 里还有另一个初始化问题，这次发生在多重继承的场景下。

4.12　多重继承又来了

Scala 特质提供了声明抽象值，然后在抽象值上定义具体值的方法。举例来说，我们创建一个特质，它保存来自配置文件的属性值。

```
trait Property {
  val name : String
  override val toString = "Property(" + name + ")"
}
```

Property 特质定义了一个抽象成员 name 用来存放当前属性的名字。覆盖 toString 方法用 name 成员创建一个字符串。我们来实例化一个 Property 特质的实例。

```
scala> val x = new Property { override val name = "HI" }
x: java.lang.Object with Property = Property(null)
```

val x 定义为 Property 特质的匿名子类。name 被覆盖为字符串"HI"。然而当 REPL 打印 toString 的值时，打出来的 name 值是 null。之所以这样是因为初始化的顺序问题。基特质，Property，在构建过程中先初始化。当 toString 方法查找 name 的值时，name 还没有初始化，所以它找到了值 null。之后，匿名子类被构建，这是 name 属性才被初始化。

有两种方法解决这问题。第一种方法是把 toString 声明为 lazy。虽然这方法可以推迟 toString 方法查找 name 属性的时间，但是并不确保初始化顺序是正确的。更好的方案是使用早期成员定义（early member definition）。

Scala2.8 重写了特质的初始化顺序。重写的部分内容是创造了早期成员定义。在混入特质前创建一种看上去像是匿名类定义的东西来做到这一点，下面是个例子：

```
scala> class X extends { val name = "HI" } with Property
defined class X

scala> new X
res2: X = Property(HI)
```

类 X 定义为扩展 Property 特质，只是在 Property 特质前面添加一个匿名块，里面包含早期成员定义，这只是一段包含 val name 定义的简单代码块。然后当构造类 x 时，toString 方法能够正确的显示名称 HI。声明早期初始化器还有第二种方法。

```
scala> new { val name = "HI2" } with Property
res3: java.lang.Object with Property{
    val name: java.lang.String("HI2")} = Property(HI2)
```

这行代码构造了一个新的匿名 Property。new 关键字后的匿名代码块就是早期成员定义。这里定义了 Property 构造器初始化之前应该先初始化的成员变量。REPL 打印出了正确的属性值。

早期成员定义解决的问题是当特质定义抽象成员并且其具体成员依赖此抽象成员时发生的。由于之前版本的 Scala 里的一些问题，通常的做法是避免这样设计特质。但是在特质继承关系较复杂的情况下，早期成员定义提供了一种更优雅的解决方案。因为需要早期初始化的成员可能会被埋在几层继承层次下面，你要记得在整个继承树的文档中写清楚。

Scala 简化了多重继承，并提供了处理复杂情况的机制。早期成员定义是其中一种机制。还有其他方法可以采用，来避免将来出问题。其中之一是为抽象方法提供空实现。

4.2　为特质的抽象方法提供空实现

在刚开始把玩 Scala 语言时，我首先做的事之一是把特质用于某种"混入继承"（mixin inheritance）场景下。我试图解决的问题包括为某种现实世界问题建模。我需要能创建"受管对象"（managed objects）。这些对象建模了一些现实生活中的实体，包括物理服务器、网络交换器等。这个系统需要模拟现实世界，创建逼真的数据，这些数据会被喂给应用的处理流（stream）。我们用这个模拟系统来测试软件的"最大吞吐量"。

我们希望这个系统将现实世界实体建模得越真实越好。同时我们有一些基特质提供默认实现，而我们希望有能力在此基础上为我们的实体混入不同的行为。我们开始建模网络交换器、网络服务器，包括 Windows 和 Linux 以及某种形式的代理（代理能运行在这些服务上并提供额外的功能）。我们来创建个简单的基类 SimulationEntity。如图 4.1 所示。

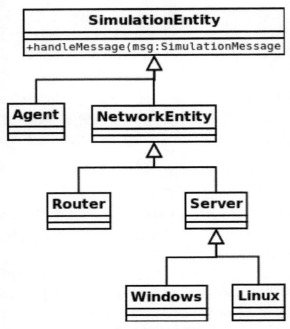

图 4.1　Simulation 类层次结构

清单 4.3　SimulationEntity 类

```
trait SimulationEntity {
  def handleMessage(msg : SimulationMessage,
                    ctx : SimulationContext) : Unit
}
```

这个特质非常简单，只有一个 handleMessage 方法。这个方法接收一个消息对象和一个上下文对象，然后执行一些操作。模拟系统设计为让每个节点通过在上下文中传递消息来进行通信。当一个实体收到消息时，它更新自身当前状态并发送对应于该状态的消息。上下文也可以用来在后面的模拟中（对各实体的行为）进行调度。到此为止我们开局开得不错。我们现在来定义一个简单的 NetworkEntity 特质和对应的行为(behavior)。记住在命令链模式中，我们将定义一些基本功能集合，而把其他的推迟到父类中去实现。

清单 4.4　NetworkEntity 特质

```
trait NetworkEntity {
  def getMacAddress(ip : String) : String
  def hasIpAddress(addr : String) : Boolean

  def handleMessage(msg : SimulationMessage,
    ctx : Simulation) : Unit = msg match {
```

```
  case PingRequest(ip, sender) if hasIpAddress(ip) =>
    ctx respond (sender, PingResponse(getMacAddress(ip)))
  case _ =>
    super.handleMessage(msg)
  }
}
```

❶ *super.handleMessage*
可能指向或不指向
一个实现函数

译者注：注意 `NetworkEntity` 特质并没有继承 `SimulationEntity` 特质

　　Scala 的特质有个非常有用的属性，就是直到超类被混入（mixed in）并且初始化后才定义
超类。也就是说特质的实现不是必须要知道"super"的类型是什么，直到一个叫作"线性化"
的过程发生时。

旁注：类的线性化

　　线性化是指为某个类的超类们指定线性顺序的过程。在 Scala 里，每个子类的这个顺序都
可能变化并为继承树上的类重构造（in scala this ordering changes for each subclass and is
reconstructed for classes in the hierarchy）。这意味着一个共同父类的两个子类可能有不同的
线性化，因此行为也可能不同。

　　由于线性化的原因，NetworkEntity 特质对超类的使用可能正确，也可能不正确。如
下面的编译信息所示：

```
simulation.scala:21: error: method handleMessage in trait
SimulationEntity is accessed from super.
It may not be abstract unless it is
overridden by a member declared `abstract' and `override'
    case _ => super.handleMessage(msg, ctx)
                   ^
one error found
```

　　为使之正确，Scala 编译器必须知道不管怎样，我们都能安全地调用 super.handle
Message。这意味着我们不得不采取下面两种措施中的一种：定义一个自类型（self-type）
或者给抽象方法一个默认的"什么都不做"实现。自类型措施或许有效，但是限制了特质
的使用场景。我们以后可能定义另一个基类来混入。（如果使用自类型）则这个新基类也
必须实现 handleMessage 方法。对于这个应用的目的来说，这限制太大了。

　　正确的方法是在 SimulationEntity 特质里实现这个方法。这样一来，所有混入
SimulationEntity 的特质就有了将 handleMessage 调用代理给超类的能力。实际上这是使
用特质混入时的常见做法。你必须在对象继承树上选择一个混入特质的合适的点。在模
拟系统例子里，我们打算直接在最上层混入 SimulationEntity 特质。但是假如你试图对
Java 继承树混入特质，可能就不是这样，你可能更愿意在一些底层抽象上开始混入。以
Java Swing 为例，你可能从 javax.swing.JComponent 开始混入，而不是从那些更底层的

开始混入，比如 java.awt.Component。重点是你需要选择正确的位置（去混入）以确保混入-代理行为符合你的期望。

现实中可能有些类库你找不到能够代理给（delegate to）的默认行为。这种情况下，你或许会想是不是能提供个自己的"空实现"特质。我们来看看在我们的网络模拟例子里能否这么做。我们定义如下类。

清单 4.5 尝试空实现的特质

```
trait MixableParent extends SimulationEntity {        ❶应当允许混入行
  override def handleMessage(msg : SimulationMessage,    为的
    ctx : SimulationContext) : Unit = {}
}

trait NetworkENntity extends MixableParent {          ❶super.handleMessage
  def getMacAddress(ip : String) : String               可能指向或不指向
  def hasIpAddress(addr : String) : Boolean             一个实现函数

  override def handleMessage(msg : SimulationMessage,
    ctx : SimulationContext) : Unit = msg match {
      case PingRequest(ip, sender) if hasIpAddress(ip) =>
        ctx respond (sender, PingResponse(getMacAddress(ip), this))
      case _ =>
        super.handleMessage(msg, ctx)
    }
}

class Router extends SimulationEntity {
  override def handleMessage(msg : SimulationMessage,
    ctx : SimulationContext) : Unit = msg match {
      case Test(x) => println("YAY! " + x)
      case _ =>
    }
}
```

尽管上面的继承树看上去完美且合理，而且还能正确编译，但是在实践中却行不通。原因是具体实体（本例中的 Router 类）的线性化过程与 MixableParent 特质不匹配，在我们试图创建 Router with NetworkEntity 类时会出问题。Router with NetworkEntity 类能正常编译，但是在处理 Test 消息时会出运行时错误。这是线性化的原理决定的。图 4.2 显示了 Router with NetworkEntity 的继承树，以及用数字表示的（类/特质）线性化次序。这个次序决定了继承树上的每一个特质的 super 是什么。

如图 4.2 所示，MixableParent 紧跟在 NetworkEntity 后调用，但是在 Router 之前。这意味着 NetworkEntity（译者注：应该是 Router）中的行为不会被调用，因为 MixableParent 不调用其超类！这意味着我们需要想个办法把 MixableParent（译者注：应该为 Router）移到线性化的前面去。因为 Scala 的线性化是从右往左，也就是说我

们得创建个 MixableParent with Router with NetworkEntity。这首先需要我们把 Router 变成特质。在现实中这不一定可行，但我们先继续练习。我们来看看在 REPL 里会是什么效果。

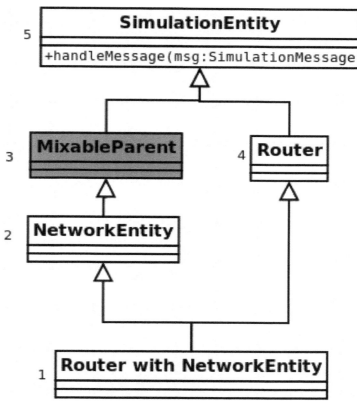

图 4.2 Router with Network 的线性化

```
$ scala -cp .
...

scala> val rtr = new MixableParent with Router with
     |    DummyNetworkEntity

rtr: java.lang.Object with MixableParent with Router with
  DummyNetwork Entity = $anon$1@169a1c5

scala> rtr.handleMessage(Test(5), null)
YAY! 5

scala> val ctx = new SimulationContext {
     |    override def respond(entity :SimulationEntity,
```

❶ 线性化行为定义行为的特性

```
|                            msg : SimulationMessage) : Unit = {
|        println("Sending " + msg + " to " + entity)
|      }
|  }
ctx: java.lang.Object with SimulationContext = $anon$1@13306ad

scala> rtr.handleMessage(PingRequest("HAI", rtr),ctx)
Sending PingResponse(HAI,line2$object$$iw$$iw$$anon$1@169a1c5) to
line2$object$$iw$$iw$$anon$1@169a1c5
```

❷ NetworkEntity 里定义正确的行为

如你所见，行为现在正确了，但每次创建实体的时候都要先用 MixableParent，不是很直观。同时 Router 特质存在跟 MixableParent 一样的问题——不代理给父类！在我们的案例里是可以的，因为 Router 是个实体，是被混入其他行为的（而不像一般的 trait 是用来混入其他实体的）。但在其他场景下（不代理给父类）可能是不能接受的。而且有些情况下你无法把类转换为特质。

结论

在通过特质创建可混入的层级结构时，你需要确保以下要求。

- 你需要有一个让特质可以假定为父类的"混入点"（you have a "mixin" point that traits can assume as parent）。
- 你的"可混入特质"以有意义的方式代理给它们的父类。
- 在你的"混入点"为命令链风格的方法提供默认实现。

4.3　组合可以包含继承

Java 社区有句格言："组合优于继承"（favor composition over inheritance）。这个简单的建议的意思是说在面向对象的 Java 语言中最好是创建新类"包含"其他类，而不是继承其他类。这使新类可以使用多个其他类提供的特性/功能，而继承限制你只能用到一个类。这个建议也有其他好处，比如鼓励创建更自包容的"把一件事做好"的类。有趣的是，Scala 加入了特质，使这个格言不再那么有价值。

Scala 的特质能以非常灵活的方式组合。你可以通过调整声明特质继承时的顺序来决定多态行为的次序。不仅如此，你还能同时继承多个特质。这些特性使得特质成为一种非常灵活的进行功能组合的机制。特质组合并不能解决所有问题，还是有些问题它解决不了。如表 4.1 所示。我们来看个在 Java 里通过继承来组合功能时的问题，即使用 Scala 特质还是无法完全解决。在下文中，我用"继承-组合"代表通过继承来组合行为，用"继承-可组合"代表用类/特质来实现同样的功能。用"成员-组合"代表通过把另一个对象作为类的成员来实现组合，用"成员-可组合"来代表用类/特质实现同样的功能。

表 4.1 继承 VS 对象组合的问题

问题	Java 接口	Java 抽象类	Scala 特质
可在子类中覆盖行为 （re-implement behavior）	×		
只能和父母行为组合		×	
打破封装	×	×	×
需要调用构造器来组合	×	×	×

使用 Scala 特质立刻解决了子类必须重实现行为的问题（译者注，常见的场景是由于 Java 不支持多重继承，因此当子类需要组合两个类的行为时，只能继承其中一个，而不得不重新实现另一个）。特质使用了一种聪明的技巧来在 JVM 里支持多重继承，使之能"继承-可组合"多个父类的行为。但是 Scala 特质仍然为两个重要问题所苦，一个是破坏封装性，另一个是需要访问构造器。我们来看看破坏封装性有多危险。

用来组合行为时，Scala 特质破坏了封装性。我们来看看这会有什么影响。假设我们有个类代表系统里的数据访问服务。这个类有一组类似查询的方法能够查找数据并返回。假设我们还想提供日志输出能力，以便当系统出问题的时候能够做事后分析。我们来看一下用传统组合技术来实现会是什么样。

清单 4.7 Logger 和 DataAccess 类的组合

```scala
trait Logger {
  def log(category : String, msg : String) : Unit = {
      println(msg)
  }
}

trait DataAccess {
  val logger = new Logger

  def query[A](in : String) : A = {
    logger.log("QUERY", in)
    ...
  }
}
```

❶Logger 作为 Data Access 类的内部变量存在

注意看 DataAccess 类如何使用 Logger 类。这里的组合意味着 DataAccess 类必须能够实例化 Logger 类。另一种做法是把 logger 对象传给 DataAccess 类的构造器。不管哪种做法，DataAccess 特质都拥有了完整的打印日志行为。上例的问题之一在于打印日志的行为被嵌套在 DataAccess 类里。如果我们想要使用"不带日志的 DataAccess"，那我们就需要创建第三个实体，组合前两者的行为。看上去会是这样。

清单 4.8　把 Logger 和 DataAccess 组合到第三个类

```
trait Logger {
  def log(category : String, msg : String) : Unit = {
      println(msg)
  }
}

trait DataAccess {
  def query[A](in : String) : A = {
    ...
  }
}

trait LoggedDataAccess {
  val logger = new Logger
  val dao = new DataAccess

  def query[A](in : String) : A = {

    logger.log("QUERY", in)
    dao.query(in)
  }
}
```

现在我们有独立的 Logger 类和 DataAccess 类，各自实现最小功能集合。我们把它们的行为组合到第三个类 LoggedDataAccess 类里。这种实现方法的好处是 DataAccess和 Logger 都有很好的封装性，而且都只做一件事，LoggedDataAccess 聚合两者，提供混合的行为。问题是 LoggedDataAccess 并不实现 DataAccess 接口。这两种类型无法在客户代码中以多态的方式互相替换。我们来看看用纯继承会是什么样。

清单 4.9　基于继承来组合 Logger 和 DataAccess

```
trait Logger {
  def log(category : String, msg : String) : Unit = {
      println(msg)
  }
}

trait DataAccess {
  def query[A](in : String) : A = {
    ...
  }
}

trait LoggedDataAccess extends DataAccess with Logger {
  def query[A](in : String) : A = {
    log("QUERY", in)
    super.query(in)
  }
}
```

注意现在 LoggedDataAccess 对于 DataAccess 和 Logger 都是多态的了。也就是说在期望 DataAccess 或者 Logger 的时候你都可以使用这个新类，因此这个类将来在需要组合时会更好用。这边还是有点怪异的地方，就是这个 LoggedDataAccess 类（顾名思义应该是个 DataAccess）还是个 Logger，这确实看上去挺怪。在这个简单的例子里，看上去Logger 很适合用 "成员-组合" 的方式组合到 LoggedDataAccess 里。

4.3.1　通过继承组合成员

有另一种方式来设计这两个类（在 martin ordersky 的可扩展组件抽象 "Scalable Component Abstractions" 等论文中提出）。这种方法包括了 "继承-组合" 和 "成员-组合"。我们来试试这种方法。首先，创建 Logger 特质的继承树。这个继承树有三种日志类型，一种做本地日志，一种做远程日志，另一种不输出日志。

清单 4.10　Logger 继承树

```
trait Logger {
  def log(category : String, msg : String) : Unit = {
      println(msg)
  }
}

trait RemoteLogger extends Logger {
  val socket = ...
  def log(category : String, msg : String) : Unit = {
    //Send over socket
  }
}

trait NullLogger extends Logger {
    def log(category : String, msg : String) : Unit = {}
}
```

第二步是创建一个类，我称之为抽象成员组合类（abstract member-composition class）。这是个抽象类，定义了一个可被覆盖的成员。然后我们就可以创建子类，匹配现有的全部 Logger 子类。我们来看下例子。

清单 4.11　抽象成员组合特质 HasLogger

```
trait HasLogger {
  val logger : Logger = new Logger
}

trait HasRemoteLogger extends HasLogger {
  override val logger : Logger = new RemoteLogger {}
}
```

```
trait HasNullLogger extends HasLogger {
  override val logger : Logger = new NullLogger {}
}
```

　　HasLogger 特质只做一件事：容纳一个 logger 成员。然后其他想要使用 logger 的类就可以继承这个 HasLogger 特质。这使 Logger 的用户获得一种"is-a"的感觉，使继承看上去较合理。你可能会问自己，"为什么要搞得这么间接？"答案在于 Scala 有能力像覆盖方法一样覆盖成员变量。这允许我们创建继承 HasLogger 的类，以后再混入其他 Has*Logger 特质，从而获得不同行为。我们来看看用 HasLogger 特质来实现我们的 DataAccess 类。

清单 4.12　　带有 HasLogger 特质的 DataAccess 类

```
trait DataAccess extends HasLogger {

  def query[A](in : String) : A = {
    logger.log("QUERY", in)
    ...
  }
}
```

　　真正好玩的部分来了。我们来给 DataAccess 类写个单元测试。在单元测试里，我们不想真的输出日志，我们只想测试一下 query 函数的行为。我们想用 NullLogger 来做到这一点。我们来看一下 DataAccess 的规格测试。

清单 4.13　　DataAccess 的 Specification 测试

```
object DataAccessSpec extends Specification {
  "A DataAccess Service" should {
    "return queried data" in {
      val service = new DataAccess with HasNullLogger
      service.query("find mah datah!") must notBe(null)
    }
  }
}
```

　　我们现在有能力在实例化 DataAccess 类的时候改变它的组合对象了。如你所见，我们多费了点手脚，但同时获得了成员-组合和继承-组合的好处。现在我们来看看 Scala 有没有办法能让我们少费点劲。

　　作者注：包含多个抽象成员的特质有时候被称为"环境"。因为这个特质包含其他类运行时所需要的"环境"。

4.3.2　经典构造器 with a twist

　　在经典的"类 Java"继承场景中，我们可以用构建器参数来组合（译者注：类似

Spring 的构建器注入模式)。但是这减少了父类的数量,因为只有抽象/具体类才能接受参数,而且 Java 里只允许单继承。而 Scala 有以下两个特性能帮我们解决问题。

- 命名和默认参数。
- 将构造器参数提升为成员。

我们来重建 DataAccess 类,但这次写个全功能的类(而不是特质),把 logger 作为构造器参数。同时我们给 logger 一个默认参数值。我们也同时把这个参数提升为 DataAccess 类的一个不可变成员变量。(译者注:member 一般是指成员变量,但 Scala 里经常使用(immutable)不可变成员,为了符合阅读习惯,这里译为不可变成员变量,请读者不要以为变量就一定是可变的。)

清单 4.14 带有默认参数的 DataAccess 类

```
class DataAccess(val logger : Logger = new Logger {}) {

  def query[A](in : String) : A = {
    logger.log("QUERY", in)
    ...
  }
}
```

这个类很简单。在实例化的时候如果我们没有通过构造器提供 logger 参数的话,它就实例化一个特定的默认实现。真正有意思的地方到了:我们想扩展这个类,在子类里也给用户提供这个传入 logger 的机制,同时又保留 DataAccess 类的默认 logger。要达成这个目标,我们需要稍微理解一点编译器是怎么编译默认参数的。

当 a 方法有默认参数时,编译器生成一个获取默认值的静态方法。然后当用户代码调用 a 方法时,如果没有提供参数值,编译器会调用静态方法获取默认值传递给 a 方法。在 a 方法是个构造器的情况下,这些参数值被放在该类的伴生对象里。如果没有伴生对象则会创建一个。伴生对象会包含生成每个参数值的方法。这些生成参数值的方法会进行某种形式的名称重整,以便编译器能准确地调用正确的方法。名称重整的格式是方法名加上参数顺序值,全部用$分隔。我们来看一下就我们的需求来说,DataAccess 的子类应该长啥样。

清单 4.15 带默认参数的继承

```
class DoubleDataAccess
    (logger : Logger = DataAccess.`init$default$1`
) extends DataAccess(logger) {
  ...
}
```

在这段代码中你会注意到两件事:首先,构造器里塞了个叫作 init 的方法,这是因为在 Java 字节码里，构造器叫作<init>。第二个是使用反引号（`）操作符。Scala 里用这方法标注"我要在这用一个包含非标准字符的可能造成解析错误的标识符"。这在调用有不同命名规则的其他语言或者做我们这种特殊的处理时很方便。

我们最终创建了一种简化构造器参数组合的方法。当然在试图同时包括继承式和组合式，这个方法有点丑。我们来看下每种组合方式的优缺点，如表 4.2 所示。

表 4.2　　　　　　　　　　　各种组合方式的优缺点

方式	优点	缺点
成员组合	Java 标准实践	没有多态 不灵活
继承组合	多态	破坏封装
抽象成员组合	最为灵活	代码膨胀——尤其是建立并行类继承关系的时候
用带默认参数的构造器来组合	减少代码量	无法很好地和继承协作

4.3.3　总结

在 Scala 里有很多做"组合"的新方法，我的建议是选择您觉得顺手的。考虑继承时，优先选择"is-a"或"act-as-a"这样的父类。如果不存在"is-a"或"act-as-a"这样的关系，而您又仍然需要用继承式组合，请使用抽象成员组合模式。如果您有个单类继承树，而又没有"is-a"关系，使用带默认参数值的构造器组合是您的最佳选择。Scala 给你提供了各种工具来解决手头的问题。请确保在完全理解后再决定您的组合策略。

4.4　提升抽象接口为独立特质

现代面向对象语言提倡使用抽象类型来声明接口。在 Java 里使用的是 interface 关键字，并且不允许包含实现代码。在 C++里可以用纯虚函数达到同样的目的。在 Scala 开发者中有个常见的误解，在 C++里也有同样的问题。有了特质带来的新的能力，很容易吸引人把方法实现放进特质里。在这么做的时候请小心！Scala 的特质对库的二进制兼容性影响极大。我们来看一个简单的特质和使用这个特质的类，看看它们是怎么编译的。

清单 4.16　简单的 Scala 特质和实现类

```
trait Foo {
  def someMethod() : Int = 5
}
class Main() extends Foo{
}
```

我们来看看用 javap 输出的 Main 类。

清单 4.17 Main 类的 javap 反汇编结果

```
public class Main extends java.lang.Object
  implements Foo,scala.ScalaObject{
public Main();
  Code:
  0: aload_0
  1: invokespecial #10; //Method java/lang/Object."<init>":()V
  4: aload_0
  5: invokestatic #16; //Method Foo$class.$init$:(LFoo;)V      ❶ 代理构造器初始化
  8: return

public int $tag()    throws java.rmi.RemoteException;
  Code:
  0: aload_0
  1: invokestatic #23;
     //Method scala/ScalaObject$class.$tag:(Lscala/ScalaObject;)I
  4: ireturn

public int someMethod();
  Code:
  0: aload_0
  1: invokestatic #30;
     //Method Foo$class.someMethod:(LFoo;)I                    ❷ 代理方法调用静态
  4: ireturn                                                      实现

}
```

如你所见，在上面代码（为了方便阅读稍做了调整）中，编译器给了 Main 类一个代理类。一个明显的二进制兼容问题在于，如果 Foo 特质添加了一个方法，Main 类必须重编译才能得到代理的方法。但是 JVM 干了件很可笑的事，即使你的类没有完全实现接口，它也会允许你"链接"（link）（考虑二进制兼容性）。只有在某人试图调用那个未实现的方法时才会暴露出错误。我们来做个测试。我们将修改 Foo 特质而不修改 Main 类。

清单 4.18 改进版的 Foo 特质

```
trait Foo {
  def someMethod() : Int = 5
  def newMethod() = "HAI"
}
```

如你所见，我们增加了 newMethod 方法。我们应该还是能用编译过的 Main 类在运行时实例化 Foo。见下面代码。

清单 4.19 ScalaMain 测试类

```
object ScalaMain {
  def main(args : Array[String]) {
    val foo : Foo = new Main();
    println(foo.someMethod());
```

```
        println(foo.newMethod());
    }
}
```

你应该注意到，我们创建了一个 Main 对象并强制转换为 Foo 类型。最有趣的这个类不但编译通过而且还能运行。我们来看下输出结果：

```
java -cp /usr/share/java/scala-library.jar:. ScalaMain
5
Exception in thread "main" java.lang.AbstractMethodError:
  Main.newMethod()Ljava/lang/String;
  at ScalaMain$.main(ScalaMain.scala:7)
  at ScalaMain.main(ScalaMain.scala)
```

请注意这些类成功的链接，甚至还运行了第一个方法调用！直到调用 Foo 特质的新方法时，问题暴露。最终的结果是个 AbstractMethodError，跟链接错误就差一点点。最困扰 Scala 新手的是 Foo 特质明明提供了默认实现！好吧，如果我们真相调用默认实现，事实上是可以在运行时做到的。我们来看下修改过的 ScalaMain。

清单 4.20　改进版的 ScalaMain 测试类

```
object ScalaMain {
    def main(args : Array[String]) {
        val foo : Foo = new Main();
        println(foo.someMethod());

        val clazz = java.lang.Class.forName("Foo$class")
        val method = clazz.getMethod("newMethod", Array(classOf[Foo]) : _*)
        println(method.invoke(null, foo));
    }
}
```

你可以看到我们通过反射查找和调用了新方法，下面是运行时输出：

```
java -cp /usr/share/java/scala-library.jar:. ScalaMain
5
HAI
```

这指出了 JVM/Scala 设计上的一个有趣的方面。那就是加入特质里的方法有可能造成出乎意料的运行时行为。因此通常为了安全，可以考虑重新编译所有下游用户代码。特质的实现细节可能会吓跑新用户，他们原本期望带实现的新方法会自动与以前编译的类链接。不仅如此，在特质里加入新方法还不破坏二进制兼容，直到有人调用了新方法！

4.4.1　和接口交互

在创建一个软件程序的两个不同"部分"时，在两者之间创建一个完全抽象的接口

层并让它们通过接口层来交互是很有帮助的。如图 4.3 所示，这个中间层与前两者相比
应该相对稳定，依赖关系也应该越少越好。从前
面的例子里你可能已经注意到 Scala 的特质在编
译时自动加入了对 ScalaObject 的依赖。这个依赖
是可以想办法去除的，这在你打算在软件的两个
部分使用不同的 scala-library 版本时是很有用的。

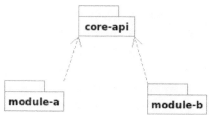

图 4.3 软件模块间的抽象接口

要实现这种交互模式，关键在于每个模块都
依赖于公共接口，而不依赖于对方的任何内部实
现。这种策略在有不同的开发者分别开发模块 A
和模块 B 时最有效，这样一来两个模块就可以以不同的步调演进。在模块之间禁止一切
依赖，使新的类似 OSGI 这样的模块系统可以动态重载模块 B 而不重载模块 A。前提是
配置了恰当的框架钩子（hook）并且模块 A 和模块 B 之间的所有通信都通过 core-api
模块进行。

要创建一个特质，想要编译成类似 Java 接口这样的纯虚接口，请不要定义任何方法
（只声明）。看一下我们的 PureAbstract 特质。

清单 4.21 PureAbstract 特质

```
trait PureAbstract {
    def myAbstractMethod() : Unit
}
```

现在我们来看一下 javap 反编译出来的代码：

```
javap -c PureAbstract
Compiled from "PureAbstract.scala"
public interface PureAbstract{
  public abstract void myAbstractMethod();
}
```

你可以看到 PureAbstract 特质没有依赖 ScalaObject。在需要创建抽象接口的时候，
这是个便捷的方法。在与像 OSGI 这样的模块系统协作的时候这一点尤为重要。

4.4.2 从历史中吸取教训

这个规则看上去可能和前面学到的"给抽象方法提供空实现"的规则抵触，但实际上
这两个规则是用来解决不同问题的。当你想在模块之间建立隔离层，或者当你建设一套抽
象的库，希望用户通过继承来提供具体实现的时候，应用这个规则。纯虚特质也有助于明
确地识别出最小接口。在这方面一直都有两种思路，一些设计师喜欢胖接口（rich API），另
一些喜欢瘦接口（thin API），瘦接口的意思是只包含实现功能所需的最小接口，胖接口则还

包含很多额外的辅助方法来提高易用性。

Scala 的特质可以添加很多辅助方法，这是 Java 的 interface 所欠缺的。这种能力"曾经"常见于 C++里，也同样伴随着很多二进制兼容性问题。在 C++里，二进制兼容性问题迫使设计师不得不给库创建一个纯 C 集成层，把设计好的丰富的 C++接口包装在库里。然后库的用户在 C 层实现一个包装（wrapper），从没有类的世界（class-less world）重新转换回面向对象，从而提供 C++接口的实现。以我的个人经验来说，这些类通常都是对 C 层的瘦包装（thin wrapper），而且大部分仅存在于头文件里，这样一来，库的用户不需要自己写包装器就能获得二进制兼容性了。

在 Scala 里，我们可以通过简单的代理特质和一些混入（mixins）来提供我们的胖接口，而瘦接口应该设计为程序员可以很容易的完整实现。假设瘦接口都完整实现了的话，抽象接口的用户就能够通过这种方式自己拼装符合其项目需要的胖接口。

4.4.3　结论

如果你的软件的多个部分是由不同的团队来开发的话，你应该把抽象接口提升到其独立的特质里，然后在整个项目生命周期里尽可能的锁定这些特质。当抽象接口必须修改时，所以依赖的模块都要针对修改的特质做升级，以便确保正确的运行时链接。

4.5　public 接口应当提供返回值

想象一下你在开发一个消息库，想象这个库里有个 MessageDispatcher 接口，库的用户用这个接口来发送消息。还有一个工厂方法接受各种配置参数，返回一个 MessageDispatcher 实例。作为库设计师，我们现在决定要把现有的实现改为基于传给工厂方法的参数创建不同的 MessageDispatcher 实现。我们从 MessageDispatcher 特质开始。

清单 4.22　MessageDispatcher 特质

```
trait MessageDispatcher[-T] {
  def sendMessage(msg : T) : Unit
}
```

这个特质非常简单，它只提供了一个发送消息的机制。现在我们来创建工厂和一个实现类。

清单 4.23　MessageDispatcher 工厂和实现类

```
class ActorDispatcher[-T, U <: OutputChannel[T]](receiver : U)
 extends MessageDispatcher[T] {
```

```
  override def sendMessage(msg : T) {
    receiver ! msg
  }
}

object MyFactory {
  def createDispatcher(a : OutputChannel[Any]) =
    new ActorDispatcher(actor)
}
```

这代码很标准，ActorDispatcher 会把消息分派给 scala actor 库里的一个 actor，我们在后面会深入讨论这个库。目前，我们专注于 createDispatcher 工厂方法。这个方法看看去也很标准，但是有个问题：返回类型不是 MessageDispatcher 而是 ActorDispatcher，也就是说发生了抽象泄露。我们在 javap 的输出里找一下证据：

```
public final class MyFactory$ extends java.lang.Object
  implements scala.ScalaObject{
    public static final MyFactory$ MODULE$;
    public static {};
    public ActorDispatcher createDispatcher(java.lang.Object);
}
```

可以看到，我们把 ActorDispatcher 类泄露到 public 接口里了。在小项目里这或许问题不大，但如果其他人的代码直接依赖了 ActorDispatcher 而不是 MessageDispatcher，你就是在自找麻烦了。这很容易改，我们只要稍微重构一下 API，让它返回超过一种类型。我们创建一个不发送消息的 NullDispatcher，然后把 createDispatcher 方法也改一下，让它接受任意类型的对象并返回相应的 Dispatcher。当找不到合适的 Dispatcher 时就返回 NullDispatcher。

清单 4.24　有两个实现类的 MessageDispatcher 工厂

```
object NullDispatcher
    extends MessageDispatcher[Any] {
  override def sendMessage(msg: Any) : Unit = {}
}

object MyFactory {
    def createDispatcher(a : Any) = {
      a m atch {
        case actor : OutputChannel[Any] => new ActorDispatcher(actor)
        case _ => NullDispatcher
      }
    }
}
```

这个小修改使编译器重新推断出不同的返回类型。javap 的输出可以证明这一点：

```
public final class MyFactory$ extends java.lang.Object
    implements scala.ScalaObject{
  public static final MyFactory$ MODULE$;
  public static {};
  public MessageDispatcher createDispatcher(java.lang.Object);
}
```

4.6 总结

为避免泄露实现细节的困扰，你的 API 的 public 方法最好明确地声明返回类型。这
样做还能稍稍加快一点编译速度，因为编译器不需要去推断返回类型了，而且还让你的
隐式转换有机会插一脚来把类型强制转换为你想要的类型。只有以下场景下你可以不声
明返回类型：①封闭的单类继承树（sealed single-class hierarchy）；②私有方法；③覆盖
父类的明确声明了返回类型的方法。具有讽刺意味的是，当用函数式风格编程时，你会
发现自己倾向于不使用继承。我发现这条规则一般适用于领域模型或者可能有些 UI 库，
而不适用于使用函数式风格的那部分代码。

第 5 章　利用隐式转换写更有表达力

本章包括的内容：
- 隐式转换介绍
- 隐式转换的查找和解析机制
- 用隐式转换来增强类
- 用隐式转换来确保作用域规则

Scala 的隐式转换系统提供了一套定义良好的查找机制，让编译器能够调整代码。也就是说程序员在用 Scala 写代码的时候可以故意漏掉一些信息，而让编译器去尝试在编译期自动推导出来。Scala 编译器可以推导下面两种情况。

- 缺少参数的方法调用或构造器调用。
- 缺少了的从一种类型到另一种类型的转换。这也适用于需要转换才能进行的对象方法调用（译者注：这是指调用某对象上不存在的方法时，隐式转换自动把对象转换成有该方法的对象）。

在这两种场景中，编译器都遵循一套规则来查找缺失的数据，使代码可编译。这种允许程序员省略参数的做法出乎意料的有用，在很多高级 Scala 库里都应用了这一手段。而第二种场景，也就是编译器自动转换类型以确保表达式能编译，这种做法就比较危险，也比较有争议。

隐式系统是 Scala 编程语言最强大的特性之一。明智而保守的使用这个特性可以极大地减少代码量。也可以用它来以一种优雅的方式确保设计要点的实施（elegantly enforce design consideration）。我们先来看 Scala 里的隐式参数。

5.1　介绍隐式转换系统

　　Scala 提供了 implicit 关键字，可以通过两种方式使用：①方法或变量定义；②方法参数列表。如果关键字用在方法或变量定义上，就等于告诉编译器在隐式解析（implicit resolution）的过程中可以使用这些方法和变量。隐式解析是指编译器发现代码里缺少部分信息，而去查找缺失的信息的过程。implicit 关键字也能用在方法参数列表的开头，这告诉编译器参数值有可能缺失，这种情况下编译器应当通过隐式解析来确定参数值。

　　我们来看一下通过隐式解析机制来确定缺少的参数值的过程：

```
scala> def findAnInt(implicit x : Int) = x
findAnInt: (implicit x: Int)Int
```

　　findAnInt 方法声明了参数 x，类型为 Int。这个函数直接返回任何传给它的值。参数列表标记为 implicit，意味着我们可以不传参数给它。如果不传参数，编译器会在隐式作用域内查找 Int 类型的变量。我们来看一下：

```
scala> findAnInt
<console>:7: error: could not find implicit value for parameter x: Int
        findAnInt
        ^
```

　　我们调用了 findAnInt，但是没有传参数，编译器报告说它无法为 x 参数找到一个隐式值。我们来给它提供一个：

```
scala> implicit val test = 5
test: Int = 5
```

　　test 变量定义时使用了 implicit 关键字，这样我们就把它标记为可以在隐式解析时使用。由于我们现在是在 REPL 里，test 值在后续的整个 REPL 会话过程的隐式作用域里都是可用的。我们再来看下现在调用 findAnInt 时会怎样：

```
scala> findAnInt
res3: Int = 5
```

　　编译器能够成功地完成对 findAnInt 的调用，并返回了 test 的值。而如果想传参数的话，我们仍然能够传参数给 findAnInt 函数。

```
scala> findAnInt(2)
res4: Int = 2
```

　　这次调用的时候传了参数 2 给它。由于参数是完整的，编译器没必要去通过隐式系统查找。请记住这一点：隐式的方法参数仍然能够显式地给出。

要理解编译器如何判断一个变量是否能应用于隐式解析，有必要深入了解一下编译器是如何处理标识符和作用域的。

5.1.1 题外话：标识符

在深入隐式解析机制之前，有必要先理解编译器是怎样解析（resolve）特定作用域里的标识符的。本节引用 Scala 语言规范（SLS）第 2 章的内容。我强烈建议你在理解了 Scala 基础后通读一遍 SLS。

Scala 定义了术语 **entity**，代表类型、值、方法或类，也就是我们用来构建程序的基本要素。我们通过标识符或名字来引用它们。在 Scala 里这称为**绑定**。比如说下面的代码：

```
class Foo {
  def val x = 5
}
```

Foo 类本身是个 entity，是个包含了 x 方法的类。同时我们给它起了个名字 Foo，也就是所谓的绑定。如果我们局部地在 REPL 里声明这个类，我们就可以用 Foo 这个名字来实例化它，因为它是局部绑定的。

```
scala> val y = new Foo
y: Foo = Foo@33262bf4
```

这里我们可以构建一个新变量，名字叫 y，用名字 Foo 声明其类型为 Foo。这仍然是因为类 Foo 是在 REPL 里局部定义的，而名字 Foo 也是局部绑定的。现在我们把 Foo 放到某个包里，把事情搞复杂点。

```
package test;

class Foo {
  val x = 5
}
```

现在 Foo 类成为了 test 包的成员。如果我们试图用 Foo 的名字去访问它，就会失败，来看 REPL：

```
scala> new Foo
<console>:7: error: not found: type Foo
       new Foo
```

调用新的 Foo 失败，因为名字 Foo 现在没有绑定在我们的作用域里。Foo 类现在位于 test 包里，要访问它，我们要么用 test.Foo 这个名字，要么在当前作用域里创建一个名字 Foo 到 test.Foo 的绑定。对于后者，Scala 提供了 import 关键字。我们来看一下：

```
scala> import test.Foo
import test.Foo

scala> new Foo
res3: test.Foo = test.Foo@60e1e567
```

import 语句接受 test.Foo 实体并将其用名字 Foo 绑定到本地作用域。这样我们就可以通过简单地调用 new Foo 来构建一个 test.Foo 实例。从概念上说应该是和 Java 的 import 还有 C++的 using 类似，但是 Scala 里稍微更灵活一点。

import 语句可以在源代码的任何位置使用，而且只会在（import 语句所在的）局部作用域里创建绑定。这个特性让我们可以控制在文件的哪部分使用导入的名字。这个特性还能用于限定隐式视图或变量（implicits views or variables）的作用域。我们会在 5.4 节详细讨论这方面的问题。

Scala 还可以很灵活的把实体绑定到任意名字。在 Java 或 C#里，你只能把其他作用域或包里绑定的名字原样导入到当前作用域里。比如说 test.Foo 类导入到本地后就只能是 Foo 这个名字。而 Scala 的导入语句则可以给导入的实体赋予任意名称，使用{OrginalBinding => NewBinding}这样的语法。我们来把 test.Foo 实体导入为另一个名字：

```
scala> import test.{Foo=>Bar}

import test.{Foo=>Bar}

scala> new Bar
res1: test.Foo = test.Foo@596b753
```

第一个 import 语句用 Bar 这个名字把 test.Foo 类绑定到当前作用域。下一行通过调用 new Bar 构建了一个 test.Foo 实例。可以利用这种重命名来避免从不同包导入同名类时的冲突问题。一个好例子是 java.util.List 和 scala.List。为了在 Scala 代码里避免混淆，在与 Java 交互的代码里经常会看到类似 import java.util.{List => JList}这样的导入代码。

作者注：包的重命名

Scala 的导入语句还可以用来改变包本身的名字。在跟 Java 库打交道的时候这个手法尤其方便。比如说在使用 java.io 包的时候，我经常象这样写：

```
import java.{io->jio}
def someMethod( input : jio.InputStream ) = ...
```

绑定实体允许我们在特定作用域里给它们命名，但要用好它，我们必须理解是哪些东西构成了作用域以及怎么在作用域里查找绑定。

5.1.2 作用域和绑定

作用域是一个词法边界，而绑定位于其中。作用域可以是任何东西，从类的体（body of a class）到方法体到匿名代码块都可以是作用域。一个通用的规则是当你用 { } 的时候你就创建了一个新作用域。

在 Scala 里，作用域是可以嵌套的，也就是说我可以在一个作用域里构建另一个作用域，外层作用域里的绑定在内层作用域里是可见的，因此我们才可以像这样做：

```
class Foo(x : Int) {
  def tmp = {
    x
  }
}
```

首先我们定义了 Foo 类，带有构造器参数 x。然后定义了带有自己的作用域的 tmp 方法。在 tmp 方法的作用域里仍然能够用 x 名字来访问构造器参数。在被嵌套的作用域里可以访问其父作用域里的绑定，但是我们可以创建新的绑定来遮挡（shadow）其父作用域。比如本例中，tmp 方法可以创建个新的绑定，叫作 x，不指向构造器参数 x。我们来看一下：

```
scala> class Foo(x : Int) {
     |   def tmp = {
     |     val x = 2
     |     x
     |   }
     | }
defined class Foo
```

Foo 类仍然定义如前，但是 tmp 方法在其作用域中定义了一个变量，名叫 x。这个绑定遮挡了构造器参数 x。遮挡的意思是说本地绑定可见，而构造器参数不再能被访问，至少不能用 x 这个名字访问。在 Scala 里，同作用域内的高优先级绑定遮挡低优先级绑定，另外，高优先级或同优先级绑定遮挡外部作用域的绑定。

> **作者注：绑定和遮挡**
>
> 在 Scala 里，同作用域内的高优先级绑定遮挡低优先级绑定，高优先级或同优先级绑定遮挡外部作用域的绑定。这个机制让我们可以写出如下代码：
>
> ```
> class Foo(x : Int) {
> def tmp = {
> val x = 2
> x
> }
> }
> ```
>
> 调用 tmp 会返回值 2。

Scala 对绑定定义了如下优先级。

1. 本地的、继承的，或者通过定义所在的源代码文件里的 package 语句所引入的定义和声明具有最高优先级。

2. 显式的导入具有次高优先级。

3. 通配导入具有更次一级优先级。

4. 由非定义所在的源文件里的 package 语句引入的定义优先级最低。

我们来看个优先级的例子。首先，在一个叫作 externalbindings.scala 的源文件中定义一个 test 包和一个 x 对象。

清单 5.1　externalbindings.scala

```
package test;

object x {
  override def toString = "Externally bound x object in package test"
}
```

这个文件定义了 test 包，里面有个 x 对象。x 对象覆盖了 toString 方法，这样我们就可以方便对它调用 toString。也就是说，为了我们这个测试的目的，按照绑定规则，x 对象应该具有最低优先级。现在我们建个新文件来测试绑定规则。

清单 5.2　隐式伴随测试

```
package test;

object Test {
  def main(args : Array[String]) : Unit = {
    testSamePackage()
    testWildcardImport()
    testExplicitImport()
    testInlineDefinition()
  }
  ...
}
```

首先我们声明文件的内容跟之前一样位于 test 包里。接着我们定义了 main 方法，调用 4 个测试方法，每个测试方法对应于一种绑定优先级规则。现在我们来写第 1 个：

```
def testSamePackage() {
  println(x)
}
```

这个方法对一个叫作 x 的实体调用 println。因为 Test 对象是在 test 包内定义的，所以之前定义的 x 对象可见并在此方法中被调用。为证实这一点，来看下方法的输出：

```
scala> test.Test.testSamePackage()
Externally bound x object in package test
```

调用 testSamePackage 方法输出了我们之前在 x 对象里定义的字符串。现在我们来看一下如果加入一个通配导入会怎样：

清单 5.3   通配导入

```
object Wildcard {
  def x = "Wildcard Import x"
}

def testWildcardImport() {
  import Wildcard._
  println(x)
}
```

Wildcard 对象是个嵌套对象，包含一个 x 实体以便我们后面能导入。这个实体 x 定义为一个方法，返回字符串"Wildcard Import x"。testWildcardImport 方法首先调用 import Wildcard._。这是一个通配导入，会把 Wildcard 对象里的所有名字、实体绑定到当前作用域。因为通配导入的优先级高于同包不同源文件的绑定优先级，所以这里最后用的是 Wildcard.x 实体而不是 test.x 实体。我们运行一下 testWildImport 函数就可以看到这一点：

```
scala> test.Test.testWildcardImport()
Wildcard Import x
```

当调用 testWildImport 方法时，返回了字符串"Wildcard Import x"，根据绑定优先级规则，这正是我们期望的。当加入显式导入时，情况就变得更有意思了。

清单 5.4   Explicit 导入

```
object Explicit {
  def x = "Explicit Import x"
}

def testExplicitImport() {
  import Explicit.x
  import Wildcard._
  println(x)
}
```

跟 Wildcard 一样，Explicit 对象用于创建一个新作用域，里面放上另一个 x 实体。testExplicitImport 首先直接导入这个 x 实体，然后通配导入 Wildcard 对象。尽管通配导入是在显示导入之后，但是绑定优先级规则告诉我们方法会使用 Explicit 对象里的 x 绑定。我们来看一下：

```
scala> test.Test.testExplicitImport()
Explicit Import x
```

正如预期，返回的字符串是 Explict.x。这个优先级规则在处理隐式解析时是非常重要的，不过我们等到 5.1.3 节再来讨论它。

最后要验证的是本地声明的优先级规则。我们修改 testExplicitImport 方法，在里面定义一个本地的绑定名 x：

清单 5.5　定义本地绑定

```
def testInlineDefinition() {
  val x = "Inline definition x"
  import Explict.x
  import Wildcard._
  println(x)
}
```

testInlineDefinition 方法的第一行声明了本地变量 x。后面两行跟前面一样分别显示和隐式的导入了 Exlict 对象和 Wildcard 对象里的 x 绑定。最后我们调用 println（x）看哪个 x 被选中。

```
scala> test.Test.testInlineDefinition()
Inline definition x
```

结果再次印证了我们的判断：尽管导入语句是在 val x 定义语句之后，根据优先级规则还是选择了本地变量 x。

作者注：非遮挡绑定

两个绑定使用相同名字是有可能发生的。这种情况下编译器会警告你：名字是有歧义的。下面是直接从 Scala 语言规范里拿来的例子：

```
scala> {
| val x = 1;
| {
| import test.x;
| x
| }
| }
<console> : 11: error: reference to x is ambiguous; it is both defined
in value res7 and imported subsequently by import text.x
 x
 ^
```

在本例中，在外层作用域里绑定了名字 x，又同时从 test 包里导入了名字 x 到内层作用域里。这两个绑定互不遮挡。外层的 x 不可能遮挡内层的 x，而内层导入的值 x 又没有足够高的优先级遮挡外层的 x。

为什么要这么强调编译器的命名解析呢？因为隐式解析和名称解析有很密切的关系，因此在使用隐式转换时，理解这些复杂的规则就非常重要了。我们来看看编译器的隐式解析方案。

5.1.3 隐式解析

Scala 语言规范定义了以下两种查找标记为 implicit 的实体的规则。

- 隐式实体在查找发生的地点可见，并且没有任何前缀，比如不能是 foo.x，只能是 x（The implicit entity binding is available at the lookup site with no prefix.ie..not as foo.x but just x）。
- 如果按照前一条规则没有找到隐式实体，那么会在隐式参数的类型的隐式作用域里包含的所有隐式实体里查找（If there is no available entities from the above rule, then all imlicit members on objects belonging to the implicit scope of an implicit parameter's type）。

第一个规则和上一节所说的绑定规则密切相关。第二个规则就有点复杂，我们在 5.1.4 节讨论它。

首先，我们来看一下前面的隐式解析例子：

```scala
scala> def findAnInt(implicit x : Int) = x
findAnInt: (implicit x: Int)Int

scala> implicit val test = 5
test: Int = 5
```

findAnInt 方法声明为带一个整型的隐式参数。下一行定义了一个带 implicit 标记的 val test。这使标识符 test 在本地作用域可见，不带任何前缀。也就是说，如果我们在 REPL 里单单输入 test，会返回值 5。所以当我们写下方法调用：findAnInt，编译器会把它重写为 findAnInt（test）。这个查找使用了我们前面所说的绑定规则。

当编译器无法用第一个规则找到任何可用的隐式实体时，就会使用第二个规则。在这种情况下，编译器会在其目标类型的**隐式作用域**里面的任何对象里查找定义于其中的隐式实体。一个类型的隐式作用域是指与该类型相关联的全部伴生模块。也就是说，如果要查找方法 def foo（implict param: Foo）的参数，该参数必须符合 Foo 类型，如果用第一个规则没有找到任何 Foo 类型的值，那么编译器会使用 Foo 的隐式作用域。隐式作用域包含 Foo 的伴生对象。

我们来看个例子。

我们用一个 holder 对象来做包装，以便能在 REPL 里定义 trait 和其伴生对象（如 2.1.2 节所说）。在 holder 里面，我们定义了 trait Foo 和它的伴生对象。伴生对象 Foo 定义了一个成员 x，类型为 Foo，其在隐式解析时可用。然后我们把 Foo 从 holder 对象里

导入到当前作用域里。这一步不是必需的，只是为了简化方法定义。接下来是 method
方法的定义，该方法接受一个 Foo 类型的隐式参数。当无参数调用时，编译器会使用伴
生对象里定义的 implicit val x。

清单 5.6　伴生对象和隐式解析

```scala
scala> object holder {
     | trait Foo
     | object Foo {
     |   implicit val x = new Foo {
     |     override def toString = "Companion Foo"
     |   }
     | }
     | }
defined module holder

scala> import holder.Foo
import holder.Foo

scala> def method(implicit foo : Foo) = println(foo)
method: (implicit foo: holder.Foo)Unit

scala> method
Companion Foo
```

　　因为隐式作用域是第二优先级的，我们可以用隐式作用域来保存默认隐式实体，同
时允许用户在必要的时候导入他们自己的隐式实体来覆盖掉默认的。我们会在 7.2 节对
此做更多研究。

　　如前面所指出的，T 类型的隐式作用域是指与 T 类型关联的所有类型的伴生对象集
合。也就是说，如果有一组类型跟 T 相关联，在隐式解析的时候所有这些类型的伴生对
象都会被搜索。Scala 语言规范里定义的"关联"是指类型 T 的某部分的任何一个基类
（base class of some part of type T）。这里的**类型 T 的某部分**是这样定义的：

- T 的全部子类型（subtype）都是 T 的部分。所以如果 T 定义为 A with B with C，那
  么 A、B、C 都是 T 的部分，在 T 的隐式解析过程中，它们的伴生对象会被搜索。
- 如果 T 是参数化类型，那么所有类型参数和类型参数的**部分**都算作 T 的部分。
  比如对 List[String]的隐式搜索会搜索 List 的伴生对象和 String 的伴生对象。
- 如果 T 是一个单例类型 p.T，那么类型 p 的部分也包含在 T 的部分里。也就是说，
  如果类型 T 位于某个对象内，那么那个对象也会被搜索。我们会在第 6.1.1 节更
  详细的探讨单例类型。
- 如果 T 是个类型注入 S#T，那么 S 的部分也包含在 T 的部分里。也就是说如果
  类型 T 位于某个类或特质里，那么那个类或特质的伴生对象也会被搜索。我们
  会在第 6.1.1 节更详细地讨论类型注入。

一个类型的隐式作用域包括很多其他位置，给隐式解析提供了极大的灵活性。我们来看几个更有意思的隐式作用域的例子。

5.1.4　通过类型参数获得隐式作用域

Scala 语言把隐式作用域定义为包括其类型参数的全部伴生对象和子类型。也就是说，比如我们可以通过在 Foo 的伴生对象里定义隐式实体来给 List[Foo]提供值。我们来看个例子：

```
scala> object holder {
     |    trait Foo
     |    object Foo {
     |      implicit val list = List(new Foo{})
     |    }
     | }
defined module holder

scala> implicitly[List[holder.Foo]]
res0: List[holder.Foo] = List(holder$Foo$$anon$1@2ed4a1d3)
```

holder 对象仍然用来在 REPL 里创建伴生对象。holder 对象里包含特质 Foo 及其伴生对象。伴生对象里定义了一个隐式的 List[Foo]类型的值。下一行调用 Scala 的 implicitly 函数。用这个函数可以在当前作用域里查找指定类型。implicitly 函数定义为：def implicitly[T]（implicit arg: T）: T。类型参数 T 让我们可以用这个方法查找任何类型。我们将在 6.2 节详细讲解类型参数。调用 implicitly 查找类型 List[holder.Foo]返回了定义在 Foo 的伴生对象里的隐式实体 list。

这种机制用来实现类型特质——又称为类型类（type class）（译者注：这是 haskell 语言里的一个很有用的概念）。类型特质用类型参数来描述通用接口，以便能为任意类型创建（接口的）实现。举例来说，我们可以定义 BinaryFormat[T]类型特质，任何类型都可以继承它，并自己实现序列化到二进制格式的功能。看一下这个样例接口：

```
trait BinaryFormat[T] {
  def asBinary(entity : T) : Array[Bytes]
}
```

BinaryFormat 特质定义了 asBinary 方法。接受类型参数的实例，返回代表该参数值的字节数组。需要把对象序列化到磁盘的代码现在可以尝试通过隐式解析去查找 BinaryFormat 特质。我们可以通过在 Foo 的伴生对象里提供一个隐式实现来让 Foo 类型拥有序列化的能力。来看一下：

```
trait Foo {}
object Foo {
  implicit lazy val binaryFormat = new BinaryFormat[Foo] {
    def asBinary(entity : Foo) = "serializedFoo".toBytes
  }
}
```

　　Foo 特质定义为一个空特质。其伴生对象定义了一个隐式的值，用来放二进制格式的实现。现在当需要 BinaryFormat 的代码看到类型 Foo，它就能够找到其 BinaryFormat 的隐式转换。我们会在第 7.2 节详细探讨这个机制的细节和设计技巧。

　　通过类型参数进行隐式查找让我们可以实现优雅的类型特质编程。嵌套类型给了我们另一种很棒的提供隐式参数的手段。

5.1.5　通过嵌套获得隐式作用域

　　如果类型是定义在一个外部作用域里面，那么其外部作用域的伴生对象也包含在它的隐式作用域里。这允许我们给外部作用域里的类型提供一些便利的隐式绑定。

```scala
scala> object Foo {
    | trait Bar
    | implicit def newBar = new Bar {
      override def toString = "Implicit Bar"
      }
    | }
defined module Foo

scala> implicitly[Foo.Bar]
res0: Foo.Bar = Implicit Bar
```

　　Foo 对象是外部类型，Bar 特质定义在它内部。Foo 对象同时定义了创建 Bar 特质实例的隐式方法。当调用 implicitly[Foo.Bar]的时候，编译器通过搜索 Foo 的外部类找到了隐式值。这个技巧类似于把隐式绑定直接放在伴生对象里。当外部作用域里包含好几个子类型时，为嵌套类型定义隐式绑定是非常方便的技巧。当你无法在伴生对象里创建隐式绑定时可以使用这种技巧。

　　Scala 对象没办法拥有伴生对象（及其隐式绑定），因此如果想要在对象类型的隐式作用域里提供其相关的隐式绑定，就只能通过外部作用域来实现。我们来看个例子：

```scala
scala> object Foo {
    |   object Bar { override def toString = "Bar" }
    |   implicit def b : Bar.type = Bar
    | }
defined module Foo

scala> implicitly[Foo.Bar.type]
res1: Foo.Bar.type = Bar
```

　　Bar 对象嵌套在 Foo 对象里面，Foo 对象也定义了一个隐式绑定，返回 Bar.Type。现在当调用 implicitly[Foo.Bar.type]时返回 Bar 对象。通过这种机制，可以为对象定义隐式绑定。

　　另外还有一种嵌套场景，可能会让不熟悉的人大吃一惊，就是包对象（package objects）。从 Scala 2.8 开始对象可以定义为"包对象"。顾名思义，包对象就是用 package object 语法定义的对象。在 Scala 里，一般约定把包对象放在与包名对应的目录下的

package.scala 文件里。

　　任何定义在某个包里的类都算作该包的嵌套类。任何定义在包对象里的隐式绑定对于定义在该包里的所有类型都可见。这样就有了一个方便的位置来存放隐式绑定，而用不着为包里的每个类型都定义伴生对象。我们来看个例子：

```
package object foo {
  implicit def foo = new Foo
}

package foo {
  class Foo {
    override def toString = "FOO!"
  }
}
```

　　包对象 foo 定义了一个隐式绑定，返回 Foo 类的新实例。然后在 foo 包里定义了类 Foo。在 Scala 里，包可以定义在多个源文件里，定义在多个文件里的类型最后会聚合起来成为一个完整的包。不过一个包的包对象只能存在于一个源代码文件里。Foo 对象覆盖了 toString 方法，输出字符串 "FOO!"。我们来编译一下 foo 包，然后在 REPL 里试用它：

```
scala> implicitly[foo.Foo]
res0: foo.Foo = FOO!
```

　　无需导入包对象或其成员，编译器就能找到 foo.Foo 对象的隐式绑定。在 Scala 里很常见的是在库的包对象里找到一堆隐式绑定的定义。通常包对象里还包含隐式视图（implicit view），这是一种在类型间做转换的机制。

5.2　隐式视图：强化已存在的类

　　Scala 提供了第二种隐式转换机制：隐式视图。隐式视图是指把一种类型自动转换到另一种类型，以符合表达式的要求。隐式视图定义一般用如下形式：implicit def <myConversion Name>（<argumentName>：OriginalType）：ViewType。如果在隐式作用域里存在这个定义，它会隐式地把 OriginalType 类型的值转换为 ViewType 类型的值（在需要的时候）。

　　我们来看个尝试把整数转换为字符串的简单例子：

```
scala> def foo(msg : String) = println(msg)
foo: (msg: String)Unit

scala> foo(5)
<console>:7: error: type mismatch;
 found    : Int(5)
 required: String
       foo(5)
```

　　foo 方法定义为接受字符串并打印到控制台。用整数 5 调用 foo 方法失败，因为类型不匹配。可以用隐式视图使调用成功。我们来定义一下：

```scala
scala> implicit def intToString(x : Int) = x.toString
intToString: (x: Int)java.lang.String

scala> foo(5)
5
```

定义 intToString 方法时使用了 implicit 关键字，它接受一个整数类型的值，返回字符串。这个方法就是隐式视图，通常称为 Int => String 的视图。现在，再次用整数 5 调用 foo 方法时会输出字符串 5。编译器检测到类型不匹配，并且找到唯一一个能纠正问题的隐式视图。

隐式视图用在以下两种场合。

- 如果表达式不符合编译器要求的类型，编译器会查找能使之符合类型要求的隐式视图。上例中，当要传一个整数类型参数给要求字符串类型参数的方法时，在作用域里必须存在 Int => String 的隐式视图。
- 给定一个选择 e.t，这里的选择是指成员变量访问，如果 e 的类型里并没有成员 t，则编译器会查找能应用到 e 类型并且返回类型包含成员变量 t 的隐式视图。举例来说，如果我们试图在字符串上调用方法 foo，编译器就会寻找能把 String 转换成让编译能通过的类型的隐式视图。所以表达式 "foo".foo（）需要一个类似这样的隐式视图：implicit def strToFoo（x: String）= new { def foo（）: Unit = println（"foo"）}。

隐式视图所使用的隐式作用域与隐式参数相同。但是当编译器查找关联类型时，会使用转换的"源类型"而不是"目标类型"。我们来看个例子：

```scala
scala> object test {
     |    trait Foo
     |    trait Bar
     |    object Foo {
     |      implicit def fooToBar(foo : Foo) = new Bar {}
     |    }
     | }
defined module test

scala> import test._
import test._
```

test 对象用来让我们能在 REPL 里创建伴生对象。它包含 Foo 特质和 Bar 特质以及 Foo 的伴生对象。Foo 伴生对象里有个 Foo 到 Bar 的隐式视图。记住，当编译器查找隐式视图时，是使用源类型的隐式作用域。这意味着定义在 Foo 伴生对象里的隐式视图只有在视图把 Foo 类型转换为其他类型时才会使用。我们来实验一下，定义一个期望 Bar 类型的方法。

```scala
scala> def bar(x : Bar) = println("bar")
bar: (x: test.Bar)Unit
```

bar 方法接受一个 Bar 类型参数，打印字符串 bar。我们来试试用一个 foo 类型的值调用它，看看发生什么：

```
scala> val x = new Foo {}
x: java.lang.Object with test.Foo = $anon$1@15e565bd

scala> bar(x)
bar
```

x 值的类型是 Foo。表达式 bar(x) 触发编译器查找隐式视图。因为 x 的类型是 Foo，编译器从 Foo 的相关类型里查找隐式视图，结果找到了 fooToBar 视图，然后编译器插入必需的转换代码，编译就成功了。

这种方式的隐式转换可以帮助我们在库与库之间做适配，或者给别人写的类型添加我们自定义的便利方法。在 Scala 里的一个常用实践是对 Java 库做些适配，使其能更好地和 Scala 标准库协作。比如标准库里定义了 scala.collection.JavaConversions 模块来帮助在 Java 集合类库和 Scala 集合类库之间做交互。这个模块是一组隐式视图的集合，用户可以将它们导入当前作用域，从而在 Java 集合类和 Scala 集合类之间自动做转换，而且同时给 Java 集合类"添加"一些方法。用隐式视图把 Java 库或者第三方库适配到项目里是 Scala 的一个惯用法。我们来看个例子。

假设我们打算包装一下 java.security 包，以便更容易在 Scala 里使用，尤其是想使用 java.security.AccessController 来简化运行授权代码的任务。AccessController 类提供了静态方法 doPrivileged，允许我们在授权许可模式下运行代码。doPrivileged 方法有两个变种，一个把当前上下文的许可赋给授权代码，另一个接受 AccessControlContext 参数，把它包含的权限授予代码。doPrivilieged 方法接受 PrivilegedExceptionAction 类型的参数。PrivilegedExceptionAction 是个接口，定义了一个方法：run。这个接口非常类似 Scala 的 Function0 特质，我们希望最好能用匿名函数来调用 doPrivilieged 方法。

我们来创建一个从 Function0 类型到 PrivilegedAction 类型的隐式视图：

```
object ScalaSecurityImplicits {
  implicit def functionToPrivilegedAction[A](func : Function0[A]) =
    new PrivilegedAction[A] {
      override def run() = func()
    }
}
```

这里定义了 ScalaSecurityImplicits 对象来容纳这个隐式视图。隐式视图 functionToPrivilegedAction 接受 Function0，返回个新的 PrivilegedAction 对象，以便 run 方法能调用这个函数。我们来体验一下：

```
scala> import ScalaSecurityImplicits._
import ScalaSecurityImplicits._

scala> AccessController.doPrivileged( () =>
```

```
        | println("This is priviliged"))
This is priviliged
```

第一句语句把隐式视图导入作用域。接着调用 doPrivileged 方法，传入匿名函数（）=> println（"this is privileged"）。与前面一样，编译器发现匿名函数不符合预期的类型，于是就查找并找到了从 ScalaSecurityImplicits 里导入的隐式视图。在用 Scala 对象包装 Java 对象时也可以使用这一技巧。

Scala 社区经常写包装类来包装已有的 Java 库，添加更符合 Scala 习惯的高级用法。Scala 隐式转换系统可以用于在原始类型和包装类型之间互相转换。举个例子，我们来看看怎么给 java.io.File 加一个便利方法（convenience methods）。

假设我们想给 java.io.File 提供一个便捷的操作符"/"，用这个操作符可以创建新的文件对象。我们先来创建提供"/"操作符的包装类：

```
class FileWrapper(val file : java.io.File) {
    def /(next : String) = new FileWrapper(new java.io.File(file, next))
    override def toString = file.getCanonicalPath
}
```

FileWrapper 类的构造器接受 java.io.File 类型的参数（指向某个目录），它提供一个"/"方法，接受字符串，返回一个新 FileWrapper 对象。新返回的 FileWrapper 对象指向原文件所指向的目录下的名字与"/"方法的参数相对应的文件。比如说，如果原 FileWrapper 对象，名叫 file，指向/tmp 目录，那么表达式 file / "mylog.txt"返回指向/tmp/mylog.txt 的 FileWrapper 对象。我们打算用隐式系统来自动在 java.io.File 和 FIleWrapper 之间做转换，所以我们需要在 FileWrapper 伴生对象里添加相应的隐式视图：

```
object FileWrapper {
  implicit def wrap(file : java.io.File)  = new FileWrapper(file)
}
```

FileWrapper 伴生对象定义了一个方法，wrap，接受 java.io.File 对象，返回新的 FileWrapper 对象。我们用 REPL 来看个实际的用法：

```
scala> import FileWrapper.wrap
import FileWrapper.wrap

scala> val cur = new java.io.File(".")
cur: java.io.File = .

scala> cur / "temp.txt"
res0: FileWrapper = /home/jsuereth/projects/book/scala-in-depth/chapter5/wrappers/temp.txt
```

第一行把隐式视图导入作用域。接下来用字符串"."创建个新的 java.io.File 对象。"."字符串表示文件对象指向当前目录。最后一行对 java.io.File 类型的对象 curr 调用方法"/"。编译器无法在 java.io.File 类型中找到"/"方法，于是就在作用域里寻找能使之编译通过的隐式视图。找到 wrap 方法后，编译器把 java.io.FIle 包装成 FileWrapper 然后调用"/"方法，结果就是返回对应的 FileWrapper 对象。

这是一种给已有的 Java 类或库添加方法的非常棒的机制。创建包装对象确实有一点性能开销，但是 HotSpot 优化器可能可以缓解这问题。我用术语可能，是因为并不确保 HotSpot 优化器一定会移除包装分配的开销，但是在我做过的一些小规模基准测试中，确实观察到优化。当然最好是对应用做一些探测（profile）来确定关键区域，而不是假定 HotSpot 会处理分配问题。

FileWrapper 设计上的一个问题是调用"/"方法会返回另一个 FileWrapper 对象，这意味这不能直接把结果传递给需要 java.io.File 类型参数的方法。当然我们可以修改"/"方法，让它返回 java.io.File 对象，不过 Scala 提供另一种解决方案。当把 FileWrapper 对象传递给期望 java.io.File 类型的方法时，编译器会开始查找有没有有效的隐式视图。我们前面指出过，搜索范围包括 FileWrapper 类型本身的半身对象。我们在伴生对象里加个 unwrap 隐式视图，看下是否奏效：

```
object FileWrapper {
  implicit def wrap(file : java.io.File) = new FileWrapper(file)
  implicit def unwrap(wrapper : FileWrapper) = wrapper.file
}
```

FileWrapper 伴生对象现在包含两个方法：wrap 和 unwrap。unwrap 方法接受 FileWrapper 的实例，返回其包装的 java.io.File。我们在 REPL 里测试一下：

```
scala> import test.FileWrapper.wrap
import test.FileWrapper.wrap

scala> val cur = new java.io.File(".")
cur: java.io.File = .

scala> def useFile(file : java.io.File) = println(file.getCanonicalPath)
useFile: (file: java.io.File)Unit

scala> useFile(cur / "temp.txt")
/home/jsuereth/projects/book/scala-in-depth/chapter5/wrappers/temp.txt
```

第一行导入 wrap 隐式视图。第二行构建 java.io.File 对象指向当前目录。第三行定义了 useFile 方法，其期望输入类型是 java.io.File，功能就是打印文件的路径。最后一行调用 useFile 方法，传如参数：cur /　"temp.txt"。如前所述，编译器发现"/"方法后就使用隐式视图来使表达式能编译。表达式的返回类型是 FileWrapper，而 useFile 方法需要 java.io.File。编译器就用类型 Function1[java.io.File，FileWrapper]再做一次隐式查找。这次查找在 FileWrapper 的伴生对象里找到了 unwrap 隐式视图。这样就满足了类型系统的要求，代码得以编译通过，运行时也得到了正确的结果。

请注意，和 wrap 不一样，使用 unwrap 隐式视图并不需要导入语句。这是因为使用 wrap 的时候，编译器实际上并不知道什么类型能让 cur/"temp.txt"编译通过，而 java.io.File 又没有伴生对象，因此编译器只查找了本地作用域。这特性使我们能提供具有额外功能的包装对象，和包装类型与原生类型之间几近无缝地自动转换。

　　注意在用隐式视图给现有类提供额外功能时必须要特别谨慎。这种机制使判断同个类型的多个隐式视图之间是否存在命名冲突变得非常困难。也可能会有 HotSpot 优化器无法改善的性能开销。最后一点，对于不使用现代 ScalaIDE 的伙计来说，判断一段代码里的某方法是由哪个隐式视图提供的可能有点困难。

　　Scala 隐式视图给用户提供了按其需求灵活的对库做适配的方法。利用包装器和伴生对象，隐式视图能极大地减轻整合多个类似但又小区别的接口时的痛苦，还能允许开发者给老库里加入新功能。隐式视图是写有表达力的 Scala 代码时需要用到的关键组件，必须要谨慎对待。

　　隐式系统还能和 Scala 的另一个特性做一些有意思的交互：默认参数。

5.3　隐式参数结合默认参数

　　隐式参数提供了很棒的机制，让用户无需指定冗余的参数。这个机制与默认参数也能很好的协同。当未提供参数，且通过隐式解析无法找到隐式值的时候，编译器就会使用默认参数。这样我们可以创建默认参数来让用户不必输入冗余的参数，同时允许用户在需要的时候提供不同的参数。

　　假设我们要实现一组方法来执行矩阵计算。这些方法使用多线程来使矩阵计算能够并行。但是作为库设计者，我们不知道这些方法会在什么样的环境里调用。有可能用户的运行时上下文不允许多线程，也可能用户已经有了自己的工作队列机制。我们想让（需要定制的）用户告诉我们他们打算怎么使用多线程，同时给其他普通用户提供默认实现。

　　我们先来定义 Matrix 类：

清单 5.7　简单的 Matrix 类

```
class Matrix(private val repr : Array[Array[Double]]) {
  def row(idx : Int) : Seq[Double] = {
    repr(idx)
  }
  def col(idx : Int) : Seq[Double] = {
    repr.foldLeft(ArrayBuffer[Double]()) {
      (buffer, currentRow) =>
        buffer.append(currentRow(idx))
        buffer
    } toArray
  }

  lazy val rowRank = repr.size
  lazy val colRank = if(rowRank > 0) repr(0).size else 0
  override def toString = "Matrix" + repr.foldLeft("") {
    (msg, row) => msg + row.mkString("\n|", " | ", "|")
  }
}
```

　　Matrix 类接受 double 值的二维数组。Matrix 提供两个相似的方法：row 和 col。这两个方法都接受索引值，返回相应行或列的值的数组。Matrix 类还提供 rowRank 和 colRank 值，对应于举证的行数和列数。最后是覆盖 toString 方法，提供比较漂亮的输出效果。

　　Matrix 类已经相当完备，我们可以在其基础上实现并行矩阵乘法算法。我们先来给我们的库创建个多线程接口：

```
trait ThreadStrategy {
  def execute[A](func : Function0[A]) : Function0[A]
}
```

　　ThreadStrategy 接口定义了 execute 方法。这个方法接受一个返回值为 A 类型的函数，返回一个返回值为 A 类型的函数。返回的函数应该返回与传入的函数相同的返回值，但是可能会阻塞当前线程，直到在期望的线程上完成了计算。我们来用这个 ThreadStrategy 接口实现矩阵计算服务：

```
object MatrixUtils {
  def  multiply(a : Matrix,
                b : Matrix)(
                implicit threading : ThreadStrategy) : MatrixN = {
    ...
  }
}
```

　　MatrixUtil 对象包含方法 mutiply。mutiply 方法接受两个 Matrix 对象，假定维度正确，返回新矩阵，内容是两个矩阵的矩阵乘法的结果。矩阵乘法的规则是把 *A* 矩阵每行的元素乘以 *B* 矩阵对应列的元素，然后把结果加起来。对结果矩阵的每个元素都要做乘和加。使之并行化的简单做法是把结果矩阵的每个元素的计算在一个单独线程上运行。MatrixUtils.mutiply 方法的算法很简单：

- 创建个缓冲区来存放结果。
- 创建个闭包来计算一个行/列对的值并把结果放进缓冲区。
- 把前一步创建的闭包发送给 ThreadStrategy。
- 调用从 ThreadStrategy 返回的函数以确保它们都执行完成。
- 把缓冲区包装在 Matrix 对象里并返回。

我们先创建缓冲区：

```
def  multiply(a : Matrix,
              b : Matrix)(
              implicit threading : ThreadStrategy) : Matrix = {
  assert(a.colRank == b.rowRank)
  val buffer = new Array[Array[Double]](a.rowRank)
  for ( i <- 0 until a.rowRank ) {
    buffer(i) = new Array[Double](b.colRank)
  }
  ...
}
```

开头的 assert 语句用来确保传入的矩阵能够用来进行矩阵乘法计算。根据矩阵乘法的定义，Matrix a 的列数必须等于 Matrix b 的行数。然后我们创建一个数组的数组用作缓冲区。结果矩阵的行数等于 Matrix a 的行数，列数等于 Matrix b 的列数。现在缓冲区已经就位，我们来创建几个闭包，用来做计算并把结果放进缓冲区：

清单 5.8　矩阵乘法

```
Def multiply(a:Matrix,
             b:Matrix)
             (implicit threading:ThreadStrategy):Matrix={
  ...
  def computeValue(row : Int, col : Int) : Unit = {
     val pairwiseElements =
       a.row(row).zip(b.col(col))
     val products =
       for((x,y) <- pairwiseElements)
       yield x*y
     val result = products.sum
     buffer(row)(col) = result
  }
...
```

computeValue 辅助方法接受行号和列号参数，计算缓冲区里该位置上的值。第一步是把矩阵 a 里的行元素和矩阵 b 里的列元素两两匹配成一组。Scala 提供了 zip 函数，接受两个集合，把它们的元素两两匹配。接着把两两匹配的元素相乘，创建每个元素乘积的列表，最后对乘积列表求和。最终结果放入缓冲区里的对应行列。下一步是用这个方法为结果矩阵的每行每列创建一个函数并把函数传递给 ThreadStrategy。我们来看一下：

```
val computations = for {
  i <- 0 until a.rowRank
  j <- 0 until b.colRank
} yield threading.execute { () => computeValue(i,j) }
```

这个 for 表达式遍历结果矩阵的每行每列，把函数传入给 ThreadStrategy 参数。() =>语法用于创建无参数的匿名函数，以便符合期望的类型 Function0。在把活都分配给线程后，mutiply 方法调用 ThreadStrategy 返回的每个函数，以确保在返回结果前所有任务都已完成。

```
def  multiply(a: Matrix,
              b: Matrix)(
              implicit threading : ThreadStrategy) : Matrix = {
   ...
   computations.foreach(_())
   new Matrix(buffer)
}
```

multiple 方法的最后部分确保所有任务都执行完成，然后返回用 Buffer 对象构建的

Matrix 对象。我们来在 REPL 里测试一下，不过在那之前先得实现 ThreadStrategy 接口。我们先做个最简单的实现，就在当前线程上执行全部任务。

```
object SameThreadStrategy extends ThreadStrategy {
  def execute[A](func : Function0[A]) = func
}
```

SameThreadStrategy 将传入的函数直接返回，从而确保所有任务都在调用线程上执行。因为我们会调用返回的函数以确保所有的任务都执行完成，所以实际的工作都在 multiply 方法的收尾阶段完成（而 SameThreadStrategy 并没做什么）。我们在 REPL 里测试一下 multiply 方法。

```
scala> implicit val ts = sameThreadStrategy
ts: ThreadStrategy.sameThreadStrategy.type = ...

scala> val x = new Matrix(Array(Array(1,2,3), Array(4,5,6)))
x: library.Matrix =
Matrix
|1.0 | 2.0 | 3.0|
|4.0 | 5.0 | 6.0|

scala> val y = new Matrix(Array(Array(1), Array(1), Array(1)))
y: library.Matrix =
Matrix
|1.0|
|1.0|
|1.0|

scala> MatrixService.multiply(x,y)
res0: library.Matrix =
Matrix
|6.0|
|15.0|
```

第一行创建一个隐式的 ThreadStrategy，在后面的计算过程里会用到。然后我们构建两个矩阵，并做矩阵乘法运算。2×3 的矩阵乘以 3×1 的矩阵得到 2×1 的矩阵，恰如预期。既然单线程下看上去都很正确，那我们现在就来创建个多线程的服务：

清单 5.9 并发策略

```
import java.util.concurrent.{Callable, Executors}

object ThreadPoolStrategy extends ThreadStrategy {
  val pool = Executors.newFixedThreadPool(
              java.lang.Runtime.getRuntime.availableProcessors)
  def execute[A](func : Function0[A] ) = {
    val future = pool.submit(new Callable[A] {
      def call() : A = {
        Console.println("Executing function on thread: " +
                        Thread.currentThread.getName
        func()
```

```
      }
    })
    () => future.get()
  }
}
```

ThreadPoolStrategy 实现的第一个功能是用 Java 的 java.util.concurrent.Executors 库创建一个线程池，线程数量等于机器上可用的处理器数。execute 方法接受传入函数，创建一个匿名回调实例。Java 并发库用 Callable 接口来把任务传递给线程池。任务提交后返回 Future 对象，可以用来判断传入任务是否完成。execute 方法的最后一行返回个闭包，闭包里调用 future 的 get 方法，这个调用会阻塞，直到函数执行完成并返回函数的执行结果。另外，每当在 Callable 里的函数执行的时候，它会打印一条信息，告知它是在哪个线程上执行的。我们在 REPL 里试一下：

```
scala> implicit val ts = ThreadPoolStrategy
ts: library.ThreadStrategy.ThreadPoolStrategy.type =
library.ThreadStrategy$ThreadPo
scala> val x = new Matrix(Array(Array(1,2,3), Array(4,5,6)))
x: library.Matrix =
Matrix
|1.0 | 2.0 | 3.0|
|4.0 | 5.0 | 6.0|

scala> val y = new Matrix(Array(Array(1), Array(1), Array(1)))
y: library.Matrix =
Matrix
|1.0|
|1.0|
|1.0|

scala> MatrixUtils.multiply(x,y)
Executing function on thread: pool-2-thread-1
Executing function on thread: pool-2-thread-2
res0: library.Matrix =
Matrix
|6.0|
|15.0|
```

第一行创建个隐式的 ThreadPoolStrategy，在后面的 REPL 会话过程中用到它。跟前面一样，x 和 y 变量分别是个 2×3 和 3×1 的矩阵。不同的是 MatrixService.multiply 方法现在打印两行输出，指出对结果矩阵的计算是在多个线程上运行的。结果矩阵和前面一样输出了正确的结果。

那现在我们怎么才能给库的用户提供一个默认策略，同时又允许他们在需要的时候覆盖默认策略？我们可以用默认参数机制来提供默认策略。当隐式作用域里没有默认值时编译器会使用默认参数，也就是说用户可以通过在隐式作用域里导入或创建自己的 ThreadStrategy 来覆盖默认策略。用户还可以在调用方法时显示传入 ThreadStrategy。我们修改一下 MatrixService.mutiply 的方法签名：

```
def multiply(a : Matrix, b : Matrix)(
            implicit threading : ThreadStrategy = SameThreadStrategy
            ) : Matrix = {
    ...
}
```

multiply 方法现在把 SameThreadStrategy 定义为默认策略。现在我们用库的时候不需要提供自己的 ThreadStrategy：

```
scala> val x = new Matrix(Array(Array(1,2,3), Array(4,5,6)))
x: library.Matrix =
Matrix
|1.0 | 2.0 | 3.0|
|4.0 | 5.0 | 6.0|

scala> val y = new Matrix(Array(Array(1), Array(1), Array(1)))
y: library.Matrix =
Matrix
|1.0|
|1.0|
|1.0|

scala> MatrixService.multiply(x,y)
res0: library.Matrix =
Matrix
|6.0|
|15.0|
```

与普通的默认参数不同，带默认参数的隐式参数列表不需要在方法调用时用额外的()来指明。这意味着我们同时得到了隐式参数的优雅性和默认参数的实用性。我们仍然可以像往常一样使用隐式转换：

```
scala> implicit val ts = ThreadPoolStrategy
ts: ThreadStrategy.ThreadPoolStrategy.type = library.ThreadStrategy$ThreadPoolStrategy

scala> MatrixUtils.multiply(x,y)
Executing function on thread: pool-2-thread-1
Executing function on thread: pool-2-thread-2
res1: library.Matrix =
Matrix
|6.0|
|15.0|
```

第一行创建了一个可用的隐式线程策略。现在在调用 MatrixService.multiply 方法的时候会使用 ThreadPoolStrategy。这样一来，MatrixService 的用户可以通过在特定作用域里提供隐式值或在方法调用里显式传入 ThreadStrategy 来自行决定什么时候使用并行计算。

这种在特定作用域里创建隐式值的技巧是非常强大、灵活的使用"策略"模式的手段。策略模式是指一段代码需要执行某种操作，但有时候需要"替换"某种行为，或者说"执行策略"。ThreadPoolStrategy 就是这样一种可以传递给 MatraxUtil 库方法的行为。同一个 ThreadPoolStrategy 可以用在你系统的不同子组件里。这提供了 4.3 节讨论过的继承方式以外的另一种组合行为的方式。

另一个使用带默认参数的隐式值的好例子是逐行读取文件的例子。一般来说，用户不关心行结尾字符是 '\r'、'\n' 还是 '\r\n'，但是一个完备的库必须能处理所有这些情况。这时候可以给行结尾策略提供一个隐式参数，同时提供个"我不在乎"这样的默认值。

隐式值提供了一种很棒的方式来减少代码里的样板代码，比如重复的参数。在用这个特性的时候最重要的是记得一点"小心谨慎"，这也就是下一节的内容。

5.4 限制隐式系统的作用域

在应用隐式系统时最重要的一点是确保程序员能理解一块代码里发生了什么。要做到这点就必须缩小程序员查找可用的隐式值的时候需要看的代码范围。我们来看一下隐式绑定可能所处的位置：

- 所有关联类型的伴生对象，包括包对象。
- scala.Predef 对象。
- 作用域里所有导入语句。

如 5.1.3 节所述，Scala 会在关联类型的伴生对象里找隐式值。这种行为是 Scala 语言的核心。伴生对象和包对象应当视作一个类的 API 的一部分。在研究如何使用一个库的时候，请记得在伴生对象和包对象里检查可能用到的隐式转换。

每个编译后的 Scala 文件的开头都有一句 implicit import scala.Predef._。Predef 对象包含很多有用转换方法。尤其是包含给 java.lang.String 类型添加方法，使之满足 Scala 语言规范的隐式转换。它还提供了 Java 的打包类型（boxed types）和 Scala 的统一基础数据类型之间的转换（unified types for primitives）。比如说在 Scala.Predef 里有个 java.lang.Integer => scala.Int 的隐式转换。在用 Scala 编程的时候，有必要知道有很多隐式转换位于 scala.Predef 对象里。

最后一个隐式转换可能存在的位置是源代码里明确的 import 导入语句。导入的隐式转换可能难以跟踪，在设计库的时候难以归档。因为这是唯一一种需要在用到的地方显式导入的隐式导入形式，所以它们最需要小心对待。

5.4.1 为导入创建隐式转换

在定义期望被显示导入的隐式视图或隐式参数时，需要确保以下几点。

- 隐式视图或参数与其他隐式值没有冲突。
- 隐式视图或参数的名字不和 scala.Predef 对象里的任何东西冲突。

- 隐式视图或参数是"可发现的"。可发现的意思是说库或模块的用户能够找到隐式转换的位置和判断其用法。

　　因为 Scala 用作用域解析来查找隐式转换，如果两个隐式转换定义之间有命名冲突就会造成问题。这种冲突很难检测，因为隐式视图和隐式参数可能在任何作用域里而定义和导入。比如 Scala.Predef 对象把它的内容隐式导入到每个 Scala 文件里，以便立刻识别出冲突。我们看一下发生冲突时会怎样：

```
object Time {
  case class TimeRange(start : Long, end : Long)
  implicit def longWrapper(start : Long) = new {
    def to(end : Long) = TimeRange(start, end)
  }
}
```

　　这里定义了 Time 对象，里面定义了 TimeRange 类。还定义了对 Long 类型的隐式转换，给 Long 增加了用来构建 TimeRange 对象的 to 方法。这个隐式转换会和 scala.Predef.longWrapper 冲突。别的先不管，问题是 longWrapper 提供了 to 方法。它的 to 方法返回一个能用在 for 表达式里的 Range 对象。想象一个场景：某用户正在用这个 TimeRange 隐式转换来构造时间区间，然后又想用 Predef 里定义的隐式转换来写 for 表达式。解决问题的方法之一是在需要用到的低层作用域（lower scope）以高优先级的方式隐式导入 scala.Predef。这种做法可能会让人很困惑，我们来看一下：

清单 5.10　作用域优先级

```
object Test {
  println(1L to 10L)
  import Time._
  println(1L to 10L)
  def x() = {
    import scala.Predef.longWrapper
    println(1L to 10L)
    def y() = {
      import Time.longWrapper
      println(1L to 10L)
    }
    y()

  }
  x()
}
```

　　Test 对象首先定义并立即输出表达式（1L to 10L）的值。接着导入 Time 隐式转换并再次输出表达式的值。然后在一个低层作用域里导入 Predef longWrapper 并再次输出表达式的值。然后在更低层的作用域里导入 Time.longWrapper 并再次输出表达式的值。对象构造的结果如下：

```
scala> Test
NumericRange(1, 2, 3, 4, 5, 6, 7, 8, 9, 10)
TimeRange(1,10)
NumericRange(1, 2, 3, 4, 5, 6, 7, 8, 9, 10)
TimeRange(1,10)
res0: Test.type = Test$@2d34ab9b
```

第一行 NumbericRange 类型的结果是在执行任何导入语句之前，表达式（1L to 10L）的结果。第二个 TimeRage 类型的结果是在导入 Time 隐式转换之后。第三个 NumbericRange 类型的结果是在嵌套的 x（）方法的作用域里。最后一个 TimeRange 类型的结果是深嵌套在 y（）方法里的导入语句的结果。如果 Test 对象有很多像这种不能在一个地方看到所有作用域的代码，那么要判断在某块代码里表达式（1L to 10L）的结果是什么就会很困难了。应当避免这种令人困扰的写法。最好的做法是完全避免隐式视图的冲突，但有时候确实很难避免，这种情况下比较好的做法是选择其中之一作为隐式，而其他的用显式的用法。

使隐式转换"可发现"也有助于提高代码可读性，因为这样能帮助新开发人员判断一块代码在做什么和推断其结果。在团队协作的时候，使隐式转换"可发现"是极其重要的。在 Scala 社区，通常的做法是把可导入隐式转换限制在以下两个位置之一。

- 包对象。
- 带 Implicits 后缀的单例对象。

包对象是个放隐式转换的好地方，因为它们本来就在包里面定义的类型的隐式作用域里。用户（本来就）需要在包对象里检查和这个包有关系的隐式转换。把需要显式导入的隐式转换放在包对象里意味着用户更有机会发现和注意到它们。在通过包对象提供隐式转换时，记得在文档里写清楚隐式转换在用的时候是否需要显式导入。

给显式导入的隐式转换归档的更好办法就是完全彻底避免导入语句。

5.4.2   没有导入税（import tax）的隐式转换

隐式转换不需要任何形式的导入就能很好的发挥作用。隐式转换的第二个查找规则，也就是通过关联类型的伴生对象查找，使得无需明确的导入就能使用隐式转换。用一点创造力就能构造出非常有表达力的，充分发挥了隐式转换能力而又无需显式导入的库。我们来看个例子：一个表达复数的库。

复数是由实部和虚部组成的数。虚部是和-1（也记作 i，或在电气工程里记作 j）的平方根相乘的部分。在 Scala 里很容易用 case class 来建模：

```
package complexmath
case class ComplexNumber(real : Double, imaginary : Double)
```

ComplexNumber 类定义了 Double 类型的 real 和 imaginary 组件用来存放实部和虚部。

这个类代表可进行浮点运算的复数。复数支持加法和乘法。我们来看一下这些方法：

清单 5.11　ComplexNumber 类

```
package complexmath

case class ComplexNumber(real : Double, imaginary : Double) {
  def *(other : ComplexNumber) =
    ComplexNumber( (real*other.real) + (imaginary * other.imaginary),
                    (real*other.imaginary) + (imaginary * other.real) )
  def +(other : ComplexNumber) =
    ComplexNumber( real + other.real, imaginary + other.imaginary )
}
```

加法，+，定义为两个虚数的和的实部和虚部分别为两个复数的虚部和实部的和。
乘法，*，稍微复杂一点，采用如下定义。

- 两个复数的积的实数部分等于它们实数部分的积加上虚数部分的积。也就是：
（real * other.real）+（imaginary * other.imaginary）。

- 两个虚数的积的虚数部分等于它们的实数部分乘以对方的虚数部分再相加。也
就是：（real * other.imaginary）+（imaginary * other.real）。

复数类现在支持加法和乘法了，我们来看一下实际使用的效果：

```
scala> ComplexNumber(1,0) * ComplexNumber(0,1)
res0: imath.ComplexNumber = ComplexNumber(0.0,1.0)

scala> ComplexNumber(1,0) + ComplexNumber(0,1)
res1: imath.ComplexNumber = ComplexNumber(1.0,1.0)
```

第一行把一个实数和一个纯虚数相乘，结果是个纯虚数。第二行把实数和虚数相加，
结果是个既有实部也有虚部的复数。+和*操作符很好使，但是 ComplexNumber 工厂方
法有点啰嗦。可以用一个新的虚数符号来简化。

数学上通常用实部和虚部的和来表示复数，比如 ComplexNumber（1.0，1.0）可以
表示成 1.0 + 1.0*i，i 的意思是-1 的平方根。这个符号用在复数库里再理想不过了。我
们来定义个符号 i 来表示-1 的平方根。

```
package object complexmath {
  val i = ComplexNumber(0.0,1.0)
}
```

这样就在包对象 complexmath 里定义了 val i。如前面讨论过的，这使名字在
complexmath 包内可见，也使它可以被直接导入。可以用这个名字通过实部或虚部构建
复数。但是 REPL 告诉我们还缺了点东西：

```
scala> i * 1.0
<console>:9: error: type mismatch;
```

```
found   : Double(1.0)
required: ComplexNumber
     i * 1.0
```

试图把虚数乘以 Double 类型数 1.0 没有成功，因为 ComplexNumber 类型只定义了乘以另一个 ComplexNumber 的方法。在数学上可以用复数乘以实数，是因为可以把实数当做没有虚部的复数来理解。在 Scala 里可以用 Double to ComplexNumber 的隐式转换来模拟这个属性：

```
package object complexmath {
  implicit def realToComplex(r : Double) = new ComplexNumber(r, 0.0)
  val i = ComplexNumber(0.0, 1.0)
}
```

complexmath 包现在包含 i 值的定义和一个 Double to ComplexNumber 的隐式转换，叫做 realToComplex。我们想限制这个隐式转换的使用，使只有在绝对必需的时候才使用。我们试试使用 complexmath 包但不显式导入任何隐式转换：

```
scala> import complexmath.i
import complexmath.i

scala> val x = i*5.0 + 1.0
x: complexmath.ComplexNumber = ComplexNumber(1.0,5.0)
```

用表达式 i * 5 + 1 声明了 val x，其类型为 ComplexNumber，实部为 1.0，虚部为 5.0。需要注意的要点是"只"从 complexmath 里导入了名字 i，其他的隐式转换都是由 i 触发的。在编译的时候，编译器首先看到表达式 i * 5，i 已知是 ComplexNumber 类型，其定义了*方法，接受另一个 ComplexNumber 类型参数，而字面量 5.0 不是 ComplexNumber 类型，而是 Double。编译器于是发起隐式搜索，寻找 Double to ComplexNumber 的隐式转换，在包对象里找到了 realToComplex 隐式转换并应用之。这一步执行完后，编译器看到的是表达式（... : ComplexNumber）+ 1.0。编译器发现 ComplexNumber 有+方法，也是接受 ComplexNumber 类型参数，而 1.0 是个 Double，不是 ComplexNumber，于是编译器再次发起隐式搜索，寻找 Double to ComplexNumber，再一次找到并应用 realToComlex 隐式转换，最后得到结果 Complex（1.0，5.0）。

注意我们是如何用 i 来触发复数算数的。一旦确定了复数类型，编译器就能准确地查找能使表达式编译的隐式转换。语法简洁而优雅，无需显式导入隐式转换。缺点是必须用 i 来开启 ComplexNumber 表达式。我们来看一下如果 i 出现在表达式的末尾会怎样：

```
scala> val x = 1.0 + 5.0*i
<console>:6: error: overloaded method value * with alternatives:
  (Double)Double <and>
  (Float)Float <and>
  (Long)Long <and>
```

```
  (Int)Int <and>
  (Char)Int <and>
  (Short)Int <and>
  (Byte)Int
cannot be applied to (complexmath.ComplexNumber)
       val x = 1 + 5*i
```

编译器抱怨无法在 Double 类型上找到能接受 ComplexNumber 类型的+方法。可以通过显式地把隐式视图 Double => Complex 导入作用域来解决这个问题。

```
scala> import complexmath.realToComplex
import complexmath.realToComplex

scala> val x = 1.0 + 5.0*i
x: complexmath.ComplexNumber = ComplexNumber(1.0,5.0)
```

首先显式导入了隐式视图 realToComplex。现在表达式 1 + 5 * i 正确的计算为 ComplexNumber（1.0，5.0）。缺点是现在作用域里多了针对 Double 类型的隐式视图，如果还定义了其他给 ComplexNumber 提供类似方法的隐式视图就会出问题。我们再定义个隐式转换，给 Double 类型添加个虚数方法。

```
scala> implicit def doubleToReal(x : Double) = new {
     |   def real = "For Reals(" + x + ")"
     | }
doubleToReal: (x: Double)java.lang.Object{def real: java.lang.String}

scala> 5.0 real
<console>:10: error: type mismatch;
 found   : Double
 required: ?{val real: ?}
Note that implicit conversions are not applicable
 because they are ambiguous:
 both method doubleToReal in object $iw of type
   (x: Double)java.lang.Object{def real: java.lang.String}
 and method realToComplex in package complexmath of type
   (r: Double)complexmath.ComplexNumber
 are possible conversion functions from
   Double to ?{val real: ?}
       5.0 real
```

第一行语句为 Double 类型定义了个隐式视图，转换成一个新类型，包含一个 real 方法，real 方法返回 Double 的字符串表示。第二句语句视图调用 real 方法，但是失败了。编译器报告发现有歧义的隐式转换。出现这个问题是因为 ComplexNumber 类型也定义了 real 方法，因此 Double to ComplexNumber 隐式转换和我们的 doubleToReal 隐式转换冲突了。可以通过不导入 Double to ComplexNumber 隐式转换来避免冲突：

```
scala> import complexmath.i
import complexmath.i

scala> implicit def doubleToReal(x : Double) = new {
     |   def real = "For Reals(" + x + ")"
     | }
```

```
doubleToReal: (x: Double)java.lang.Object{def real: java.lang.String}

scala> 5.0 real
res0: java.lang.String = For Reals(5.0)
```

上例开启了个新 REPL 会话，只导入 complexmath.i。第二句重定义了 doubleToReal 隐式转换。现在表达式 5.0 real 就能成功编译没有冲突了。

这种惯用法可以成功地用来创建有表达力的代码，而避免隐式转换冲突的危险。这个模式采用以下形式。

- 定义库的核心抽象，比如 ComplexNumber 类。
- 在某个关联类型里定义有表达力的语法所需要的隐式转换。Double => ComplexNumber 隐式转换定义在与 ComplexNumber 关联的包对象 complexmath 里，因此可以在任何涉及 ComplexNumber 类型的隐式查找过程中被发现。
- 在库里定义入口点，使入口点之后的隐式转换是无歧义的。在 complexmath 库里，i 就是个入口点。
- 有些情况下无法避免显式导入。在 complexmath 库里，利用入口点 i 能写出一部分表达式，但另一些也应当能写出来的表达式就写不出来，比如（i * 5.0 + 1.0）可以通过而（1.0 + 5.0 * i）就不行。在这种情况下，提供能够从众所周知的位置导入的隐式转换是可以接受的做法。在 complexmath 库里，这个位置就是包对象。

遵循这个指导方针有助于创建既有表达力又容易查找的 API。

5.5　总结

本章中我们讨论了 Scala 的隐式查找机制。Scala 支持两种形式的隐式转换：隐式值和隐式视图。隐式值可以用于给方法提供参数。隐式视图可以用于类型间转换，或使针对某类型的方法调用能成功。隐式值和隐式视图都使用相同的隐式解析机制。隐式解析采用一种两阶段过程。第一阶段在当前作用域里查找不带前缀的隐式转换。第二阶段在关联对象的伴生对象里进行查找。隐式转换提供了一种强大的手段来增强已有类。隐式转化还能和默认参数协作来减少方法调用的"噪声"，并且使行为限定在某个隐式值的作用域内。

最重要的是，隐式转换是非常强大的手段，需要负责任的使用。限制隐式转换的作用域，并把它们定义在众所周知、容易查找的位置是成功应用的关键。可以通过给有表达力的 API 和隐式转换提供无歧义的入口点来做到这一点。隐式转换还和 Scala 的类型系统以有趣的方式交互，我们会在第 7 章讨论这一点，但首先，我们来看一下 Scala 的类型系统。

第 6 章 类型系统

本章包括的内容：

- 介绍类型系统
- 结构化类型（Structural types）
- 使用类型约束
- 类型参数和高阶类型（Higher kinded types）
- 存在的类型（Existential types）

类型系统是 Scala 语言非常重要的组成部分。它使得编译器能进行很多编译时优化和约束，从而提高运行速度和避免程序错误。类型系统让我们可以在我们自身周围创建各种有用的"**墙**"，也就是所谓的"**类型**"。通过让编译器来跟踪变量、方法和类的信息，这些"墙"能帮助我们避免不小心写出不正确的代码。你对 Scala 的类型系统所知越多，就能给编译器更多的信息，让类型的"墙"变得不那么束缚，而同时仍然提供相同的保护。

在使用类型系统的时候，最好是把它想象成一个对你保护过头的父亲。他会一直警告你各种问题，或者干脆禁止你做某些事。你和他沟通得越好，他对你的限制就会变得越小。但当你试图做一些被视为"不正确"的事情的时候，编译器还是会警告你。如果你给它充足的信息，编译器能成为检查错误的极佳手段。

Matthew Wilson 在其"Imperfect C++"一书中把编译器比作"蝙蝠侠"。这个蝙蝠侠可不是个披斗篷的侠士，而是给程序员提供建议和支持的好朋友。在本章中，你将会学到类型系统基础，这样你就可以开始依靠它去捕捉常见的编程错误。下一章会讨论更高级的类型系统概念，以及隐式转换和类型系统的协作。如果你已经很熟悉 Scala 的类型系统，我鼓励你略读一下本章后直接进入下一章，学习使用类型系统的更高级的机制。

本章内容包括类型是什么和如何在 Scala 里构造类型。然后，我会展示结构化类型和如何利用结构化类型提高方法的灵活性。接着我们考察类型约束以及它能在你的代码里确保什么。再接下来是讨论类型参数和高阶类型，教你如何定义自己的通用方法和类。然后，我们将考察型变注解（variance annotation）以及其对高阶类型的意义所在。最后，我们会讨论存在类型（existential types）及其在高阶编程中的应用。我们首先从基础开始学习：什么是类型？

6.1　类型

要理解 Scala 的类型系统先要理解什么是类型以及如何创建类型。一个类型就是编译器知道的一组信息。这可以是任何信息，从"这个变量是用哪个类实例化的？"到"这个变量里有哪些方法？"。信息可以是由用户明确提供的，也可以是由编译器在检查其他代码时自动推断出来的。在传递或操纵变量时，信息可能增加或减少，取决于你代码是怎么写的。我们先来看一下 Scala 里是怎么定义类型的。

> **作者注：类型是什么？**
> 　　一个类型就是编译器知道的一组信息。这可以是任何信息，从"这个变量是用哪个类实例化的？"到"这个变量里有哪些方法？"。String 类型就是个好例子，其包含一个 substring 方法（以及其他方法）。如果用户对 String 类型的变量调用 substring，编译器会允许通过。

在 Scala 里可以用以下两种方式定义类型。
- 定义类、特质或对象。
- 直接用 type 关键字定义类型。

定义类、特质或对象的同时自动创建了与之关联的类型。可以用类或特质的名字来引用其类型。对于对象来说情况有所不同，因为有可能存在与其同名的类或特质。我们来定义几个类型并在方法参数中引用类型。

清单 6.1　通过类、特质或对象关键字来定义类型

```
scala> class ClassName
defined class ClassName

scala> trait TraitName
defined trait TraitName

scala> object ObjectName
defined module ObjectName
```

```
scala> def foo(x : ClassName) = x
foo: (x: ClassName)ClassName
```
❶ 这段代码块会在构
　造时执行

```
scala> def bar( x : TraitName) = x
bar: (x: TraitName)TraitName
```
❷ 特质的引用

```
scala> def baz(x : ObjectName.type) = x
baz: (x: ObjectName.type)object ObjectName
```
❸ 对象类型的引用

如例子所示，在 Scala 里，标注类型的时候可以直接用类和特质的名字来引用其类型。要引用对象的类型，你需要用对象的 type 成员来引用其类型。这个语法在 Scala 里不常见，因为如果你已经知道了对象的名字，你可以直接访问对象，用不着传入参数来用。

> **作者注：用对象做参数**
>
> 　　在定义领域专用语言（Domain Specific Language）时，用对象作为参数是很有帮助的，因为你可以把 "词" 包装为对象然后作为参数传递。比如说我们定义一套模拟 DSL 如下：
>
> ```
> object Now
> object simulate {
>  def once(behavior : () => Unit) = new {
>  def right(now : Now.type) : Unit = ...
>  }
> }
> simulate once { () => someAction() } right Now
> ```

Scala 还允许在类、特质和对象里面定义嵌套的类、特质和对象。

6.1.1　类型和路径

Scala 里的类型通过相对的绑定或路径来引用（type within scala arereferenced related to a binding or path）。我们在第 5 章讨论过，绑定是用来指代实体的名字，这个名字可以从其他作用域导入。而路径不是类型，而是类似某种位置，可以让编译器来寻找类型。更正式的定义来说，路径可以是以下几种之一。

- 空路径。当直接使用类型名字的时候，类型名字前有个隐含的空路径。
- 路径 C.this，C 指向一个类。在类 C 里直接使用 this 关键字是全路径 C.this 的缩写。这种路径类型在引用外层类里定义的标识符时很有用。
- 路径 p.x，p 是个路径，x 是 x 的稳定标识符。稳定标识符是指编译器明确知道在路径 p 下总是可见的标识符。比如，路径 scala.Option 指向 scala 包里定义的单例 Option，它总是在那里的。稳定成员的正式定义是指在非易变类型里引入的包、对象或值定义。易变类型是指编译器不能确保其成员永远不变的类型。一个例子就是一个抽象类里的一个抽象类型定义，其类型定义依赖于其子类，而编译器没有足够的信息来为这个易变类型计算出稳定标识符。

- 路径 C.super 或 C.super[P]，其中 C 指向一个类，p 指向 C 类的一个父类型。直接用 super 关键字其实是 C.super 的缩写。在使用某类和其父类都定义了的标识符时可以用这个路径来消除歧义。

有两种机制来引用 Scala 里定义的类型：hash（#）和 dot（.）操作符。对类型使用 dot 操作符可以想成与对象的成员用 dot 操作符有一样的效果。它指向某对象实例里找到的类型，称为路径依赖类型。如果一个方法是用特定类型的 dot 操作符定义的，该类型就绑定到特定的对象实例上。这意味着你不能在同个类的另一个实例里使用同个类型来满足用 dot 操作符定义的类型约束。理解这问题的最好办法是想象有个用 dot 操作符连接的特定对象实例的"路径"。要让变量匹配你的类型，它必须遵循完全相同的对象实例路径。你可以在后面看到例子。

hash 操作符（#）比 dot 操作符要宽松。它也被称作类型注入。类型注入是一种引用嵌套的类型而又不需要对象实例路径的方式。也就是说你可以引用嵌套的类型，如同其未嵌套一样。你可以在后面看到例子。

清单 6.2　路径依赖类型和类型注入例子

```
class Outer {
  trait Inner                              ❶通过特质定义嵌
  def y = new Inner {}                        套类型
  def foo(x : this.Inner) = null
  def bar(x : X#Inner) = null
}

scala> val x = new Outer
x: Outer = Outer@58804a77

scala> val y = new Outer
y: Outer = Outer@20e1ed5b

scala> x.y
res0: java.lang.Object with x.Inner = Outer$$anon$1@5faecf45    ❷类型显示为 x.Y 而
                                                                   不是 X.y 或 X#Y
scala> x.foo(x.y)                          ❸同实例类型检查
res1: Null = null                             通过

scala> x.foo(y.y)
<console>:9: error: type mismatch;
 found    : java.lang.Object with y.Inner
 required: x.Inner                         ❹不同实例类型检查
       x.foo(y.y)                             失败

scala> x.bar(y.y)                          ❺Hash 类型成功
res2: Null = null
```

上例中，Outer 类定义了嵌套的特质 Inner 和两个使用 Innter 类型参数的方法。foo

方法使用路径依赖类型，而 bar 方法使用类型注入。变量 x 和 y 构造为 Outer 类的两个不同实例。Outer 实例的 y 成员的引用在 REPL 里显示的类型为 java.lang.object with x.Y。可以看到类型显示时带有 Outer 实例变量 x 的名字，也就是我们前面所说的"路径"。要访问正确的类型 Y，我们必须沿着 x 变量的路径去访问。如果我们调用 x 实例的 foo 方法时传入同个 x 变量里的 Inner 实例，调用就能成功，而如果用 y 变量里的 Inner 实例去调用，编译器就会报告类型错误。错误信息明确地指出期望的是同实例也就 x 变量里的 Inner 类型。

bar 方法是用类型注入方式定义的，不存在像 foo 方法一样的实例限制。所以当用 y 实例里的 Inner 类型调用 x 实例里的 foo 方法时调用是成功的。这表明路径依赖类型 (foo.Bar) 需要同实例里的 Bar 实例，而类型注入 (Foo#Bar) 能匹配任何 Foo 实例里的 Bar 实例。路径依赖类型和类型注入这两个规则适用于全部的嵌套类型，包括用 type 关键字创建的类型。

作者注：路径依赖类型 VS 类型注入

路径依赖类型实际上也是类型注入。路径依赖类型 foo.Bar 被编译器改写为 foo.type#Bar。表达式 foo.type 指向 Foo 的单例类型。这个单例类型只能被名字 foo 所指向的实体所匹配。路径依赖类型（foo.Bar）要求 Bar 实例是在同个 foo 实例里创建的，而类型注入 Foo#Bar 会匹配任何 Foo 实例里的 Bar 实例，不一定要是名字 Foo 所指向的实体。

在 Scala 里，所有的类型引用都能写成对命名实体的注入。类型 scala.String 是 scala.type#String 的快捷方式，名字 scala 指向 scala 包，类型 String 由 scala 包里的 String 类定义。使用有伴生对象的路径依赖类时可能会有点困扰。比如说如果特质 bar.Foo 有个伴生对象 bar.Foo，那么类型 bar.Foo（bar.type#Foo）指向特质的类型，而类型 bar.Foo.type 指向伴生对象的类型。

6.1.2　type 关键字

Scala 还允许用 type 关键字来构造类型。type 关键字既可以用来构造具体类型也可以构造抽象类型。可以通过引用已存在的类型或者使用我后面会讨论的"结构化类型"来构造具体类型。抽象类型则是构造来作为占位符，以便以后由子类重定义。这大大地提高了程序的抽象水平和类型安全。我会在后面做更深入讨论，不过现在我们先用 type 关键字来创建自己的类型。

type 关键字只能在某种形式的上下文内定义类型，明确地说就是在类、特质或对象或前者之一的某个子上下文里。type 关键字的语法非常简单，包含关键字本身、一个标识符，然后是一个可选的类型定义或约束。如果提供了类型定义，那么类型就是具体的，如果没有提供约束或者赋值，那么就认为类型是抽象的。我们待会再讨论类型约束，当前我们先看下 type 关键字的语法：

```
type AbstractType
type ConcreteType = SomeFooType
type ConcreteType2 = SomeFooType with SomeBarType
```

注意可以通过组合其他类型来构造具体类型，这种组合而成的新类型称为复合类型。一个实例只有在符合两个原始类型的全部要求的时候才能匹配新类型。实际上编译器会先检查两个类型是否兼容，然后才允许组合。

打比方来说，可以把两个初始类型想象为两桶玩具。桶里的每一个玩具就相当于原始类型的一个成员（变量或方法）。当你用 with 关键字创建两个类型的复合类型时，本质上来说相当于你从两个朋友那里把两个玩具桶都拿过来，然后把里面的玩具都倒到一个更大的复合桶里。当你组合两个桶的时候，你注意到其中一个朋友有个特定玩具的更酷的版本，比如最新版的忍者神龟，而另一个朋友没那么有钱，他的忍者神龟是旧版的。在这种情况下，你选择保留更酷的版本而把旧版的扔了。如果能给"酷"做出个明确的定义，那么这也就是 Scala 在类型联合时本质上做的事情。对 Scala 来说，"酷"指得就是"类型精炼"，Scala 对一个类型所知越多，该类型就越"精炼"。这是组合时的一种情况，另一种情况是你发现两个朋友都有一些损坏或不完整的玩具，在这种情况下，你会试图从每个坏玩具那里拿点零件，拼成完整的玩具。大部分情况下这个类比可以解释类型复合的规则，也就是简单地把原始类型的成员组合起来，并根据情况应用一些覆盖规则。通过结构化类型的视角来看就更容易理解类型联合。

6.1.3　结构化类型

在 Scala 里，构建结构化类型是通过使用 type 关键字，并同时定义期望的类型里所具有的方法签名和变量签名。这使开发者能够定义一种抽象的接口，而无需用户扩展指定的特质和类来匹配类型。结构化类型常见的使用场景是用于资源管理的代码。

我所体验过的最恼人的 bug 中，不少是资源相关的 bug。你在得到某个资源后必须确保释放它，在创建某个资源后，最后必须记得销毁它。因此在使用资源时总有许多相关的样板代码（boiler plate）。在用 Scala 写代码的时候我尽量避免那些样板代码，所以我们来看一下结构化类型能否帮我们解决这问题。我们来定义个简单的函数，这个函数会确保在一段代码块执行完后把资源关闭。由于不存在"资源"的标准定义，所以我们尝试把"资源"定义为"任何有 close 方法的东西"。

清单 6.3　资源处理小工具

```
object Resources {
  type Resource = {
    def close() : Unit
  }
  def closeResource(r : Resource) = r.close()
}

scala> Resources.close(System.in)
Exception in thread "main" java.io.IOException:
  Stream is Closed
```

❶定义类型
❷需要 close 方法

❸使用类型上的方法

❹System.in 关闭!

我们做的第一件事是为资源定义了一个结构化类型。我们定义了名叫 Resource 的类型，赋给它一个匿名的，或者说结构化的资源定义。资源定义是一块包含了一些抽象方法成员的代码块。在本例中，我们定义了 Resource 类型，其有一个成员方法，叫作 close。最后，在 closeResource 方法里，你可以看到这个方法接受结构化类型的参数，并且调用其定义的 close 方法。接着，我们尝试对 System.in 调用关闭资源方法（System.in 正好有个 close 方法）。通过程序抛出的异常，你可以判断出调用是成功的。一般情况下，你不应该在解释器里关闭主输入输出流，不过这个例子确实表现出结构化类型的特殊特性：它能适用于任何对象（译者注：指参数不需要继承规定的特质或类）。在处理我们不能直接控制的库或类时这个特性很不错。

结构化类型也适用于嵌套和被嵌套的类型。你可以把类型嵌套在匿名的结构化块里。我们来尝试实现一个简单的嵌套抽象类型，然后看看能否创建个方法来使用这个类型。

清单 6.4　嵌套结构化类型

```
scala> type T = {
     |   type X = Int
     |     def x : X
     |   type Y
     |     def y : Y
     | }
defined type alias T
scala> object Foo {
     |   type X = Int
     |   def x : X = 5
     |   type Y = String
     |   def y : Y = "Hello, World!"
     | }
defined module Foo

scala> def test(t : T) = t.x
<console>:7: error: illegal dependent method type
     def test(t : T) = t.x
                 ^
```

❶嵌套的类型别名
❷嵌套的抽象类

❸具体类型

我们开始先声明了结构化类型 T。这个类型包含两个嵌套的类型：X 和 Y。X 定义为等同于 Int，而 Y 保持为抽象类型。然后我们实现一个实际对象 Foo，符合结构化类型的定义。接着我们创建 test 方法，该方法返回对 T 的实例调用 x 方法的结果。我们期望它返回一个整数，因为 T 类型的 x 方法返回 X 类型，而 X 类型实际上是 Int 的别名。但是调用失败了，为什么呢？因为 Scala 不允许这样一种方法：方法使用的类型路径依赖于方法的其他参数。在本例中，test 方法的返回类型依赖与参数的类型。我们可以明确地写出返回类型来证明这一点：

```
scala> def test(t : T) : t.X = t.x
<console>:7: error: illegal dependent
```

所以可以看到编译器在这里推断出了路径依赖类型。如果我们不想用路径依赖类型，而是希望注入一个 X 类型，我们可以修改一下代码，这样编译器就不会自动为我们推断类型，因为推断引擎试图查找它能找到的最明确的类型，而在本例中推断出的类型是 t.X，是个不合法的类型。而另一方面，T#X 在这个上下文里不仅是个合法类型，而且编译器明确知道它是个 Int 类型。我们来看看编译器为返回类型为 T#X 的方法返回什么样的方法签名。

```
scala> def test(t : T) : T#X = t.x
test: (t: T)Int

scala> test(Foo)
res2: Int = 5
```

如你所见，方法定义为返回 Int 类型，而且能正确地处理我们 Foo 对象。如果我们让代码使用抽象类型 Y 会怎样呢？好吧，编译器无法识别 Y 类型到底是什么类型，所以只能允许你把它当作绝对最小的类型来使用，也就是 Any。我们来创建个返回 T#Y 类型的方法，看看会怎样：

```
scala > def test2 (t: T) : T#Y = t.y
test2: (t: T) AnyRef(
  type X = Int;
  def x: this.X;
  type Y;
  def y: this.y)#Y
```

test2 方法的返回类型为 AnyRef{ type X = Int；def x: this.X；type Y；def y: this.Y } #Y。这个相当冗长的签名显示出编译器在确定返回类型时做出的努力。因为 T#Y 不能简单地等同于另一个类型，编译器不得不把 T 类型和有关 T#Y 的全部信息都抓过来。因为类型注入不绑定到特定实例，所以编译器可以确定两个类型注入是否兼容。悄悄说一句，注意 x 方法和 y 方法的类型。

x 和 y 方法的返回类型路径依赖于 this。当我们定义 x 方法时，我们只指定了类型 X，但是编译器还是把这个类型变成了 this.X，因为类型 X 定义在结构化类型 T 里，你可以用标识符 X 引用它，但它实际上指向路径依赖类型 this.X。理解什么时候会创建出路径依赖类型，以及什么情况下可以引用这种类型是很重要的。

当你引用定义在另个类型里面的某类型时，你就用到了路径依赖类型。在同一个代码块内部使用路径依赖类型是完全可接受的。编译器能够通过检查代码确保嵌套的类型指向同个实例。但是如果我想把路径依赖类型带出其初始作用域，编译器需要某种方法来确保路径指向完全相同的实例。有时候最终必须使用 object 和 val，而不是 class 和 def。我们来看个小例子。

清单 6.5 路径依赖和结构化类型

```
object Foo {
  type T = {                              ❶嵌套的类型定义
    type U
    def bar : U
  }
  val baz : T = new {                     ❷对 T 实例的稳定
    type U = String                          引用
    def bar : U = "Hello World!"
  }
}

scala> def test(f : Foo.baz.U) = f
test: (f: Foo.baz.U)Foo.baz.U

scala> test(Foo.baz.bar)
res0: Foo.baz.U = Hello World!
```

首先，我们建立嵌套类型 T 和 U，它们嵌套在单例 Foo 里面。然后我们创建 Foo.T 的实例，起名叫 baz。作为一个 val 成员，这个实例在程序的整个生命周期中都不会改变，因此是稳定的。最后我们创建一个方法，其接受 Foo.baz.U 作为参数。这是可以接受的，因为路径依赖类型 U 定义在已知是稳定的路径上：Foo.baz。当遇到路径依赖故障时，你可以想办法让编译器知道依赖的类型是"稳定的"，因此，你的类型也是良好定义的。通常可以用类似上例中设定一个稳定引用路径的做法。

我们接着来看看路径依赖的较为深入的例子。我们设计个 Observable 特质，用作一个观察变化和通知他人的通用机制。Observable 特质应该提供两个公共方法：一个让观察者可以订阅它，另一个让观察者可以取消订阅。观察者应该可以通过提供个简单的回调函数的方式来订阅 Observable。订阅方法应该返回个引用，以便观察者将来能够自行取消对变化事件的订阅。通过路径依赖类型，我们能够强制这个引用只对原 Observable 实例有效。我们来看看 Observable 的公共接口：

```
trait Observable {
  type Handle
```

```
def observe(callback : this.type => Unit) : Handle = {
  val handle = createHandle(callback)
  callbacks += (handle -> callback)
  handle
}

def unobserve(handle : Handle) : Unit = {
  callbacks -= handle
}

protected def createHandle(callback : this.type => Unit) : Handle

protected def notifyListeners() : Unit =
  for(callback <- callbacks.values) callback(this)
}
```

首先要注意的是抽象的 Handle 类型。这个类型用来引用注册的观察者回调函数。observe 方法定义为接受 this.type => Unit，返回 Handle。我们来看一下 callback 的类型，callback 是个函数，接受 this.type 类型的参数，返回 Unit。this.type 是 Scala 提供的一种机制，其指向当前对象的类型。类似于对 Scala 对象 Foo 调用 Foo.type 方法，但是有个重要的区别。与直接引用对象的当前类型不同，this.type 会随着继承而变化。在后面的例子里，我们将展示 Observable 的子类会需要 callback 接受它们自己的特定类型作为参数。

unobserve 方法接受在之前的订阅方法中赋了值的 handle 作为参数并移除该观察者。这个 handle 类型是路径依赖的，必须是来自当前对象。这意味着，即使在不同的 Observable 实例上注册了相同的 callback，其 handle 是不可互换的。

要注意的另一点是我们使用了一个还没定义的函数：createHandle。在 observe 方法里注册 callback 时，createHandle 方法应该能构建相应的 handle。我故意留了这个抽象方法，以便观察器模式的实现者能提供自己的 handle 机制。我们来试试提供 handle 机制的默认实现。

```
trait DefaultHandles extends Observable {
  type Handle = (this.type => Unit)
  protected def createHandle(callback : this.type => Unit) : Handle =
}   callback
```

DefaultHandles 特质继承 Observable，提供了 Handle 的非常简单的实现。它定义 Handle 类型与 callback 的类型相同。这意味着 callback 对象自身定义的判等和散列方法也被 Observable 特质用来保存和查找观察者。对 Scala 的函数对象来说，判等和哈希都是基于实例的，这也是任何用户自定义对象的默认规则。现在 handle 的实现已经有了，我们来定义个可以被观察的对象。

我们来定义个 IntHolder 类，用来持有一个整数。每次其内部值变化时，IntHolder 会通知观察者。IntHolder 类也应当提供机制来获取和设置当前持有的整数。我们来看下代码：

```
class IntStore(private var value : Int)
  extends Observable with DefaultHandles {
  def get : Int = value
  def set(newValue : Int) : Unit = {
    value = newValue
    notifyListeners()
  }

  override def toString : String = "IntStore(" + value + ")"
}
```

IntStore 类继承前面的 Observable 特质并混入了 DefaultHandles 特质。get 方法简单地返回 IntStore 里保存的值，set 方法给 value 赋新值并把改变通知给观察者们。toString 方法也重写了，以便提供漂亮一点的打印形式。我们来用一下这个类：

```
scala> val x = new IntStore(5)
x: IntStore = IntStore(5)

scala> val handle = x.observe(println)
handle: (x.type) => Unit = <function1>

scala> x.set(2)
IntStore(2)

scala> x.unobserve(handle)

scala> x.set(4)
```

第一行构造了 IntStore 的实例 x，包含的初始值为 5。接着注册了个观察者，在数字发生变化的时候把 IntStore 打印到控制台。观察者的 handle 存放在 handle 变量里。注意 handle 的类型使用了路径依赖的 x.type 类型。接着，存放在 x 里的值被修改为 2，观察者得到通知并把 IntStore（2）打印到控制台。然后用 handle 变量移除了观察者。现在，当把 x 里的值改为 4 的时候就没有再向控制台打印新值了。观察者的表现符合我们的预期。

如果我们构造多个 IntStore 实例并把同个 callback 实例注册给它们会怎样呢？在使用同个 callback 实例的情况下，用 DefaultHandles 特质意味着两个 handle 应该是相等的。我们在 REPL 里试一下：

```
scala> val x = new IntStore(5)
x: IntStore = IntStore(5)

scala> val y = new IntStore(2)
y: IntStore[Int] = IntStore(2)

scala> y.unobserve(handle1)
<console>:10: error: type mismatch;
 found    : (x.type) => Unit
 required: (y.type) => Unit
```

```
    y.unobserve(handle1)
             ^
```

首先，我们分别创建了两个 IntStore 的实例，x 和 y。接着我们需要创建两个被 i 观察者都能使用的 callback。我们跟前面一样用 println 方法来做 callback：

```
scala> val callback = println(_ : Any)
callback: (Any) => Unit = <function1>
```

现在我们把 callback 同时注册到 x 和 y 实例上看看 handles 是否相等：

```
scala> val handle1 = x.observe(callback)
handle1: (x.type) => Unit = <function1>

scala> val handle2 = y.observe(callback)
handle2: (y.type) => Unit = <function1>

scala> handle1 == handle2
res3: Boolean = true
```

结果是两个 handle 对象完全相同。注意==方法对两个对象进行运行时判等检查，适用于任意两个类型。这意味着，理论上来说从 y 得到的 handle 应该可以用来移除 x 里的观察者。我们来看看在 REPL 里这么做的时候会发生什么：

```
scala> y.unobserve(handle1)
<console>:10: error: type mismatch;
 found    : (x.type) => Unit
 required: (y.type) => Unit
       y.unobserve(handle1)
                ^
```

编译器不允许这种用法。路径依赖类型限制我们的 handles 必须是从同个方法里生成的。尽管两个 handle 在运行时是相等的，类型系统仍然阻止我们用错误的 handle 来取消观察者。这一点是很重要的，因为 handle 的类型将来可能变化。如果我们将来实现了不同的 Handle 类型，那些依赖于 handles 在 IntStore 之间可替换的代码会挂掉。幸运的是编译器确保了正确的行为。

路径依赖类型还有其他很多应用场景，不过本例应该已经给出了一个不错的用法例子。那么如果在 Observable 例子里我们想要对 Handle 类型做一些限制该怎么办呢？这就是类型约束显身手的地方了。

6.2   类型约束

类型约束是与类型相关的规则，一个变量要匹配一个类型时必须符合这些规则。一个类型可以同时定义多个约束。当编译器对表达式做类型检查时，所有这些约束都必须满足。类型约束有以下两种形式。

- 下界（子类型约束）。
- 上界（超类型约束，也称为一致性关系（Conformance relations））。

下界限制可以想象为"超类"限制。也就是所选的类型必须等于下界或者是下界的超类。我们来看个使用 Scala 的集合继承树的例子。

清单 6.6　类型的下界

```
class A {
  type B >: List[Int]
    def foo(a : B) = a
}
scala> val x = new A { type B = Traversable[Int] }
 x: A{type B = Traversable[Int]} = $anon$1@650b5efb

scala> x.foo(Set(1))
res8: x.B = Set(1)

scala> val y = new A { type B = Set[Int] }
<console>:6: error: overriding type B in class A with
  bounds >: List[Int] <: Any;
  type B has incompatible type
      val y = new A { type B = Set[Int] }
```

❶ 定义下界约束

❷ 精炼类型 A

❸ Set 的类型是 Traversable

❹ Set 违反了类型约束

我们首先在类 A 里定义 type B，并定义了 B 的下界为 List[Int]。然后我们实例化变量 *x* 作为类 A 的匿名子类，并把 B 确定为 Traversable[Int]。这样做没有造成任何问题，因为 Traversable 是 List 的父类。有意思的是 Set 不是 List 的超类，而是 Traversable 的子类，我们却可以用 Set 来调用 foo 方法！仅仅设置类型 B 的类型约束为 List 的超类并不意味着与类型 B 匹配的参数必须要在 List 的继承树上。它们只需要匹配类型 B 的具体形式，也就是 Traversable。我们不能做的是把类型 B 设置为 Set[Int] 去创建一个 A 的子类（what we cannot do is create a subclass of A where the type B is assigned as a Set[Int]），但是 Set 可以以多态的形式以 Iterable 或 Traversable 来引用。

因为 Scala 是一种多态的面向对象语言（译者注：这里应该是指 scala 支持泛型），理解编译时类型约束和运行时类型约束是很重要的。在本例中，我们限定类型 B 的编译时类型信息必须来自 List 或 List 的超类。多态意味着当需要编译时类型为 Traversable 时，可以使用 Set 类的实例，因为 Set 类继承 Traversable。当我们这么做的时候，我们并没有抛弃对象的任何行为，我们只是丢弃了对该类型的一部分编译时信息。当使用下界约束的时候记住这一点很重要。

上界限制在 Scala 里要常用的多。上界限制指出选中的类型必须等于或低于下界的类型。拿类或特质来说也就是说选中的类型必须是作为下界的类或特质的子类。如果是结构化类型的场景，也就是说选中的配型必须符合结构化类型的要求，不过可以带更多信息（不能少，只能多）。我们来看个上界限制的定义：

清单 6.7　类型的上界

```
class A {
  type B <: Traversable[Int]
  def count(b : B) = b.foldLeft(0)(_+_)
}

scala> val x = new A { type B = List[Int] }
x: A{type B = List[Int]} = $anon$1@371c1463

scala> x.count(List(1,2))
res11: Int = 3

scala> x.count(Set(1,2))
<console>:8: error: type mismatch;
 found   : scala.collection.immutable.Set[Int]
 required: x.B
       x.count(Set(1,2))
               ^

scala> val y = new A { type B = Set[Int] }
y: A{type B = Set[Int]} = $anon$1@402fbd59

scala> y.count(Set(1,2))
res13: Int = 3
```

❶ 上界
❷ 使用上界的方法

❸ 使用下界精炼类型

❹ 精炼类型不可赋值

❺ 作为精炼类型使用

　　首先，我们创建了类型 B，其上界为 Traversable[Int]。当我们用未精炼（unrefined）的类型 B 时，我们能用 Traversable[Int]定义的任何方法，任何满足 B 的类型约束的具体类型一定是继承 Traversable[Int]的。我们可以在将来把类型 B 精炼为 List[Int]，一切都没有问题。一旦精炼为 List[Int]后，我们就不能传递 Traversable[Int]的其他子类了，比如Set[Int]。count 方法的参数必须满足提炼后的类型 B 的要求。我们也可以创建类型 B 的另一种精炼形式，也就是 Set[Int]，而它也就只能接受 Set[Int]。如你所见，上界的作用与下界正好相反。上界的另一个好的方面是你无需完全知道具体的精炼类型就能够调用上界类型的方法。

　　作者注：最大上界和下界

　　　　在 Scala 里，所有类型的最大上界是 Any，最大下界是 Nothing。如果你发现编译器在警告类型签名不兼容的信息里包含了 Nothing 或 Any，而你的代码并没有引用它们，我敢打赌在你代码的某处有个未定界的类型（unbounded type），而编译器正试图推断它。

　　Scala 需要注意的一个有意思的地方是：所有类型的最大上界是 Any，最大下界是Nothing。这是因为 Scala 里的所有类型都继承自 Any，而所有类型都被 Nothing 继承。如果你发现编译器在警告类型签名不兼容的信息里包含了 Nothing 或 Any，而你的代码并没有引用它们，我敢打赌在你代码的某处有个未定界的类型（unbounded type），而编译器正视图推断它。发生这问题的通常原因是试图组合不兼容的类型或者泛型缺少了上界或下界。

限定边界的类型（bounded types）在 Scala 里非常有用。它们帮助我们定义能接受任何特殊类型的参数的泛型方法。它们有助与设计能与任何类型的代码交互的泛型类。在标准集合库中大量使用了上界下界，以提供各种强大的方法组合。集合类和其他高阶类型通过在代码里使用上界和下界获得了极大的好处。要理解何时和怎样使用它们，我们需要深入理解类型参数和高阶类型。

6.3 类型参数和高阶类型（Higher Kinded Types）

类型参数和高阶类型是类型系统的面包和黄油。类型参数是在调用方法、构造类型或扩展类型时作为参数传入的一个类型定义。高阶类型是接受其他类型作为参数构造出新类型的类型。就像参数是构建和组合函数的关键要素一样，类型参数是构建和组合类型的关键要素。

我们先来看一下类型参数。

6.3.1 类型参数约束

类型参数是在普通参数之前用中括号（[ ]）来定义的。然后普通参数就可以用类型参数作为参数的类型。我们来看一个用类型参数定义的简单方法，如图 6.1 所示。

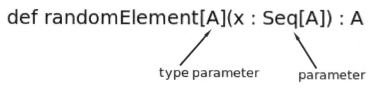

图 6.1 定义方法的类型参数

这是 randomElement 方法的定义。这个方法接受类型参数 A，然后这个类型参数就在方法参数里被使用。randomeElement 方法接受某种元素类型的列表，给这种未知类型命名为 A，然后返回一个这种类型的元素实例。在调用这个方法时，我们可以指定我们希望的类型参数。来看一下：

```
scala> randomElement[Int](List(1,2,3))
res0: Int = 3

scala> randomElement[Int](List("1", "2", "3"))
<console>:7: error: type mismatch;
 found   : java.lang.String("1")
```

```
    required: Int
        randomElement[Int](List("1", "2", "3"))
                                ^

scala> randomElement[String](List("1", "2", "3"))
res1: String = 2
```

如你所见，当我们指定类型参数为 Int 时，方法可以接受整数列表，但不接受字符串列表。我们也可以指定类型参数为 String，于是就可以接受字符串列表，而不接受整数列表。在本例中，我们甚至可以留空类型参数，如果能推断出来的话，编译器会自动为我们推断：

```
scala> randomElement[String](List("1", "2", "3"))
res1: String = 2
```

这个推断功能非常强大。如果函数有多个参数，编译器会试图推断能匹配全部参数的类型。Scala 的 List.apply 就是个参数化方法。我们来看它的类型推断效果：

```
scala> List(1.0, "String")
res7: List[Any] = List(1.0, String)

scala> List("String", Seq(1))
res8: List[java.lang.Object] = List(String, List(1))
```

当传入一个整数和一个字符串时，List 的参数被推断为 Any，这是两个参数都能匹配的最低的可能类型。Any 碰巧也是顶层类型，所有的 Scala 类型都继承自它。但如果你选择另一组参数，比如说一个 String 和一个 Seq，编译器推断为更低的类型，也就是java.lang.Object，或者在 Scala 里叫 AnyRef。

编译器的目标——也应该是你的目标——是尽可能地保留类型信息。在类型参数上应用类型约束能更好的达成这个目标。可以在定义类型参数的同时定义类型约束。这样可以确保传入的类型参数都必须匹配类型约束。定义下界约束也使你可以使用下界类型里定义的方法。上界约束无法确定最终的类型会有什么成员（变量或方法），但是在组合多个参数化类型时很有用。

类型参数很像方法参数，只是它们是在编译时做的参数化。非常重要的一点是记住所有的类型编程都是编译时确保的，所有的类型信息都必须在编译期可知才有用。

类型参数也使高阶类型的创建成为可能。

6.3.2　高阶类型

就像高阶函数是接受其他函数为参数的函数一样，高阶类型则是接受其他类型作为参数构造出新类型的类型。高阶类型可以有一个或多个其他类型作为参数。在 Scala 里可以用 type 关键字来构建高阶类型，下面是个高阶类型的例子。

```
type Callback[T] = Function1[T, Unit]
```

这个定义描述定义了一个叫做 Callback 的高阶类型。Callback 类型接受一个类型参数，创建一个新的 Function1 类型。在参数化之前，Callback 不是一个完整类型。

作者注：类型构造器

高阶类型又称为"类型构造器"，因为它们是用来构造类型的。高阶类型可以用来使复杂类型——比如 M[N[T, X], Y]——看上去像个简单类型，F[X]。

我们定义的 Callback 类型可以用来简化那种接受一个参数且无返回值的函数的签名。我们来看个例子：

```
scala> val x : Callback[Int] = y => println(y + 2)
x: (Int) => Unit = <function1>

scala> x(1)
3
```

第一行语句构造了 Callback[Int] 类型的变量 x，x 是个函数，接受一个整型参数，把参数加 2 并打印结果。编译器会把类型 Callback[Int] 转换为完整类型（Int） => Unit。第二行语句用值 1 来调用 x 变量所定义的函数。

除了用于简化复杂类型的类型签名外，高阶类型也用于使复杂类型符合想调用的方法所要求的简单类型签名。我们来看个例子：

```
scala> def foo[M[_]](f : M[Int]) = f

foo: [M[_]](f: M[Int])M[Int]

scala> foo[Callback](x)
res4: Function1[Int, Unit] = <function1>
```

foo 方法定义为接受一个类型 M——M 是个未知的参数化类型。_关键字是个占位符，用来指代一个未知的存在类型（existential type）。存在类型将在第 6.5 节详细讨论。后一行语句用 Callback 作为类型参数传给 foo 方法并用前面定义的 x 作为方法的参数调用之。这样写可以编译通过，而如果你直接用 Function1 是编译不了的。

```
scala > foo[Function1](x)
<console>:9: error: Function1 takes two type parameters, expected: one
       foo[Function1](x)
```

foo 方法不能直接用 Function1 类型来调用，因为 Function1 接受两个类型参数，而 foo 方法只接受一个类型参数。

高阶类型用于简化类型定义或者使复杂类型符合简单类型参数的要求。型变（Variance）给参数化类型和高阶类型增加了额外的复杂度。

6.4　型变（Variance）

型变指象 T[A]这样的高阶类型的类型参数可以改变或变化的能力。型变是一种声明类型参数能如何变化以创建顺应类型的方式。如果你能把高阶类型 T[B]赋值给 T[A]不出错，我们就说 T[A]顺应 T[B]。型变的规则决定了参数化类型的顺应性。型变有三种形式：不变（Invariance）、协变（Covariance）、逆变（Contravariance）。

不变是指高阶类型的类型参数不能够改变。当我们说一个高阶类型是不变的时候，就是说对于任何类型 T，A 和 B，如果 T[A]顺应于 T[B]，那么 A 一定等于 B。换句话说，你不能改变 T 的类型参数。不变是高阶类型参数的默认规则。

协变是指把类型参数替换为其父类的能力。也就是说，对于任何类型 T，A 和 B，如果 T[A]顺应于 T[B]，那么 A <: B。图 6.2 展示了一个协变关系。图里的箭头表示类型顺应性。Mammal 和 Cat 的关系是 Cat 类型顺应于 Mammal 类型。也就是说如果一个方法要求参数为 Mammal 类型，那么传一个 Cat 类型的值给它是可以的。如果类型 T 定义为协变，则类型 T[Cat]顺应于类型 T[Mammal]，也就是说需要 T[Mammal]类型参数的方法可以接受 T[Cat]类型的值。

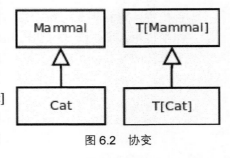

图 6.2　协变

注意顺应箭头的方向是相同的。T 的顺应性协调于（co-）其类型参数的顺应性。

协变的最简单例子是 List。List 是构建于其元素类型之上的高阶类型。你可以构造一个字符串列表或者整数列表。因为 Any 是 String 的超类，你可以在期望 Any 列表的地方使用字符串列表。

创建协变参数只需要简单地在类型参数前加上个+符号。我们来创建个协变类型，在 REPL 里试试它的协变性。

清单 6.8 协变示例

```
scala> class T[+A] {}
defined class T

scala> val x = new T[AnyRef]
x: T[AnyRef] = T@11e55d39

scala> val y : T[Any] = x
y: T[Any] = T@11e55d39

scala> val z : T[String] = x
<console>:7: error: type mismatch;
 found    : T[AnyRef]
 required: T[String]
       val z : T[String] = x
```

❶ 类型参数 A 是协变的

❷ 把 AnyRef 向上强制类型转换为 Any

❸ 把 AnyRef 向下强制类型转换为 String

首先，我们构建高阶类型 T，其接受协变参数 A。接着我们创建值 x，类型参数绑定为 AnyRef。现在如果我们尝试把这个 T[AnyRef]赋值给 T[Any]类型的变量，调用是成功的。因为 Any 是 AnyRef 的父类，满足了协变的约束条件。而当我们试图把 T[AnyRef]类型的值赋给 T[String]类型的变量时，赋值就失败了。

编译器有一些检查点（checks in place）来确保协变标注和几个关键规则不发生冲突。尤其是，编译器会跟踪高阶类型的使用情况，确保如果它是协变的，那么它只能发生在编译器的协变位置上。对逆变也是一样。我们会在后面讨论决定型变位置的规则，不过可以先看一下如果与型变位置发生冲突会发生什么：

```
scala> trait T[+A] {
     |   def thisWillNotWork(a : A) = a
     | }
<console>:6: error: covariant type A occurs in
   contravariant position in type A of value a

       def thisWillNotWork(a : A) = a
```

如你所见，编译器给了我们一个温馨提示，告诉我们把类型参数 A 用在了逆变位置上，而我们声明的类型参数是协变的。我们很快会说具体的规则，不过目前我希望你了解只需要对概念有基础的认识就能正确使用型变，而不是一定要彻底掌握全部的规则才能用。你可以在头脑里推理一个类型应该是协变还是逆变的，然后让编译器告诉你是不是把类型放错了地方。也有一些技巧可以使用，来避免在需要协变的时候把类型放到了逆变位置上。不过让我们先来看一下逆变。

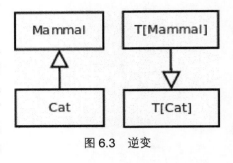

图 6.3　逆变

逆变与协变正好相反。对于任何类型 T，A 和 B，如果 T[A]顺应于 T[B]，那么 A >: B。在图 6.3 中 Mammal 和 Cat 类型的顺应关系不变，如果类型 T 定义为逆变，则期望 T[Cat]类型参数的方法可以接受 T[Mammal]类型的值。注意顺应关系的方向和 Mammal-Cat 之间的顺应关系是相逆的（contra-）。

逆变有点难以理解，不过放到 Function 对象的上下文里就有意义了。Function 对象对返回类型是协变的，对参数类型是逆变的。其意义很直观。你可以拿到一个函数的返回值并转换为其超类。对于参数来说，你可以传入参数类型的子类。你应该能接受一个 Any => String 类型的函数并强制转换为 String => Any，但是反过来不行。我们来看一下执行强制转换的效果。

清单 6.9　方法的隐式型变

```
scala> def foo(x : Any) : String = "Hello, I received a " + x
foo: (x: Any)String

scala> def bar(x : String) : Any = foo(x)
bar: (x: String)Any

scala> bar("test")
res0: Any = Hello, I received a test

scala> foo("test")
res1: String = Hello, I received a test
```

首先我们创建了方法 foo，类型为 Any => String。接着定义了方法 bar，类型为 String => Any。如你所见，你可以用 foo 来实现 bar，并且用字符串调用 foo 和 bar 返回相同结果，因为函数的实现是一样的。但它们确实要求不同的类型。我们不能把一个 Int 变量传给 bar 方法，编译会通不过，但是可以把 Int 变量传给 foo 方法。如果我们想构造一个代表函数的对象，我们希望有相同的行为，也就是说，我们希望能尽可能灵活地对函数对象做类型转换。现在来定义我们的函数对象。

清单 6.10　初次尝试定义一个函数对象

```
scala> trait Function[Arg,Return]
defined trait Function

scala> val x = new Function[Any,String] {}
```

```
x: java.lang.Object with Function[Any,String] = $anon$1@39fba2af

scala> val y : Function[String,Any] = x
<console>:7: error: type mismatch;
 found    : java.lang.Object with Function[Any,String]
 required: Function[String,Any]
       val y : Function[String,Any] = x
                                      ^

scala> val y : Function[Any,Any] = x
<console>:7: error: type mismatch;
 found    : java.lang.Object with Function[Any,String]
 required: Function[Any,Any]
       val y : Function[Any,Any] = x
```

　　首先我们创建了特质 Function。第一个类型参数是函数的参数类型，第二个是返回值类型。然后我们用参数类型 Any，返回值类型 String 构造了值 x。当尝试将它转换为 Function[String，Any]（接受 String，返回 Any 的函数）时，调用失败。这是因为我们没有定义任何型变标注。现在我们先把返回类型声明为协变。返回值是实际的值，并且我们知道随时可以把变量转换为其超类。

清单 6.11　仅有协变的函数对象

```
scala> trait Function[Arg,+Return]
defined trait Function

scala> val x = new Function[Any,String] {}
x: java.lang.Object with Function[Any,String] = $anon$1@3c56b64c

scala> val y : Function[String,Any] = x
<console>:7: error: type mismatch;
 found    : java.lang.Object with Function[Any,String]
 required: Function[String,Any]

       val y : Function[String,Any] = x
                                      ^

scala> val y : Function[Any,Any] = x
y: Function[Any,Any] = $anon$1@3c56b64c
```

　　我们再次声明了特质 Function，不过这次声明其返回类型为协变的。我们构造了 Function 特质的值 x，并再次尝试转换它。转换还是因为类型不匹配而失败，但现在能把返回类型从 String 转换为 Any 了。现在我们把参数类型改为逆变。

清单 6.12　包含协变和逆变的函数

```
scala> trait Function[-Arg,+Return]
defined trait Function
```

```
scala> val x = new Function[Any,String] {}
x: java.lang.Object with Function[Any,String] = $anon$1@69adff28

scala> val y : Function[String,Any] = x
y: Function[String,Any] = $anon$1@69adff28
```

　　我们又一次构造了特质 Function，只是这次参数类型为逆变而返回结果为协变。我们构造了特质的实例并且这次转换成功了！我们来把特质扩展一下，提供真实的实现并确保其如预期的运作。

清单 6.13   完整的函数

```
scala> trait Function[-Arg,+Return] {
     | def apply(arg : Arg) : Return
     | }
defined trait Function

scala> val foo = new Function[Any,String] {
     | override def apply(arg : Any) : String =
     | "Hello, I received a " + arg
     | }
foo: java.lang.Object with Function[Any,String] = $anon$1@38f0b51d

scala> val bar : Function[String,Any] = foo
bar: Function[String,Any] = $anon$1@38f0b51d

scala> bar("test")
res2: Any = Hello, I received a test
```

　　我们创建了特质 Function，不过这次它有个抽象的 apply 方法用来放函数对象的逻辑。接着我们构造个新的函数对象 foo，其逻辑与之前的 foo 方法一样。接着我们尝试构造 bar 函数对象，其直接调用 foo 对象。请注意这里没有构造新对象，我们只是把一个类型赋给另个类型，类似于多态的把一个子类的值赋给父类的引用。现在我们能调用 bar 函数并得到期望的结果了。恭喜你！对型变标注你现在已经入门了。但是你可能会遇到一些情况，会需要对代码做些微调来定义合适的型变标注。

高级型变注解

　　有时候你想设计个带有指定型变标注的高阶类型，但是编译器不允许你这么做。在编译器对型变做了限制，但是你自己很清楚应该是没问题的情况下，通常可以做个简单的变形来使代码能符合类型系统的要求，从而能编译。最容易找的例子是集合库。

Scala 的集合库提供了通过调用++方法把两个集合类型组合起来的机制。在实际的集合库里，由于集合库提供了很多高级特性，因此++方法的签名是相当复杂的。所以在本例中，我们使用一个简化了的++版本。我们来尝试定义个抽象的 List 类型，其能够与其他列表组合。我们希望能有自动转换功能，比如把字符串列表转换为 Any 列表，所以我们把 ItemType 标注为协变。我们把++方法定义为接受另一个 ItemType 类型的列表作为参数，返回将两个列表中元素合并后的新列表。我们来看看发生什么：

清单 6.14　在 List 接口上初次尝试

```
scala> trait List[+ItemType] {
     | def ++(other : List[ItemType]) : List[ItemType]
     | }
<console>:6: error: covariant type ItemType occurs in
   contravariant position in type List[ItemType]of value other
     def ++(other : List[ItemType]) : List[ItemType]
```

编译器报警说我们把 ItemType 用在了逆变位置上！这个说法是对的，但是我们知道把两个相同类型的列表组合起来是类型安全的，组合的结果仍然可以在 ItemType 层级上向上转换。编译器在处理型变的时候是否有点过于严格了呢？或许。不过我们可以看看有没办法绕过限制。

我们准备让++方法接受类型参数。我们可以用这个新类型参数来避免把 ItemType 放在逆变位置上。这个新的类型参数应该捕捉到目标列表的 ItemType。我们先随便用个不一样的类型参数。

清单 6.15　幼稚地尝试绕过型变约束

```
scala> trait List[+ItemType] {
     | def ++[OtherItemType](other : List[OtherItemType]) : List[ItemType]
     | }
defined trait List

scala> class EmptyList[ItemType] extends List[ItemType] {
     | def ++[OtherItemType](other : List[OtherItemType]) = other
     | }
<console>:7: error: type mismatch;
 found    : List[OtherItemType]
 required: List[ItemType]
     def ++[OtherItemType](other : List[OtherItemType]) = other
```

添加 OtherItemType 后成功创建了 List 特质，太棒了！来看看能不能用。我们实现了一个 EmptyList 类，这是个没有元素的 List 的有效实现。组合方法，++，应该直接返回传给它的参数，因为它是空的，但是当我们定义方法时得到的结果却是类型不匹配。这是因为 OtherItemType 和 ItemType 是不兼容的类型！我们在++方法里没有对 OtherItemType 做任何限制，因此使它无法实现。好吧，我们知道需要对 OtherItemType

做某种类型约束，也知道我们正在组合两个列表。我们希望 OtherItemType 是能和当前列表很好的组合的类型。因为 ItemType 是协变的，我们知道可以把当前列表向 ItemType 层级上方转换。因此让我们用 ItemType 作为 OtherItemType 的下界约束，我们也需要修改++方法，返回 OtherItemType 类型，因为 OtherItemType 在 ItemType 的层级上可以比 ItemType 高。来看一下。

清单 6.16　正确地处理型变

```
scala> trait List[+ItemType] {
     | def ++[OtherItemType >: ItemType](
     |   other: List[OtherItemType]): List[OtherItemType]
     | }
defined trait List

scala> class EmptyList[ItemType] extends List[ItemType] {
     | def ++[OtherItemType >: ItemType](
     |   other: List[OtherItemType]) = other
     | }
defined class EmptyList
```

　　如你所见，我们新的空 list 定义编译通过了。我们来用 REPL 试用，确认一下把各种类型的空 list 组合是否返回我们期望的类型。

清单 6.17　确保正确的类型改变

```
scala> val strings = new EmptyList[String]
strings: EmptyList[String] = EmptyList@2cfa930d

scala> val ints = new EmptyList[Int]
ints: EmptyList[Int] = EmptyList@58e5ebd

scala> val anys = new EmptyList[Any]
anys: EmptyList[Any] = EmptyList@65685e30

scala> val anyrefs = new EmptyList[AnyRef]
anyrefs: EmptyList[AnyRef] = EmptyList@1d8806f7

scala> strings ++ ints
res3: List[Any] = EmptyList@58e5ebd

scala> strings ++ anys
res4: List[Any] = EmptyList@65685e30

scala> strings ++ anyrefs
res5: List[AnyRef] = EmptyList@1d8806f7

scala> strings ++ strings
res6: List[String] = EmptyList@2cfa930d
```

　　首先我们定义几个变量，分别是 String、Int、Any 和 AnyRef 的列表。然后我们将这些列表进行组合，看看会发生什么。首先我们尝试组合 String 列表和 Int 列表，你可以看到编译器推断出 Any 是 String 和 Int 的共同超类，于是得到了 Any 列表。这正式我们所要的！接着我们组合 String 列表和 Any 列表，我们得到的是另个 Any 列表。跟前面一样符合我们的期望。如果我们把 String 列表和 AnyRef 列表组合，编译器推断出 AnyRef 是可能的最低类型，给我们保留了一点点类型信息。如果我们组合一个 String 列表和另一个 String 列表，我们会得到 List[String]类型。现在我们有了非常强大而且类型安全的 List 接口。

一般来说，当在类方法里碰到协变和逆变故障时，通常的解决方法是引入一个新的类型参数，在方法签名里用新引入的类型参数。实际上，最后我们写出的++方法定义要灵活得多，而且仍然类型安全。所以当你面对型变引发的问题时，不要焦虑，试试引入几个新类型参数。

6.5　存在类型

存在类型是一种构造部分类型签名是已存在的类型的手段，已存在的意思是说，尽管已经有一些实际类型符合那部分类型签名，但我们并不在意那个具体类型。Scala 引入存在类型是作为一种与 Java 的泛型类型交互的手段，所以我们要先看看 Java 程序里的一些惯用法。

Java 是较晚引入泛型类型的，并且引入时考虑到了向下兼容问题。因此 Java 集合 API 在用泛型做了加强的同时还支持没用泛型类型写的代码。Java 通过结合使用类型擦除和一种受限的存在类型（a subdue form of existential types）来实现这一点。Scala 追求与 Java 尽可能好的互操作性，因此也因为相同的原因而支持了存在类型，但是 Scala 的存在类型比 Java 的要强大得多，表达力也强得多，下面给大家展示一下。

我们来看一下 Java 的 List 接口：

```
interface List<E> extends Collection<E> {
  E get(int idx);
  ...
}
```

List 接口里有个类型参数 E，用于指定列表元素的类型。get 方法用类型参数作为其返回值类型。到这里都跟我们之前介绍的参数差不多。当我们考虑向下兼容性的时候，奇怪的事发生了。老的 List 接口设计的时候没有泛型。用老的接口写的代码却仍然和有 Java 泛型的代码兼容。举例来说：

```
List foo = ...
System.out.println(foo.get(0));
```

这里没有指定 List 接口的泛型参数。虽然有经验的 Java 开发者知道 get 方法的返回类型是 java.lang.Object，但他们恐怕未必完全理解发生了什么。在这个例子，当类型参数没有给出时，Java 就使用了存在类型。也就是说，对于缺失的类型参数，唯一能够确定的信息是它一定是 java.lang.Object 或其子类。这就使以前的代码——那时还没有泛型类型参数，get 方法返回 Object——能够直接用新集合库编译。

那么创建没有类型参数的 List 等同于创建 List<Object> 吗？答案是，不同。两者有微妙的区别。在编译下面代码时，你会看到编译器报 unchecked warning：

```
import java.util.*;

class Test {
   public static void main(String[] args) {
      List foo = new ArrayList();
      List<Object> bar = foo;                       ❶ 未检查的类型转换
   }
}
```

给 javac 传入 -xlint 标志就显示如下警告信息：

```
es.java:7: warning: [unchecked] unchecked conversion
found    : java.util.List
required: java.util.List<java.lang.Object>
     List<Object> bar = foo;
                        ^
1 warning
```

Java 不把 List 和 List<Object> 当作相同类型，但是会自动在两者间做转换。能这么做是因为在 Java 里，两者之间的差别是很小的。在 Scala 里，存在类型有点不一样的味道。我们在 Java 类里创建个存在类型，然后在 Scala 的 REPL 里看看会是什么效果。首先是 Java 类：

```
public class Test {
   public static List makeList() {
      return new ArrayList();
   }
}
```

Test 类提供了一个 makeList 方法，返回个带存在类型签名的 List。我们启动 Scala REPL 并调用这个方法：

```
scala> Test.makeList()
res0: java.util.List[_] = []
```

repl 里返回的类型是 java.util.List[_]。Scala 提供了创建存在类型的便利语法——在类型参数的位置上用下划线。我们一会儿会讲完整的语法，但是生产代码里这种便捷方式更加常见。这个_可以看作类型参数的占位符。编译器不确定类型参数应该是什么，但是它知道应该有个类型参数。

> **作者注：与 Java 的偏差**
>
> 　　在 Scala 里，我们不能向 List[_]里加元素，除非编译器能确定元素类型和列表里的类型相同。这意味着我们无法在不采取某种形式的强制类型转换的情况下向列表添加新元素。在 Java 里则是可以编译的，只是会给出 "Unchecked" 警告。

Scala 的存在类型也可以有上界和下界。可以把_当作一个类型参数来做到这一点。我们来看一下：

```
scala> def foo(x : List[_ >: Int]) = x
foo: (x: List[_ >: Int])List[Any]
```

foo 方法定义为接受一个以 Int 为类型下界的元素的列表。参数可以是任何类型，只要是 Int 或 Int 的超类就行。我们可以用字符串列表来调用这个方法，因为 String 和 Int 有共同超类，Any。来看一下。

```
scala> foo(List("Hi"))
res9: List[Any] = List(Hi)
```

用 List（"Hi"）调用 foo 方法成功，正如预期。

正式语法

Scala 声明存在类型的正式语法是使用 forSome 关键字。下面是 Scala 语言规范里解释相关语法的片段。

> **作者注：Scala Language Specification - Excerpt from Section 3.2.10**
>
> 　　存在类型的形式为 T forSome(Q)，Q 为一组类型声明的集合。

在上面定义中，Q 块是一组类型声明的集合。在 Scala 语言规范里，很多东西都叫类型声明，包括 type 语句或 val 语句。而在 Q 块里的声明则是存在类型。编译器知道存在某种符合类型的定义，但是不记得具体是哪个类型了。于是声明在 T 块里的类型就可以直接使用这些存在类型了。把便利语法改成正式语法后可以很容易地看到这一点，我们这就来看一下：

```
scala> val y : List[_] = List()
y: List[_] = List()

scala> val x : List[X forSome { type X }] = y
x: List[X forSome { type X }] = List()
```

y 值构造为类型 List[_]。x 值构造为类型 List[X forSome { type X}]。在 x 值里，类型 X 为存在类型，作用于 y 类型里的_一样。如果存在类型有上界或下界，情况就比较复杂，在这种情况下，完整的下界或上界被翻译到 forSome 块里面。我们来看一下：

```
scala> val y : List[_ <: AnyRef] = List()
y: List[_ <: AnyRef] = List()

scala> val x : List[X forSome { type X <: AnyRef }] = y
x: List[X forSome { type X <: AnyRef }] = List()
```

第一个值 y，类型为 List[_ <: AnyRef]。这个存在类型_ <: AnyRef 被翻译成 forSome 块里的 X <: AnyRef。记住在 forSome 块里的所有类型都被视为存在类型，可以用于 forSome 左边的类型，本例中左边的类型只有个 X。forSome 块可以用于任何方式的类型声明，包括值或其他存在类型。

现在是时候来个关于存在类型的更复杂的例子了。还记得依赖类型章节里的 Observable 特质吗？我们再来看一下 Observable 特质的接口：

```
trait Observable {
  type Handle

  def observe(callback : this.type => Unit) : Handle = ..

  def unobserve(handle : Handle) : Unit = ...

  ...

}
```

假设我们想用一种更通用的方式与对象返回的 Handle 交互。你可以用存在类型来声明一个能代表任何 Handle 的类型。来看一下怎么写：

```
type Ref = x.Handle forSome { val x: Observable }
```

上例用名字 Ref 声明了一个类型。forSome 块里有个 val 定义，意思是值 x 是存在类型：编译器不关心"哪个"Observable 值，只要有一个存在就行。类型声明的左边是路径依赖类型 x.Handle。注意这个存在类型无法用便利语法来创建，因为_只能在类型声明里用。

我们来创建个特质，它用 Ref 类型跟踪来自 Observable 的全部 handles。我们希望这个特质维护一个 handle 列表，以便能在需要的时候相应地清除，也就是取消注册所有的 observer。我们来看一下这个特质：

```
trait Dependencies {
  type Ref = x.Handle forSome { val x : Observable }

  var handles = List[Ref]()

  protected def addHandle(handle: Ref) : Unit = {
    handles :+= handle
  }
  protected def removeDependencies() {
    for(h <- handles) h.remove()
    handles = List()
  }

  protected def observe[T <: Observable](
      obj : T)(handler : T => Unit) : Ref = {
    val ref = obj.observe(handler)
    addHandle(ref)
    ref
  }
}
```

特质 Dependencies 就像前面那样定义了类型 Ref。handles 成员变量定义为 Ref 的列表。定义了 addHandle 方法，接受一个 Ref 类型的 handle，把它加到 handle 列表里。removeDependencies 方法遍历所有注册的 handle，调用其 remove 方法。最后定义了 observe 方法，它会把 handler 注册到一个 Observable，然后用 addHandle 方法注册返回 handle。

你或许会奇怪为什么能调用 Handle 类型的 remove 方法。实际上用之前定义的 Observable 特质的话确实是不合法的代码。需要对 Observable 特质做点小修改：

```
trait Observable {
  type Handle <: {
    def remove() : Unit
  }
  ...
}
```

修改了 Observable 特质定义，现在其 Handle 类型需要有方法 remove()：Unit。然后 Dependencies 特质就能用来跟踪 Obserable 上定义的 handler 了。我们在 REPL 会话里演示一下：

```
scala> val x = new VariableStore(12)
x: VariableStore[Int] = VariableStore(12)

scala> val d = new Dependencies {}
d: java.lang.Object with Dependencies = $anon$1@153e6f83

scala> val t = x.observe(println)
```

```
t: x.Handle = DefaultHandles$HandleClass@662fe032

scala> d.addHandle(t)

scala> x.set(1)
VariableStore(1)

scala> d.removeDependencies()

scala> x.set(2)
```

第一行创建了一个 VariableStore 的新实例，它是 Observable 的子类。第二行语句构造了一个 Dependencies 对象，d，用来跟踪注册了的 observable handlers。接下来两行把 println 函数注册给 Observable x，并把返回的 handle 加入到 dependencies 对象 d。接着修改了 VariableStore 里的值，这触发其用当前值调用 observers，因而其注册的 observer println 被调用，在控制台里打印了 VariableStore（1）。之后调用 d 的 removeDependencies 方法，移除所有的 observer。然后再次修改 VariableStore 里的值，这次没有任何内容被打印到控制台。

存在类型提供了一种便利的语法来代表这些抽象类型并与之交互。虽然我们一般不使用其正式语法，但这种场景是最常见的（需要使用正式语法的）场景。当碰到看上无法表达的嵌套类型的时候，它是一种非常棒的工具。

6.6 总结

本章中，我们学到了 Scala 类型系统的基本规则。我们学习了如何定义和组合类型。我们学习了结构化类型以及如何用它来模拟动态语言里的鸭子类型。我们学到了如何用类型参数来创建泛型类型，和如何确定类型的上界、下界。我们学习了高阶类型和类型 lambda，和怎样用它们来简化复杂类型。我们还学习了型变的概念和怎样用它创建灵活的参数化类。最后我们学习了存在类型和怎样创建真正的抽象方法。这些构成了 Scala 类型系统的基本要素，可以用来构造更高级的行为模型和交互模型。下一章会用这些基础知识实现隐式解析和高级类型系统特性。

第 7 章　隐式转换和类型系统结合应用

本章包括的内容：
- 介绍隐式类型边界
- 类型类及其应用
- 类型级编程和编译时执行

类型系统和隐式解析机制提供了编写有表达力且类型安全的软件所需要的工具。隐式转换可以把类型编码进运行时对象里（implicits can encode types into runtime objects）。隐式转换还允许我们创建类型类用来抽象多个类的行为。隐式转换能用来直接编码类型约束，还能递归的构造类型。结合某些类型构造器和类型边界，隐式转换和类型系统能被用来把复杂的问题直接编码进类型系统。最重要的是，隐式转换能用来保持类型信息，在保持抽象接口的同时把行为代理给特定类型的实现（type-specific implementation）。终极目标是能够编写在需要时能重用的类和方法。

我们先来看一些第 6 章没有覆盖到的类型边界。

7.1　上下文边界和视图边界

Scala 支持两种特殊的类型约束操作符，它们其实不是真正的类型约束而是隐式查找，这两种操作符就是上下文边界和视图边界。这些操作符允许你定义一个隐式参数列表来作为泛型类型的类型约束。在隐式转换定义必须可被查找到但不需要直接访问的情况下，这种语法可以让你少打点字。隐式类型约束的两种类型分别是视图边界和上下文边界。

视图边界用来"要求"（require）一个可用的隐式视图来转换一个类型为另个类型。隐式视图形如：

```
def foo[A <% B](x : A) = x
```

foo 方法定义了一个约束 A <% B，意思是参数 x 的类型为 A，并且在调用的地方必须存在隐式转换 A => B。可以用下面的写法表达同样的意思：

```
def foo[A](x: A)(implicit $ev0: A => B) = x
```

这个 foo 方法也可以用一个不带类型约束的类型参数来定义。有两个参数，一个接受一个 A 类型的参数，第二个接受一个隐式转换函数。尽管第二种形式要打更多字，但是它给隐式转换函数打了个用户自定义的标签。

> **作者注：到底用不用隐式类型约束？**
>
> 什么时候应该用视图/上下文边界？什么时候应该直接写隐式参数列表？有个简单的惯例，是在下面两种场景里使用视图/上下文绑定。
> - 方法里的代码不需要直接访问隐式参数，但是依赖隐式解析机制（译者注：也就是需要隐式转换的结果）。也就是你要求某个隐式参数必须存在，以便调用另一个需要隐式参数或隐式转换被自动应用的函数（In this situation，we must require an implicit parameter be available to call another function thatrequires that implicit parameter，or the implicit is automatically used）。这是使用视图边界的最常用场景。
> - 类型参数所传达的意思用视图/上下文边界来表达比用隐式参数来表达更清晰的时候。参见 7.3 节关于类型类的内容来了解这一场景。

上下文边界与视图边界类似，声明必须有一个给定类型的隐式值存在。上下文绑定形如：

```
def foo[A : B](x: A) = x
```

foo 方法定义了约束 A : B。这个约束的意思是参数 x 的类型为 A，并且调用 foo 方法时必须有可用的隐式值 B[A]存在。上下文绑定可以重写成这样：

```
def foo[A](x: A)(implicit $ev0: B[A]) = x
```

这个 foo 方法定义了两个参数，其隐式参数接受一个 B[A]类型的值。两个版本的 foo 方法的关键差异在于这个 foo 方法给能在方法内使用的 B[A]参数打了明确的标签。

上下文边界在帮助提供伴生对象里的隐式值时极其有用，其自然地导向了类型类，我们会在 7.3 节展示类型类。类型类是一种把行为编码到另一个类型的包装器或 accessor

中的手段。此两者是上下文边界约束的最常用场景。

何时使用隐式类型约束

Scala 的隐式视图经常用于扩展（pimp）已存在的类型，pimp 的意思是指给原始类型上添加额外行为（参见 OderSky 的论文 "Pimp My Library"：http://www.artima.com/weblogs/viewpost.jsp?thread=179766）。隐式类型约束用于 pimp 一个已有类型，同时在类型系统里保留原类型。比如说，我们可以写个方法返回列表的第一个元素和列表本身：

```scala
scala> def first[T](x : Traversable[T]) =
     |   (x.head, x)
first: [T](x: Traversable[T])(T, Traversable[T])

scala> first(Array(1,2))
res0: (Int, Traversable[Int]) = (1,WrappedArray(1, 2))
```

这个方法为集合的元素定义了类型参数 T，其接受 Traversable[T]类型的参数，返回集合的第一个元素和集合本身。当用数组调用此方法时，结果类型看上去是 Traversable[T]，但是其"运行时"类型其实是 WrappedArray！这个方法丢失了数组的初始类型信息。

> **作者注：更好的多态**
>
> 多态是面向对象编程的关键支柱之一：复杂类型能够像简单类型一样行为（the ability of a complex type to act as a simple type）。在缺少泛型和边界的情况下，多态通常会造成类型信息丢失。比如说，在 Java 的 java.util.Collections 类里的两个方法：List synchronizedList（List）和 Collection synchronizedCollection（Collection）。在 Scala 里，利用一些高级隐式转换概念，我们可以用一个方法同时实现两者：def synchronizedCollection[A，CC <: Traversable[A]: Manifest]（col: CC）：CC。
>
> 使用 Scala 的最大好处之一是能在使用泛型方法的同时保持特定的类型。整个集合库 API 都设计成让低级别的类型里定义的方法尽可能地保持集合的初始类型。

上下文边界和视图边界允许用简单的方式确保复杂的类型约束。应用它们的最佳场景是当你的方法不需要通过名字访问捕获的类型，但又需要在作用域里存在可用的隐式转换的时候。

比如下面这段代码就是个例子：方法需要参数是能被序列化的，但是方法本身并不做序列化这件事。

```scala
def sendMsgToEach[A : Serializable](receivers : Seq[Receiver[A]],
                                    a : A) = {
  receivers foreach (_.send(a))
}
```

sendMsgToEach 方法接受带有"可序列化"隐式上下文的类型（也就是说，编译器能在隐式作用域里找到类型 Serializable[A]）和类型 A 的 Receiver 的序列（sequence）。方法的实现对每个 receiver 调用 send 方法，把 message 传给它们。sendMsgToEach 方法本身并不处理 message，但是 Receiver 类型的 send 方法实现需要参数为 Serializable 类型，所以更好的做法是显示的为方法指定隐式参数列表。

上下文边界和视图边界用于明确隐式参数的目的。隐式参数能用于从类型系统里捕捉关系。

7.2   用隐式转换来捕捉类型

Scala2.8 正式加入了把类型信息编码进隐式参数的能力。有两种机制来实现这个能力：Manifest 和隐式类型约束。

Manifest 是由编译器在必要的时候生成的类型信息，用来记录当时编译器对该类型所知的全部信息。刚开始时加入 Manifest 是专门用来处理数组，后来被通用化，使之能用于其他需要在运行时访问类型信息的场景。

隐式类型约束则是类型间的超类和等价关系（supertype and equivalence relationship between types）的直接编码。这对于在一个方法内对泛型类型做进一步限制时很有用。这种约束是静态的，是在编译时发生的。

类型的运行时副本也就是 Manifest.（The runtime counterpart of a type is theManifest.）

7.2.1   捕获类型用于运行时计算（capturing types for runtime evaluation）

前文已经指出，Scala 最初引入 Manifest 是为了处理数组。在 Scala 里，数组是带有类型参数的类。一个整数的数组，其类型为 Array[Int]。但是在 JVM 里，每个基础类型都有不同的数组类型，另外还有个数组类型是给对象的，比如说 Int[]、double[]、Object[]。Java 语言区分这些类型，并要求程序也区分这些类型。Scala 允许程序员编码中使用泛型的 Array[T]类型，但是由于底层的实现必须知道初始的数组是 int[]、double[]还是其他的数组类型，因此 Scala 需要一种方法来把这个信息附加给（泛型）类型，以便泛型数组的实现能知道如何处理数组。这就是 Manifest 诞生的由来。

Manifest 可以用来附加在泛型类型参数上，传递更特定的类型信息。在 Scala 里，所有涉及数组的方法都需要为数组的类型参数附加相应的 Manifest，因为尽管 Scala 把数组作为泛型类，但它们是被编码为 JVM 里的不同类型的。比如 int[]和 double[]，Scala 选择把运行时行为隐藏在 Array[T]类和相关方法后面，而不是编码成不同类型。因为要对 Array[Int]和 Array[Double]生成不同的字节码，所以 Scala 用 Manifest 来携带关于数组的类型信息。

Scala 提供了几种类型的 Manifest，如表 7.1 所示。

表 7.1   Manifest 类型

Manifest	OptManifest	ClassManifest
这种 manifest 保存与类型 T 的反射的类实例（reflective instance of the class）以及 T 的所有类型参数的 Manifest 值。类实例是该类的 java.lang.Class 对象的引用。这样就可以调用该类上定义的方法	一个类型需要一个 OptManifest 使这种需要是可选的。如果有的话，那么该 OptManifest 实例将是 Manifest 的子类。如果没有，则该实例为 NoManifest 类	这个类和 Manifest 类似，但它只保存给定类型的删除了的类。所谓给定类型的删除了的类是就与类型相关联的类但不包含类型参数。比如说，类型 List[Int]的删除了的类型是 List 类

保存和计算 Manifest 类的开销可能很大，因为它需要为每个类型和类型参数访问 java.lang.Class 对象。对于有嵌套的类型来说，如果嵌套很深，其 manifest 的方法可能要遍历整个嵌套层次。ClassManifest 设计用于不需要捕捉类型参数的场景。OptManifest 设计用于不是一定要有 manifest 才能完成功能，但是如果有 manifest 能提高运行效率的场景。

7.2.2 使用 Manifest

在 Scala 里，Manifest 用于创建抽象方法，其实现根据其处理的类型有所偏差，最终的结果输出是一致的。使用泛型数组的方法就是个好例子。因为 Scala 必须根据运行时数组类型生成不同的字节码指令，所以编译器需要 Array 元素带有 ClassManifest。

```
scala> def first[A](x : Array[A]) = Array(x(0))
<console>:7: error: could not find implicit value for

       evidence parameter of type scala.reflect.ClassManifest[A]
       def first[A](x : Array[A]) = Array(x(0))
```

first 方法接受 Array[A]类型的泛型数组，它试图构造一个新数组，仅包含旧数组的第一个元素。但是因为我们没有捕获 manifest，编译器无法确定结果数组的运行时类型。

```
scala> def first[A : ClassManifest](x : Array[A]) =
     |   Array(x(0))
first: [A](x: Array[A])(implicit evidence$1: ClassManifest[A])Array[A]

scala> first(Array(1,2))
res1: Array[Int] = Array(1)
```

现在 A 类型参数同时捕捉了隐式的 ClassManifest。当用 Array[Int]调用时，为类型 Int 构造了一个 ClassManifest 用于构造对应的运行时数组类型。

作者注：ClassManifest 和数组

ClassManifest 类实际上直接包含一个方法来构造其捕捉的类型的数组。这个方法可以直接使用，而不是必须代理给 Scala 的泛型 Array 工厂方法。

要使用 Manifest 需要在把已知的特定类型传递给泛型方法前先捕捉其 manifest。如果一个数组的类型已经丢失了，就不能把它传给 first 方法了。

```
scala> val x : Array[_] = Array(1,2)
x: Array[_] = Array(1, 2)

scala> first(x)
<console>:10: error: could not find implicit value for
  evidence parameter of type ClassManifest[_$1]
      first(x)
```

值 x 构造为存在类型（existential type）的数组。因为无法为数组的类型找到 ClassManifest，所以无法调用 first 方法。虽然这个例子是生造出来的，但是在处理嵌套的泛型代码里的数组时确实会碰到这种问题。要解决这问题需要沿着泛型调用栈把 manifest 重新附加回去。

> **作者注：运行时 VS 编译时**
>
> 　　Manifest 是在编译时捕捉的，编码了"捕捉时"所知的类型信息。然后就可以在运行时检查和使用类型信息，但是 manifest 只能捕捉当 Manifest 被查找时在隐式作用域里可用的类型。

Manifest 是捕捉运行时类型的有用工具，但它也可能变成代码里的病毒，导致很多方法都需要指定 Manifest。应该谨慎地使用它，只用在确实需要的情况下。在编译器已经明确知道类型的情况下，不应该用 Manifest 来确保类型约束，而应该用另一种隐式转换在编译器来捕捉类型约束。

7.2.3　捕捉类型约束

类型推断和类型约束共同起作用的结果是有时候在你需要用具象化类型约束（reified type constraints）时造成故障。具象化类型约束是什么呢？它们是这样一些对象：其隐式的存在就已经验证了某些类型约束是有效的。比如说，有个类型叫做<:<[A，B]，如果编译器能在隐式作用域里找到这个类型，那么 A <: B 就一定是 true。换句话说，<:<[A，B]是上界约束的具象化。

> **作者注：具象化是什么意思？**
>
> 　　把具象化想象为一种把编程语言里的概念转化为一个能在运行时检查和使用的类或对象的过程。一个 Function 对象就是方法概念（methoed）的具象化。它是一个实际的对象，你可以在运行时调用其方法。以此类推，其他概念也可以被"具象化"。

那为什么我们需要具象化类型约束呢？有时候它能帮助类型推断器自动判断方法

调用的类型。类型推断算法的精巧机制之一就是利用隐式转换推迟类型解析。Scala 的类型推断器以从左到右的方式推断参数列表，这使得前一个参数的类型推断结果能够影响后面的参数的类型推断结果。

这种从左到右推断的一个好例子就是在集合中使用匿名函数的时候。我们来看一下：

```scala
scala> def foo[A](col : List[A])(f : A => Boolean) = null
foo: [A](col: List[A])(f: (A) => Boolean)Null


scala> foo(List("String"))(_.isEmpty)
res1: Null = null
```

Foo 方法定义了两个"参数列表"和一个类型参数。第一个参数列表接受一个未知类型 A 的列表，第二个参数接受一个使用 A 类型的函数。当不带类型参数调用 foo 方法时，调用是成功的，因为编译器能够（根据第一个参数 List（"String"））推断出类型参数 A 的类型是 String。然后这个类型被应用于第二个参数，所以编译器就能知道占位符_在这里应该是 String 类型　。而如果我们把两个参数列表合并为一个参数列表就无法编译了。

```scala
scala> def foo[A](col : List[A], f : A => Boolean) = null
foo: [A](col: List[A],f: (A) => Boolean)Null

scala> foo(List("String"), _.isEmpty)
<console>:10: error: missing parameter type for expanded
function ((x$1) => x$1.isEmpty)
       foo(List("String"), _.isEmpty)
```

在这种情况下，编译器报告说因为无法确定类型所以匿名函数_.isEmpty 无法编译　。由于此时编译器还没有推断出 A 的类型是 String，因此就无法把类型提供给匿名函数。

对类型参数也可能发生同样的情况。因为编译器无法推断出一个参数列表里的所有参数，所以编译器会用隐式参数列表来协助类型推断器。

我们来创建个 peek 方法，此方法返回一个元组（tuple），包含一个集合和集合的第一个元素。这个方法应该能处理 Scala 库里的任何集合类型，而且应该保持传给方法的参数的相应类型。

```scala
scala> def peek[A, C <: Traversable[A]](col : C) =
     |   (col.head, col)
foo: [A,C <: Traversable[A]](col: C)(A, C)
```

这个方法有两个类型参数，一个叫作 C，用来捕捉集合的特定类型，一个叫作 A，用来捕捉集合里元素的特定类型。C 有个类型约束，就是它必须是 Taversable[A]的子类，Traversable 是 Scala 里所有集合的基类。方法返回类型 A 和 C，从而保留了特定类型。然而，类型推断器并不能在没有标注的情况下识别出正确的类型。

```
scala> peek(List(1,2,3))
<console>:7: error: inferred type arguments [Nothing,List[Int]] do
not conform to method peek's type parameter
  bounds [A,C <: Traversable[A]]
        peek(List(1,2,3))
```

用 List（1，2，3）调用 peek 方法失败了，因为类型推断器无法只通过一个参数同时找到 C 和 A 的类型。

```
scala> def peek[C, A](col : C)(implicit ev : C <:< Traversable[A]) =
    |    (col.head, col)
foo: [C,A](col: C)(implicit ev: <:<[C,Traversable[A]])(A, C)
```

新的 peek 方法也有两个类型参数，但是没有对 C 类型参数应用类型约束。第一个参数列表和以前一样，但是第二个参数列表接受一个隐式值，类型为 C <:< Traversable[A]。这个类型利用了 Scala 的操作符标识。正如以操作符命名的方法能够用作操作符标识，类型和类型参数也一样。类型 C <:< Traversable[A]是类型<:< [C，Traversable[A]]的快捷方式。<:<在 scala.Predef 里为任意两个具有 A <: B 关系的类型 A 和类型 B 提供了默认的隐式值。我们来看一下在 scala.Predef 里找到的<:<类型的源代码：

清单 7.1　<:<类型

```
sealed abstract class <:<[-From, +To] extends
  (From => To) with Serializable
implicit def conforms[A]: A <:< A = new (A <:< A) {
  def apply(x: A) = x
}
```

第一行声明了<:<类，它继承自 Function1 和 Serializable，意味着<:<可以在任何需要 java 序列化的场景下使用。接着定义了 conforms 方法，方法接受类型参数 A，返回从类型 A to A 转换过来的新<:<类型实例。<:<利用了型变标注这个小技巧。因为 From 是逆变的，所以如果 B <: A，那么<:<[A，A]顺应（conforms to）于类型<:<[B，A]，编译器会用隐式值<:<[A，A]来满足对类型<:<[B，A]的查找。

现在当不带类型参数调用 peek 方法时，类型推断就能成功了。

```
scala> peek(List(1,2,3))
res0: (Int, List[Int]) = (1,List(1, 2, 3))
```

用 List[Int]调用 peek 方法正确地返回一个 Int 和一个 List[Int]。捕获类型关系也能用来在以后的某时限制已经存在的类型参数。

7.2.4　特定方法（Specialized method）

有时候有的参数化类型会对其中的某几个方法做一些限定，仅当参数支持某种特性或者继承自某个特定类时该方法才有效，我把这种方法称为特定方法。也就是说该方法是为泛型类型的特定子集设计的。这些方法用隐式解析系统限定泛型类型的子集。比如说 Scala 集合库有个只能用于数字类型的特定方法 sum。

清单 7.2　TraversableOnce.sum 方法

```
def sum[B >: A](implicit num: Numeric[B]): B =
  foldLeft(num.zero)(num.plus)
```

sum 方法，定义在 TraversableOnce.scala 里，它接受类型参数 B，其类型为集合元素的任何超类。参数 num 定义为对 Numeric 类型类（typeclass）的隐式查找。Numeric 是个类型类，为给定类型提供了 zero 和 plus 还有其他一些方法。sum 方法用 Numeric 里定义的方法来折叠一个集合，把所有元素'plus'起来。

这个方法可以对任何支持 Numeric 类型类的集合调用，也就是说，如果我们愿意，我们可以给一般不认为是数字的类型提供我们自己的（数字）类型类。比如我们可以这样对字符串集合调用 sum。

```
scala> implicit object stringNumeric extends Numeric[String] {
     |     override def plus(x : String, y : String) = x + y
     |     override def zero = ""
     |
     |     ... elided other methods ...
     | }
defined module stringNumeric

scala> List("One", "Two", "Three").sum
res2: java.lang.String = OneTwoThree
```

REPL 里第一行构造了隐式可用的 Numeric[String]类。zero 方法定义为返回空字符串，plus 方法定义为将两个字符串组合起来。然后，当对字符串列表调用 sum 时，结果是连接起来的字符串。sum 方法使用了我们为 String 类型提供的 Numeric 类型类。

也可以用<:<和=:=来使方法特定化。比如说，一个对 Set 做压缩的方法，如果要求Set 必须是整数，可以写成这样：

```
trait Set[+T] {
  ...
  def compress(implicit ev : T =:= Int) =
      new CompressedIntSet(this)
}
```

Set 特质的定义带有类型参数 T，代表集合里的元素类型。compress 函数接受当前集合，返回压缩后的版本。但是压缩集合的唯一实现是 CompressedIntSet，CompressedIntSet 是用压缩技术优化了存储空间的 Set[Int]。隐式的 ev 参数用来确保原始集合的类型必须是 Set[Int]，这样才能创建 CompressedIntSet。

特定方法是一种在提供富 API 的同时确保类型安全的好办法，有助于填补泛型类和特殊使用场景之间的裂缝。在 Scala 核心库里的集合框架用它来支持数字操作（numerical operation）。特定方法和类型类也协作得很好，类型类为类用户提供了最大的灵活性。

7.3　使用类型类（type class）

类型类是确保一个类型顺应某个抽象接口的机制。类型类最初是作为 Haskell 语言的一个语言特性流行起来的。在 Scala 里类型类惯用法是通过高阶类型和隐式解析来体现的。我们接下来会讲到定义类型类的细节，但在那之前先来看一下使用类型类背后的动机是什么。

我们设计一个系统来同步不同位置上的文件和目录。这些文件可能是本地文件或远程文件，也可能保存在某种版本管理系统里。我们打算设计某种形式的抽象来处理各种不同位置类型之间的同步。用面向对象的方法，我们首先尝试定义一个抽象接口，叫作 FileLike，然后定义同步时需要用到的方法。

首先，我们知道我们需要一个方法来判断一个 FileLike 对象是不是由其他 FileLike 对象组合而成的。我们把这个方法叫作 isDirectory。当一个 FileLIke 对象是个目录的时候，我们需要一个机制来获取其包含的 FileLike 对象。我们给这个方法起名叫作 children。我们需要某种方法来判断一个目录里是否包含另一个目录里的文件。

为此我们将提供一个 child 方法，它会尝试用给定的相对路径文件名在当前 FileLike 对象里查找文件对象。如果没有找到，我们会提供一个 "null" 对象。这也是一个 FileLike 对象，用作真实文件的占位符。我们可以用 "null" 对象把数据写到新文件里。我们需要一个机制来检查 FileLike 对象是否存在，所以我们再构造一个方法叫作 exists。最后我们还需要一个机制来生成内容。如果 FileLike 是目录的话，我们加个 mkdir 方法来在 "null" FileLike 对象所定义的位置上创建目录。接着还得提供 content 和 writeContent 方法以完成对 FileLike 对象的读写。我们暂时假定总是从一边写文件内容到另一边，不考虑两边都有相同文件的情况。我们来看一下接口是什么样。

清单 7.3　FileLike 接口的初始版本

```
trait FileLike {
  def name : String
  def exists : Boolean
  def isDirectory : Boolean
  def children : Seq[FileLike]
  def child(name : String) : FileLike
  def mkdirs() : Unit
  def content : InputStream
  def writeContent(otherContent : InputStream) : Unit
}
```

FileLike 接口定义了前面所说的方法。name 方法返回 FileLike 对象的相对路径文件名。

exists 方法返回该文件是否已在文件系统里创建。isDirectory 方法返回该对象是不是由其他对象组合的。children 方法返回一个 sequence，包含当前目录下的全部 FileLike 对象（如果当前对象是目录的话）。child 对象返回当前对象下的子文件对象。如果当前对象不是目录的话这个方法应该抛出异常。mkdirs 方法创建所需的目录以确保当前对象是个目录。content 方法返回包含文件内容的 InputStream。最后，writeContent 方法接受 InputStream，把其内容写入文件。

现在我们来实现同步代码。

清单 7.4　用 FileLike 做文件同步

```
// Utility to synchronize files
object SynchUtil {

  def synchronize(from : FileLike
                  to : FileLike) : Unit = {

    def synchronizeFile(file1 : FileLike,
                        file2 : FileLike) : Unit = {
      file2.writeContent(file1.content)
    }

    def synchronizeDirectory(dir1 : FileLike,
                             dir2 : FileLike) : Unit = {
      def findFile(file : FileLike,
                   directory : FileLike) : Option[FileLike] =
        (for { file2 <- directory.children
          if file.name == file2.name
        } yield file2).headOption

      for(file1 <- dir1.children) {
        val file2 = findFile(file1, dir2).
              getOrElse(dir2.child(file1.name))
        if(file1.isDirectory) {
          file2.mkdirs()
        }
        synchronize(file2, file1)           ❶从类型同步
      }
    }

    if(from.isDirectory) {
      synchronizeDirectory(from,to)
    } else {
      synchronizeFile(from,to)
    }
  }
}
```

synchronize 函数包含两个辅助方法，一个用于目录型 FileLike 对象，一个用于文件型 FileLike 对象。synchronize 根据参数类型代理给相应方法。看上去挺好，但是有一个问题，代码里有个微妙的 bug！在递归调用 synchronize 方法时参数顺序搞混了！（译者注，作者

故意写了这个肉眼很难一下发现的 bug 在里面，以便展示如何用类型系统来避免这个 bug。)如果把类型系统用得再深一点，这类错误完全可以避免。我们来尝试分别捕捉"from" TypeLike 类型和"to" TypeLike 类型。这样就可以确保方法参数类型正确。来试试看。

清单 7.5　利用类型参数确保 To/From 的类型

```scala
def synchronize[F <: FileLike,                            ❶ 捕捉 "From" 类型
                T <: FileLike](
                from : F,                                 ❷ 捕捉 "to" 类型
                to : T) : Unit = {
                                                          ❸ 强制类型顺序
  def synchronizeFile(file1 : F,
                      file2 : T) : Unit = {
    file2.writeContent(file1.content)
  }

  def synchronizeDirectory(dir1 : F,
                           dir2 : T) : Unit = {
    def findFile(file : FileLike,
                 directory : FileLike) : Option[FileLike] =
      (for { file2 <- directory.children
        if file.name == file2.name
      } yield file2).headOption

    for(file1 <- dir1.children) {
      val file2 = findFile(file1, dir2).
              getOrElse(dir2.child(file1.name))
      if(file1.isDirectory) {
        file2.mkdirs()
      }
      synchronize[F,T](file2, file1)                      ❹ 编译失败
    }
  }

  if(from.isDirectory) {
    synchronizeDirectory(from,to)
  } else {
    synchronizeFile(from,to)
  }
}
```

现在 synchronize 方法把 from 类型捕捉为类型参数 F，to 类型捕捉为类型参数 T。太棒了！现在在调用 synchronize 方法处给出了编译错误。但是这个异常不是特别符合期望。事实上即使调换参数顺序也一样会出异常。

```
synchronize.scala:47: error: type mismatch;
 found    : file1.type (with underlying type FileLike)
 required: F
       synchronize[F,T](file1, file2)
                        ^
```

```
synchronize.scala:47: error: type mismatch;
 found   : file2.type (with underlying type FileLike)
 required: T
        synchronize[F,T](file1, file2)
```

编译器报告 FIleLike.children 方法返回文件对象类型不是捕捉的类型 F。FileLike
接口在获取 children 时并不保留原始类型！一个解决方法是把 FileLike 接口修改为高
阶类型，用类型参数来确保静态类型检查。我们来修改 FileLike 接口，让它接受类
型参数。

清单 7.6 高阶 FileLike

```
trait FileLike[T <: FileLike[T]] {                       ❶ 捕捉子类类型
  def name : String
  def isDirectory : Boolean
  def children : Seq[T]                                   ❷ 返回子类类型
  def child(name : String) : T
  def mkdirs() : Unit
  def content : InputStream
  def writeContent(otherContent : InputStream) : Unit
}
```

FileLike 的新定义在类型参数里使用了递归类型约束。捕捉的类型 T 必须是
FileLike 的子类。child 和 children 现在返回这个类型 T。这个新接口和 synchonize
方法配合得很好，只有一个问题：必须为每个传给方法的 FileLike 对象创建 FileLike
包装器。在同步 java.io.File 和 java.net.URL 实例时必须提供包装器。另外一种解决
方案是不定义类型 FileLike[T <: FileLike[T]]，我们可以定义 FileLike[T]。这个新特
质能够与任何 T 交互，把它当作 File 而不需要继承关系。这种风格的特质叫作类
型类。

7.3.1 作为类型类的 FileLike

类型类惯用法，在 Scala 里的存在形式如下。一个高阶的"类型类"特质用作给定
类型的 accessor 或 utility 库。一个与特质同名的对象包含各种类型的"类型类特质"的
默认实现。最后，需要使用 utility 库里提供的方法的方法可以用"类型类"特质作为上
下文绑定以确保只有实现了类型类特质的类型才能被使用，并且保留原始类型。来看一
下我们的文件同步库的类型类特质定义。

清单 7.7 FileLike 类型类特质

```
trait FileLike[T] {
  def name(file : T) : String
```

```
    def isDirectory(file : T) : Boolean
    def children(directory : T) : Seq[T]
    def child(parent : T, name : String) : T
    def mkdirs(file : T) : Unit
    def content(file : T) : InputStream
    def writeContent(file : T, otherContent : InputStream) : Unit
}
```

FileLike 类型类特质看上去很像高阶类型 FileLike 特质，但有几处关键的差别。首先，它对类型 T 没有任何限制。FileLike 类型类特质能用于任何类型 T。这又带来了第二个不同：所有方法都接受一个 T 类型的参数。FileLike 类型类没有设计成另一个类的包装器，而是那个类的数据或状态的访问器（accessor）。这使我们可以在通用地处理一个类型的同时保留其原始类型。我们来看一下使用 FileLike 类型类特质后同步方法变成什么样。

清单 7.8　使用类型类的同步方法

```
def synchronize[F : FileLike,                              ❶ 使用上下文限制
                T : FileLike](
                from : F,
                to : T) : Unit = {
  val fromHelper =                                          ❷ 查找 FileLike 辅助
      implicitly[FileLike[F]]                                  方法
  val toHelper =
      implicitly[FileLike[T]]

  def synchronizeFile(file1 : F, file2 : T) : Unit = {
    toHelper.writeContent(file2,                            ❸ 使用类型类的方法
        fromHelper.content(file1))
  }

  def synchronizeDirectory(dir1 : F,
                           dir2 : T) : Unit = {
    def findFile(file : F,
                 directory : T) : Option[T] =
      (for { file2 <- toHelper.children(directory)
        if fromHelper.name(file) == toHelper.name(file2)
      } yield file2).headOption

    for(file1 <- fromHelper.children(dir1)) {
      val file2 = findFile(file1, dir2).
             getOrElse(toHelper.child(dir2,
                       fromHelper.name(file1)))
      if(fromHelper.isDirectory(file1)) {
        toHelper.mkdirs(file2)
      }
      synchronize[T,F](file1, file2)
    }
  }
}
```

```
  if(fromHelper.isDirectory(from)) {
    synchronizeDirectory(from,to)
  } else {
    synchronizeFile(from,to)
  }
}
```

首先注意 FileLike 使用的上下文绑定语法的用法。如 7.1 节所述，这等同于为给定类型的 FileLike 定义一个隐式参数。再来注意这里用 implicitly 方法查找 FileLike 参数。最后，每个使用 F 或 T 的方法调用都使用了 FileLike 类型类。现在同步方法可以用于多种不同类型了。我们来看一下用于两个 java.io.File 的情况怎样。

```
scala> synchronize(
     |    new java.io.File("tmp1"),
     |    new java.io.File("tmp2"))
<console>:12: error: could not find implicit value for
evidence parameter of type FileLike[java.io.File]
     synchronize(new java.io.File("tmp1"), new java.io.File("tmp2"))
```

现在编译器抱怨找不到 FileLike[java.io.File]类型的隐式值。当我们试图使用一个在当前隐式作用域里没有对应类型特质的类型时会报这个错。这个错误信息不太符合我们的期望，以后可以改进一下，不过现在重要的是理解这个错误信息的意义。

作者注：隐式查找错误信息

从 Scala 2.8.1 开始，可以给类型类加标注，使之在隐式查找失败时提供不一样的错误信息。下面的例子在 Serializable 类型类上加了标注：

```
scala> @annotation.implicitNotFound(msg =
    | "Cannot find Serializable type class for
${T}")
    | trait Serializable[T]
    defined trait Serializable
    scala> def foo[X : Serializable](x : X) = x
    foo:[X](x: X)(implicit evidence$1:
Serializable[X])X
    scala> foo(5)
    <console>:11: error: Cannot find Serializable
type class for Int foo(5) ^
```

---

synchronize 方法需要一个 java.io.File 的类型特质实现。给一组类型提供默认隐式值的传统方法是通过类型类特质的伴生对象。我们来看一下。

清单 7.9　给 java.io.File 创建默认的类型类实现

```
import java.io.File

object FileLike {
  implicit val ioFileLike = new FileLike[File] {       ❶ 自动查找路径
    override def name(file : File) =
        file.getName()
    override def isDirectory(file : File) =
        file.isDirectory()
    override def parent(file : File) =
        file.getParentFile()
    override def children(directory : File) =
        directory.listFiles()                          ❷ 返回原始 File
    override def child(parent : File, name : String) =
        new java.io.File(parent, name)
    override def mkdirs(file : File) : Unit =
        file.mkdirs()
    override def content(file : File) =
        new FileInputStream(file)
    override def writeContent(file : File, otherContent : InputStream) =
        ...
  }
}
```

注意这个 FileLike 实现很简单，大部分方法直接代理给下层的实现。writeContent 方法比较复杂，所以它的实现放在本书的实现代码库里了。现在在 FileLike 伴生对象里有 FileLike[java.io.File]隐式值了，任何时候当编译器需要找 FileLike[java.io.File]类型的隐式值时就能找到。请记住伴生对象是隐式查找链的最后一个位置，所以用户可以自己的实现覆盖默认的 FileLike[java.io.File]实现，只要在合适的位置导入或定义自己的实现就可以了。类型类模式还提供了下面这些好处。

7.3.2　类型类的好处

类型类主要提供了以下的好处。

- 抽象分离

类型类创建新的抽象，允许其他类型适配或被适配到该抽象。当创建新抽象，用于已存在且无法修改的类型时，这个特性特别有价值。

- 可组合性

上下文边界语法可以用于指定多个类型。意味着你在写新方法时可以很容易地"要求"一些类型类必须存在。这比要求某个抽象接口或者抽象接口的组合要灵活得多。类型类也可以用继承来把两个类型类组合到一个隐式变量里，以便同时提供两者。有时候这么做能解决一些问题，不过一般来说我们避免类型类的继承，以便保持最大的灵活性。

- 可覆盖

可以利用隐式系统覆盖类型类的默认实现。通过把你的隐式值放在隐式查找链的高优先级位置上，你可以完全替换类型类的实现。如果你要为一个类型类提供多个行为不同的实现让用户可以选择，那么这个特性是很有帮助的。

- 类型安全

有几种机制可以达成与类型类差不多的目的，比如说反射。优先选择类型类而不是其他方法的首要原因是它能确保类型安全。当通过类型类来"要求"一个行为时，如果没有找到该行为或者该行为还没实现，编译器会报警。尽管反射也能用来查找一个类里的方法并调用之，但是失败是在运行时发生，不能确保在测试时一定能测到（如测试用例里漏了个逻辑分支）。

类型类是非常强力的设计工具，能极大地提高方法和抽象的可组合型和可重用性。这些抽象也能组合成高级别的类型类型，代表低级别类型类的组合。

请看这个例子：

```
trait Serializable[T] { ... }
object Serializable {
  implicit def tuple2[T,V](implicit t : Serializable[T],
                           v : Serializable[V]) =
    new Serializable[(T,V)] { .. }
}
```

Serializable 类型定义为能够序列化给定的类型 T。一个 Tuple2 的 Serializable 类型类的值可以用 Serializable 类型类结合 Tuple2 类型来构造。tuple2 方法接受两个类型参数，T 和 V，以及与这两个参数相关联的隐式 Serializable 类型类。tuple2 方法返回（T，V）元组的 Serializable 类型类。有了这些，现在任何由支持 Serializable 类型类的类型所组成的元组也支持 Serializable 类型类了。

通过类型类，我们可以开始看到一些能够通过类型系统来编码的强大而复杂的约束。对类型系统的应用还可以更进一步，用来编码极复杂的依赖于类型算法和类型级别编程。

7.4 用类型系统实现条件执行

在一个算法的一生中，总有时候要干点非常聪明的事，比如说把部分的算法编码到类型系统里，让它在编译时执行。 可以拿排序算法来做个例子。当然你可以针对原始的 Iterator 接口来写排序算法，但如果我是对一个 Vector 调用排序，那我会想要在我的排序算法里利用 Vector 天生的数组分离。传统上是用两种机制来达到目的的：重载和覆盖。

使用方法重载的做法是分别提供针对 Iterable 的排序实现和针对 Vector 的排序实现。重载的缺点是方法命名了参数和默认参数的使用，并且可能由于类型擦除而产生一些编译时的问题。

> **作者注：类型擦除**
>
> 　　类型擦除是与 Scala 的参数化类型的运行时编码有关的一个问题。用作类型参数的类型在运行时被 "擦除"，变成了低级类型。这意味着操作不同的参数化类型的函数可能因类型擦除而被编译成相同的 JVM 字节码，从而造成冲突。比如说：
>
> ```
> def sum(x : List[Int]) : Unit
> ```
> 　　和
> ```
> def sum(x : List[Double]) : Unit
> ```
>
> 　　它们的运行时编码是相同的 def sum（x: List[_]）: Unit。编译器会抱怨说不允许重载。这是在 Scala 里避免方法重载的原因之一。

　　使用方法覆盖的做法是在基类里实现一个 sort 方法，希望实现特殊的排序方法的子类则用其自己的实现覆盖父类的实现。拿 Iterable 和 Vector 来说，两者都需要定义 sort 方法。方法覆盖的缺点是方法签名必须相同，而且两者之间必须有继承关系。

　　方法覆盖看来是个比方法重载好的选择，但是它强加了一些限制，尤其是必须继承关系。这限制了继承树外的方法使用方法覆盖这种机制，使它们只能采用方法重载，承担方法重载的缺点。

　　解决方法是利用隐式系统来把一个类型类与外部类型相关联。对于 sort 方法，可以把它修改为接受一个 Sorter 类型的隐式参数，而 Sorter 类包含全部的排序逻辑。我们来看一看。

```
trait Sorter[A,B] {
  def sort(a : A) : B
}
def sort[A,B](col : A)(implicit val sorter : Sorter[A,B]) =
  sorter.sort(col)
```

　　Sorter 类只定义了一个 sort 方法。sort 方法接受 A 类型的参数，返回 B 类型的结果，假定 A 和 B 都是集合类型。外面的 sort 方法构造为接受一个 A 类型的集合（译者注：这个集合的类型为 A，不是集合里的元素类型为 A）和一个隐式的 Sorter 对象并对集合做排序。

　　排序算法的选择现在已经转化为类型系统的问题了。算法被转化到类型，而选择则编码到隐式系统里。这种技术可以推而广之，用来把其他类型的问题编码到类型系统里。

　　把条件逻辑编码到类型系统非常容易，可以通过把布尔类型编码到类型系统来实现。

```
sealed trait TBool {
  type If[TrueType <: Up, FalseType <: Up, Up] <: Up
}
```

TBool 特质定义为包含一个类型构造器 If。可以把这个构造器理解为一个在类型系统内工作的方法，它以类型作为参数，以类型作为返回值。If 类型构造器接受三个参数：TBool 为 true 时的返回类型，TBool 为 false 时的返回类型和返回值的上界。我们现在来把 true 和 false 类型编码到类型系统里。

```
class TTrue extends TBool {
  type If[TrueType <: Up, FalseType <: Up, Up] = TrueType
}

class TFalse extends TBool {
  type If[TrueType <: Up, FalseType <: Up, Up] = FalseType
}
```

TTrue 类型在类型系统里代表 true，它覆盖了类型构造器，返回传入的第一个参数。TFalse 类型在类型系统里代表 false，它覆盖了类型构造器，返回传入的第二个参数。我们来用用看这些类型。

```
scala> type X[T <: TBool] = T#If[String, Int, Any]
defined type alias X

scala> val x : X[TTrue] = 5
<console>:11: error: type mismatch;
 found    : Int(5)
 required: X[booleans.TTrue]
       val x : X[TTrue] = 5
                          ^

scala> val x : X[TTrue] = "Hi"
x: X[booleans.TTrue] = Hi
```

X 类型构造器创建为接受一个编码的布尔类型，返回要么 String，要么 Int。下一行，值 x 定义为 X[TTrue] 类型，但是因为 X 类型构造器设计为在传入 TTrue 类型时返回 String 类型，所以在赋予 Int 值时编译失败。后面一行 x 定义成功了，因为 X 类型构造器 "计算" 为 String 类型，而赋予的值也是 String 类型。

这种把逻辑编码到类型系统的机制有时候非常有用。一个例子就是异构 list。

7.4.1　异构类型 List

在 meta-scala 库里有个标准库里没有的特性：异构类型 List。这是一种类型安全的不限定元素个数的列表。有点类似于 Scala 的 TupleN 类，但是支持通过 append 操作来为列表添加更多的类型。实现类型安全列表的关键是把列表的所有类型编码进类型系统，并在使用过程中保持。

这有个实例化异构列表的例子：

```
scala> val x = "Hello" :: 5 :: false :: HNil
x: HCons[java.lang.String,HCons[Int,HCons[Boolean,HNil]]] =
 Hello :: 5 :: false :: Nil
```

这行语句构造了一个由字符串、整数和布尔值组成的异构列表。HNil 作为列表的终结点，类似于 scala.immutable.List 的 Nil。返回类型很有意思，它把每个元素的类型包在 HCons 类型里返回，以 HNil 结尾。其类型直接体现了异构类型的结构。它是一个由 'cons' 格子组成的链表，每个格子保存一个（有类型的）值和列表的剩余部分。'HNil' 作为一个特殊类型代表列表的终结或空列表。

图 7.1 是异构列表 "Hello" :: 5 :: false :: Nil 的图示。每个 HCons 长方形代表一个 HCons 实例。HCons 格子是列表里的链接。它们还携带着当前 head 的类型信息和列表剩余部分的类型。HCons 既在内存中作为存值的链表存在也在类型系统里作为存类型的链表存在。HNil 代表列表的终结，如同用 null 来终结基于引用或指针的链表。在类型系统里 HNil 也代表空列表。

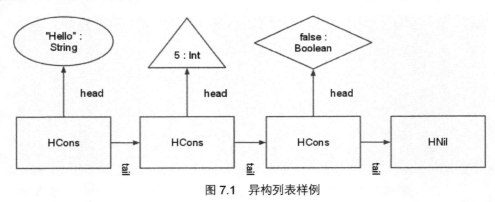

图 7.1   异构列表样例

我们来看看其实现：

清单 7.10   基本的 HList 实现

```
sealed trait HList {}

final case class HCons[H, T <: HList](head : H,           ❶ 链接类型
                                      tail : T)
```

```
                                            extends HList {
    def ::[T](v : T) = HCons(v,this)
    override def toString = head + " :: " + tail
}
final class HNil extends HList {                    ❷空列表
    def ::[T](v : T) = HCons(v,this)
    override def toString = "Nil"
}

object HList {
    type ::[H, T <: HList] = HCons[H,T]            ❸Hcons
    val :: = HCons                                    的别名
    val HNil = new HNil
}
```

HList 特质是个用于构造 HList 的标记特质。HCons 类型代表链表里的一个链接。head 是参数化的，可以是任何类型。tail 是另一个 HList，不过其类型被参数化为 T。就是通过这种方法，类型系统得以捕捉异构列表的完整类型——类型保存在 HCons 类型的链表里，而值存放在 HCons 值的链表里。HNil 类也继承 HList，代表空列表或列表的终结。最后，HList 对象 HCons 和 HNil 类型的便捷别名。

> **作者注：为什么重复::方法？**
>
> 你可以会奇怪为什么在 HList 的简单实现里，HCons 和 HNil 都定义了::方法，而且其实现完全一样？这是因为在构造 HCons 格子时必须提供列表的完整类型。如果你把这个定义放在 HList 里，那么在构造出来的 HCons 里捕捉到的类型 T 永远都只是 HList，这样就无法达到在列表里保持类型信息的目的。本书附带的源代码里有另一种解决方案（后文也会描述），就是用一个辅助特质，HListLike[FullListType]，来捕捉当前列表的完整类型，同时也在这个类型里定义::方法。

::和 HNil 类型定义为带有相应的值的类是因为我们既需要在类型签名也需要在表达式里使用它们。把它们定义为类让我们能直接在需要类型签名处使用它们，带有值让我们能用在表达式里。我们来看个例子：

```
scala> val x : ( String :: Int :: Boolean :: HNil) =
    "Hi" :: 5 :: false :: HNil
x: HList.::[String,HList.::[Int,HList.::[Boolean,HNil]]] =
    Hi :: 5 :: false :: Nil
```

值 x 定义为类型 String :: Int :: Boolean :: HNil，值为表达式"Hi" :: 5 :: false :: HNil。如果我们之前把 HNil 定义为 object，那类型就必须是 String :: Int :: Boolean :: HNil.type。

HCons 类定义为 case class。结合使用 HNil 值，我们可以用模式匹配来从列表里抽取有类型的值。我们来试试把值从上面构造的列表里抽取出来：

```
scala> val one :: two :: three :: HNil = x
one: java.lang.String = Hi
two: Int = 5
three: Boolean = false
```

第一行利用模式匹配从 x 列表里取值并赋值给 one、two、three。其类型是相应的 String、Int、布尔，值和类型都抽取正确。也可以用这种抽取方法从列表里取部分值出来，比如这次我们只从里列表 x 里取前两个元素：

```
scala> val first :: second :: rest = x
first: String = Hi
second: Int = 5
rest: HList.::[Boolean,HNil] = false :: Nil
```

这行代码把第一个和第二个值抽取到 first 和 second 里，剩余的部分放在 rest 里。注意观察它们的类型，first 和 second 类型都正确的与列表里的相应位置对应，而 rest 的类型为::[Boolean，HNil]或者说 Boolean :: HNil。这种抽取带类型的值的机制很方便，不过要是下标操作就更方便了。

下标操作可以用函数直接编码进类型系统里。我们来看一下：

```
scala> def indexAt2of3[A,B,C]( x : (A :: B :: C :: HNil)) =
     |    x match {
     |      case a :: b :: c :: HNil => b
     |    }
indexAt2of3: [A,B,C](x: HList.::[A,HList.::[B,HList.::[C,HNil]]])B

scala> indexAt2of3( 1 :: false :: "Hi" :: HNil )
res5: Boolean = false
```

第一行语句定义 indexAt2of3 方法，接受一个包含三个元素的异构列表，返回其第二个元素。第二行的调用结果显示这方法有效而且推断的类型也是正确的。

这种直接编码的下标操作并不是太理想。如果要给各种不同长度的列表提供下标操作，用这种方法我们得写无数的方法来实现。而且除了查找值这一种下标操作外，我们肯定还希望能够插入到某个下标或者删除某个下标。如果用这种直接编码的方式，那么这些都会导致重复实现。所以我们要用个更通用的方案来解决这问题。

7.4.2   IndexedView

我们来构建一个类型，它能够根据给定的下标执行各种不同的操作，比如添加、获取，或删除下标位置上的元素。因为这个类型代表异构列表的指定下标位置的一个视图，所以我们叫它 IndexedView。为了能够对列表添加或删除元素，视图必须能访问当前索引的前一个元素和后一个元素。基础特质看上去差不多像下面这样。

清单 7.11 IndexedView

```
sealed trait IndexedView {
 type Before <: HList
 type After <: HList
 type At
 def fold[R](f : (Before, At, After) => R) : R
 def get = fold( (_, value, _) => value)
}
```

IndexedView 定义了三个抽象类型。Before 是当前元素前的所有元素的类型，After 是当前元素后的所有元素的类型。At 是当前元素的类型。目前 IndexedView 定义了两个方法，fold 和 get。fold 用来处理整个列表，返回一个特定值。fold 接受一个函数，函数接受列表的 before，at 和 after，返回所选的结果 R。这样我们可以用 fold 来执行以当前下标为中心的操作。

get 方法利用 fold 来实现，返回当前下标所在的元素。

图 7.2 显示了异构列表 "Hello" :: 5 :: false :: Nil 的第三个元素的 IndexedView。在这个位置上 Before 类型是 String :: Int :: HNil。注意 Before 类型用 HNil 作为终结。

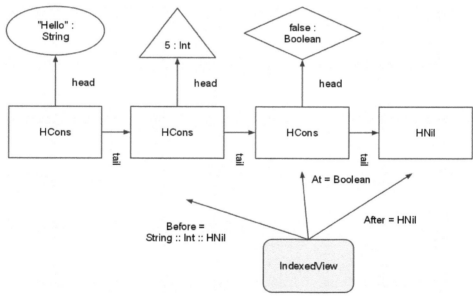

图 7.2 IndexedView

IndexedView 的重要性在于它使我们可以直接获得当前值的类型。也就是说可以用类型参数 At 来为当前类型命名。并且它还保持了当前位置之前和之后的元素类型，让我们可以在组合函数里使用它们。

作者注：IndexedView folds

IndexedView 上的 fold 操作可以用来实现很多需要下标的操作，包括 remove、append 和 split。这些方法需要一个 join 方法来把两个异构列表连接在一起。如果这个 join 方法和普通列表的 join 方法一样叫作 :::，那你可以这样在 IndexedView 里实现上述方法：

```
// Remove the element at the current location
from the list.
def remove = fold {
(before, _, after) => before ::: after
}
// Insert an element before the current
location in the list.
def insertBefore[B](x : B) = fold {
(before, current, after) =>
before ::: (x :: current :: after)
}
// Replace the element at the current location
with an element of (posisbly) a different type.
def replace[B](x : B) = fold {
(before, _, after) => before ::: (x :: after)
}
// Insert an element after the current location
in the list.
def insertAfter[B](x : B) = fold {
(before, current, after) => before ::: (current
:: x :: after)
}
```

本书没有提供 ::: 方法的实现，留给读者作为一个练习。读者实现时如果需要帮助，可以参考 meta-scala 库：https://www.assembla.com/wiki/show/metascala。

构造指定下标的 IndexedView 是通过递归来实现的。我们从定义 base case 开始，先定义列表的第一个元素的 IndexedView。

```
class HListView0[H, T <: HList](val list : H :: T)
    extends IndexedView {
  type Before = HNil
  type After = T
  type At = H
  def fold[R](f : (Before, At, After) => R): R =
    f(HNil, list.head, list.tail)
}
```

HListView0 类接受一个列表，其 head 类型为 H，tail 类型为 T。因为当前是第一个元素，在当前元素之前没有元素了，所以 Before 的类型是个空列表。**After** 类型与捕捉的列表 tail 的类型相同，也就是 T。At 类型是当前列表的 head 的类型，也就是 H。fold 方法的实现就是简单的用空列表、head 和 tail 调用传入的函数 f。

接下来实现递归 case。我们来创建一个 IndexedView 实例，其实现代理给另一个 IndexedView。思路是，对于下标 N，可以把 HList 结构为 N-1 个 HListView 类，最终可以用到 HListView0 类。我们把这个递归类叫作 HListViewN。

```
final class HListViewN[H, NextIdxView <: IndexedView](
  h : H, next : NextIdxView) extends IndexedView {
  type Before = H :: NextIdxView#Before
  type At = NextIdxView#At
  type After = NextIdxView#After
  def fold[R](f : (Before, At, After) => R) : R =
    next.fold( (before, at, after) =>
      f(HCons(h, before), at, after) )
}
```

HListViewN 类有两个类型参数，H 和 NextIdxView。H 是当前列表的 head 元素的类型，NextIdxView 是下一个 IndexedView 类的类型，用来构造一个 IndexedView。Before 类型是当前元素类型加上下一个 indexView 的 HList。At 类型指向下一个 indexView 的 At，After 类型也指向下一个 indexView 的 After。这个做法的副作用是 At 和 After 类型将由 HListView0 决定，并由 HListViewN 类沿着递归链携带。最后 fold 操作调用下一个 IndexedView 的 fold 操作并把 before 列表和当前值包装在一起。本质上来说，HListViewN 扩展了一个 IndexedView 的 previous 类型。

图 7.3 显示了 HListViewN 的递归本质。要构造 HList 的第三个元素的 IndexedView 需要两个 HListViewN 类连接到一个 HListView0 类。HListView0 类直接指向保存着 HList 的第三个元素的 cons 格子。每个 HListViewN 实例把列表的前个类型添加到原始的 HList。外层的 HListViewN 类持有原始 list 的第 2 个元素的 IndexedView 的正确类型。

关于 HListViewN，需要重点指出的是它们持有列表的元素的引用，并在其 fold 方法中递归的重建部分的列表。你可以通过图 7.3 中标注了 h 的箭头看到这一点。也就是说下标在列表中的位置越靠后，递归就越深，需要注意这个运行时性能上的问题。

现在已经有了构造 HList 任意下标上的 IndexedView 的机制，我们还需要一个方法来构造这些类。我们把这个过程分为两步。第一步是创建一个机制接受一个 HList 构造指定下标的 HListVIewN 类型。第二步是在最终类型已知的情况下构造递归的 IndexView 类型的机制。

为了实现第一个机制，我们给 HList 类添加一个类型，用来构造当前列表的给定下标值的 IndexedView。

```
sealed trait HList {
  type ViewAt[Idx <: Nat] <: IndexedView
}
```

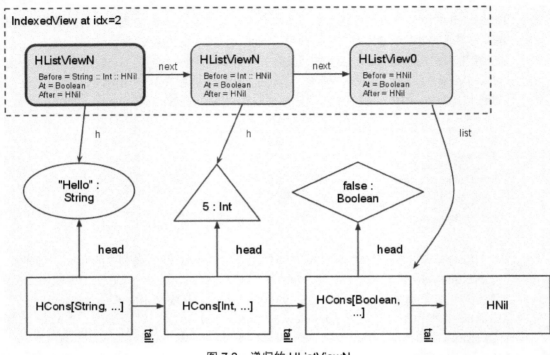

图 7.3　递归的 HListViewN

　　ViewAt 类型构造器定义为构造出 IndexedView 的子类。完整的值将在 HCons 和 HNil 类里相应的赋值。ViewAt 类型构造器接受类型参数 Nat。Nat 是我们专门创建的类型，用来代表编码进类型系统的自然数。Nat 是通过从某个初始点开始来递归构造的，与数学证明里构造自然数的方式相同。

清单 7.12　利用类型系统编码的自然数

```
sealed trait Nat
object Nat {
  sealed trait _0 extends Nat                        ❶ 0 的编码
  sealed trait Succ[Prev <: Nat] extends Nat         ❷ 从 0 开始递归创建
  type _1 = Succ[_0]
  type _2 = Succ[_1]
  ...
  type _22 = Succ[_21]
}
```

　　Nat 特质用来标志自然数类型。_0 特质代表所有自然数的起始点，0。Succ 特质不是直接引用的，而是用来构造其余的自然数（或至少够我们用的数量）。然后类型_1 到_22 通过把 Succ 特质应用到前面定义的类型上来定义。

现在我们可以用 Nat 类型_0 到_22 能够用来标注一个 HList 的下标，下一步是用这些下标值来构造 HList 在该下标位置上的 IndexedView 类型。为此我们需要一种机制来把类型 lambda 传给自然数，从而构造出完整类型。

```
sealed trait Nat {
  type Expand[NonZero[N <: Nat] <: Up, IfZero <: Up, Up] <: Up
}
```

我们给 Nat 特质加了个新类型，叫作 Expand，Expand 接受三个类型参数，第一个参数是个类型 lambda，如果当前 Nat 不是_0，则把这个 lambda 应用（函数式编程中把对一个参数调用一个函数称为把这个函数应用到这个参数上）到前个自然数上。第二个参数是当前 Nat 是_0 时返回的类型，第三个参数是前两个参数的上界，以避免编译时类型推断错误。我们分别_0 和 Succ 特质上实现这个类型：

```
sealed trait _0 extends Nat {
  type Expand[NonZero[N <: Nat] <: Ret, IfZero <: Ret, Ret] =
    IfZero
}
sealed trait Succ[Prev <: Nat] extends Nat {
  type Expand[NonZero[N <: Nat] <: Ret, IfZero <: Ret, Ret] =
    NonZero[Prev]
}
```

_0 特质把它的 Expand 类型定义为第二个参数，这有点向一个返回第二个参数的方法。Succ 特质通过把前一个 Nat 类型传给类型构造的第一个参数来实现其 Expand 类型定义。可以通过这种给 NonZero 类型属性提供一个利用其自身类型作为参数的方式来递归地构造一个类型。我们现在用这种技巧来定义一个 HList 上的 ViewAt 类型。

```
final case class HCons[H, T <: HList](head : H, tail : T) extends HList {
  ..
  type ViewAt[N <: Nat] = N#Expand[
    ({ type Z[P <: Nat] = HListViewN[H, T#ViewAt[P]] })#Z,     ❶ 递归类型 λ
    HListView0[H,T],
    IndexedView]                                               ❷ 0 的编码
}
```

ViewAt 类型定义为自然数参数 N 的一个扩展。我们用一个递归的类型构造器作为 Expand 的第一个参数。这个递归的类型构造器定义为 HListViewN[H，T#ViewAt[P]]。分解来看，这个类型是一个由当前头元素类型加上 ViewAt 类型应用到前一个自然数（或 N-1）的结果类型组成的 HListViewN 类型。最终会有一个 ViewAt 应用到_0，从而返回第二个参数，HListView0[H，T]。如果传入一个超出列表长度的 Nat 下标给 ViewAt，则会在编译时出错：

```
scala> val x = 5 :: "Hi" :: true :: HNil
x: HCons[Int,HCons[java.lang.String,HCons[Boolean,HNil]]] =
    5 :: Hi :: true :: HNil

scala> type X = x.ViewAt[Nat._11]
<console>:11: error: illegal cyclic reference involving type ViewAt
        type X = x.ViewAt[Nat._11]
```

这种情况下编译器会报循环引用错误。尽管出错信息不是十分准确，但还是有效阻止了非法的下标操作。

好，我们已经可以为给定的 HList 和下标值构造一个下标类型了，现在我们来把 IndexedView 的构造过程编码到隐式系统里。可以通过对构造好的 IndexedView 类型的递归的隐式查找来达成我们的目的。

```
final case class HCons[H, T <: HList](head : H, tail : T) extends HList {
  ..
  type ViewAt[N <: Nat] = N#Expand[
    ({ type Z[P <: Nat] = HListViewN[H, T#ViewAt[P]] })#Z,
    HListView0[H,T],
    IndexedView]
}
```

indexedView 伴生对象定义了两个隐式函数：index0 和 indexN。index0 函数接受 HList，返回列表的_0 下标位置的 indexedView。indexN 函数接受 HList 和一个从 HListView 的 tail 到 IndexedView 的隐式转换，返回完整列表的 IndexedView。indexN 的类型参数保持了列表的 head 和 tail 的类型以及列表的 tail 的 IndexedView 的完整类型。

当编译器查找类型 Function1[Int :: Boolean :: Nil，HListViewN[Int，HListView0 [Boolean，HNil]]]时，indexN 函数会被调用，传入参数 H: Int, T: Boolean :: HNil, Prev: ?。编译器继续查找隐式转换 Function1[Boolean :: Nil，? <: IndexedView]，index0 函数符合条件，于是 Prev 类型替换为 HListView0[Boolean，HNil]。现在完整的隐式值已经就位，HList 的一个 IndexedView 就可用了。现在我们来写下标方法本身：

```
trait HCons[H, T <: HList] extends HList {
  type FullType = HCons[H,T]
  def viewAt[Idx <: Nat]
    (implicit in : FullType => FullType#ViewAt[Idx]) =
   in(this.asInstanceOf[FullType])
  ...
}
```

viewAt 方法定义为接受 Nat 型的类型参数和一个能从当前列表构造 IndexedView 的隐式函数。现在我们的异构列表能支持下标操作了。

```
scala> val x = 5 :: "Hi" :: true :: HNil
x: HCons[Int,HCons[java.lang.String,HCons[Boolean,HNil]]] =
    5 :: Hi :: true :: HNil

scala> x.viewAt[Nat._1].get
res3: java.lang.String = Hi
```

例子的第一行构造了一个异构列表，第二行展示了怎样用自然数来对列表进行下标操作（假定_0是列表的第一个元素）。

异构列表展示了 Scala 的类型系统的威力，这种列表可以任意类型的元素序列同时允许类型安全的下标操作。用 Scala 进行类型级编程时碰到的大部分问题都可以用异构列表里用到的机制来处理，尤其是：

- 分而治之：用递归来遍历类型。
- 用类型来编码布尔和整数逻辑。
- 用隐式查找来构造递归类型或返回类型。

这种类型级编程是 Scala 的类型系统的最高级应用，在某些通用开发时是必须要用到的。

7.5 总结

本章中，我们学到了使用 Scala 类型系统的高级技巧。隐式系统让我们可以捕捉运行时或编译时类型约束。类型类能用作一种通用的抽象来把类型和功能关联起来。它们是 Scala 里最强大的抽象形式之一。最后我们深入探讨了条件执行和类型级编程，这种高级技巧一般用在核心库，在用户代码里较少使用。

这几节的功能主题在于讲解 Scala 如何让开发者在写底层通用函数式保持类型信息。保存下来的类型信息越多，编译器能捕捉的错误越多。比如说，7.3 节定义的synchronize 能够通过捕捉 from 和 to 的类型，避免不小心搞反了传参数的顺序。HList类允许开发者创建任意长度的有类型元素列表，其元素可以直接修改而不是要到处传递List[Any]然后在运行时判断元素类型。这也避免了用户误把错误的类型放到给定的下标位置。

编写底层通用函数也非常重要。一个方法或类越少假定其参数的类型就越灵活，也就更有利于重用。在 7.2 节，隐式的<:<类用来直接给 Set 类添加一个便利方法。

下一章的内容是 Scala 集合库，其中大量应用了本章中讲述的概念。尤其是集合库会尝试尽量在方法调用后返回最准确的集合类型。你会在下一章看到这么做能带来一些有趣的结果。

第 8 章　Scala 集合库

本章包括的内容：

- 挑选适用于算法的集合类型
- 不可变集合类型
- 可变集合类型
- 在 lazy 和 strict 之间切换集合的执行语义
- 在线性执行和并行执行之间切换集合的执行语义
- 如何编写适用于所有集合类型的方法

Scala 集合库是 Scala 生态系统里最棒的库，没有之一。它提供了无数有用的函数，每个项目都在用它。Scala 集合库提供了大量不同的存储和操作数据的方法，一眼看去可能会吓到。由于其中大部分方法在不同的集合类型里都提供了，因此理解不同集合类型的性能和使用模式就是变得非常重要了。

Scala 集合库分为以下三类（对）。

- 不可变和可变集合。
- 即时和延迟计算。
- 线性和并行计算。

这六类中的每一种都很有用。有时候并行执行可以极大地提高吞吐量。也有时候延迟计算可以提高性能。Scala 集合库给开发者提供了选择适合其需求的集合类型的手段。我们会在 8.2 节、8.3 节、8.4 节讨论这些内容。

集合库的强大能力带来的一大难题在于通用地使用多种集合类型。8.5 节会讨论一种处理这问题的技巧。

我们先看一下 Scala 集合库的关键概念以及不同集合类型的使用时机。

8.1 使用正确的集合类型

在 Scala 集合库所提供的多种集合类型中挑选合用的集合类型是非常重要的事。不同集合有不同的运行时特性，适用于不同的算法风格。比如说，Scala 的 List 是个单链表，适用于将列表头和尾分离处理的递归算法。与之相反的是，Scala 的 Vector 实现为一组嵌套数组，在分割和连接时非常有效率。因此用好 Scala 集合库的关键在于知道每种类型的特点。

在 Scala 里，有两种场景需要考虑集合类型：一类是在创建适用于多种集合类型的通用方法时，另一类是选择合适的数据结构时。

创建适用于多种集合类型的通用方法的关键是在保持方法性能足够好的同时，选择尽可能底层的集合类型，同时又不能在继承层次上位置过高，以至于无法用于多种不同的集合类型。事实上，7.3 节讨论的类型系统技巧能用来"通用地提供特定类型独有的优化"。这种技术会在 8.5 节讲述。

选择合适的数据结构主要是选择适用于当前应用场景的正确的集合类型来实例化。比如说，scala.collection.immutable.List 类适用于把集合数据切分为头和尾的递归算法。scala.collection.immutable.Vector 则适用于大部分通用算法，因为它有高效的下标计算能力，以及能够在使用像+:和++方法时共享大部分内部结构的能力。这种技术会在 8.3 节讲述。

我们先看一下 Scala 集合库的核心抽象，认识一下不同风格的集合。

8.1.1 集合库继承层次

Scala 的集合库继承层次很深。继承层次的每个级别代表一组能被实现的抽象方法，可以用来定义新集合类型或给父类增加不一样的性能目标。集合库继承层次从 Traversable 抽象开始，一路直到 Map、Set 和 IndexedSequence 抽象。我们先看一下集合库的抽象继承层次。

> **作者注：丰富的集合类型**
>
> Scala 集合库提供了非常丰富的集合类型供选用。它给集合类型提供了一组核心抽象。这些集合类型可以划分以下三类。
>
> - 线性 VS 并行。
> - 即时计算 VS 延迟计算。
> - 不可变 VS 可变集合。
>
> 核心抽象提供了一些变种，使这些差异得以体现。

我们来看一下集合库继承层次，如图 8.1 所示。

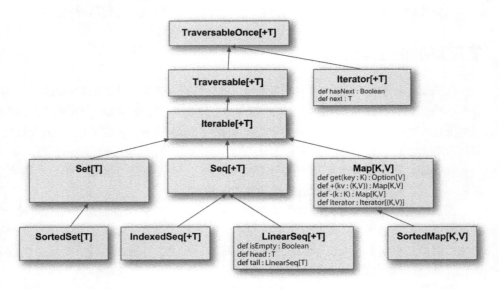

图 8.1　泛型集合库继承树

集合继承层次从 TraversableOnce 特质开始。这个特质代表至少能遍历一次的集合。这个特质对 Traversable 和 Iterator 进行了抽象。Iterator 代表一个数据流，前进到下一个数据项意味着"消费"了当前数据项（也就是只能遍历一次）。Traversable 代表提供了遍历全部数据的机制的集合，而且能够反复地遍历。Iterable 特质很类似 Traversable，但是能够反复创建 Iterator。最后，继承层次分裂为三个分支：sequence、map（也叫作字典 dictionary）和 set。

> **作者注：Gen*特质**
>
> 　　现实中，集合库继承层次有一个重复的 generic 变种。继承层次上的每个特质都同时继承自一个 Gen*特质，比如 GenTraversableOnce、GenIterator 和 GenSeq。集合的 generic 特质不确保线性执行或并行执行，而我们之前讨论的其他特质都确保线性执行。每种集合背后的原则是一样的，但是并行集合的遍历顺序是不确保的。并行集合会在 8.4.2 节讨论。

我们来看一下每种集合类型，了解其使用时机。

8.1.2　Traversable

从某种程度上来说，Traversable 特质其实就定义了一个 foreach 方法。foreach 方法是个内部迭代器，也就是说 foreach 方法接受一个函数作为参数，对集合的每个元素应用该函数。Traversable 特质没有提供任何在 foreach 里停止遍历的方法。为了使某些操作更高效，库使用预初始化的异常来提早跳出迭代，以免白做计算。虽然这种技巧在 JVM 上有点效果，但是一些简单算法还是会受很大影响。比如 Traversable 的 index 操作的复杂度是 $O(n)$。

> **作者注：内部迭代 VS 外部迭代**
>
> 迭代器可以是内部的或外部的。内部迭代器是由集合或迭代器的 owner 自己负责遍历集合。外部迭代器是由外部迭代器确定何时和如何迭代。
>
> Scala 通过 Traversable 和 Iterable 同时支持这两种遍历方式。Traversable 特质提供了 foreach 方法，客户代码可以传个函数给它用于遍历处理。Iterable 特质提供了 iterator 方法，客户代码可以获取迭代器，自行遍历。
>
> Scala 同时把 Iterable 定义为 Traversable 的子类，这样设计的缺点是如果一个集合只想支持内部遍历，那就不得不从 Traverable 开始继承。

在使用 Traversable 的时候，最好是使用遍历整个集合的方法，比如 fiter、map 和 flatMap。在日常开发中不太直接碰到 Traversable，如果碰到的话，通常的做法是把它转成另一种类型的集合来处理。比如说，我们定义一个 Traversable，它打开一个文件，遍历文件的每一行。

```scala
class FileLineTraversable(file: File) extends Traversable[String] {
  override def foreach[U](f: String => U) : Unit = {
    val input = new BufferedReader(new FileReader(file))
    try {
      var line = input.readLine
      while(line != null) {
        f(line)
        line = input.readLine
      }
    } finally {
      input.close()
    }
  }
  override def toString =
    "{Lines of " + file.getAbsolutePath + "}"
}
```

FileLineTraversalbe 类的构造器接受一个文件并继承 Traversable[String]。它覆盖了 foreach 方法，在其中打开文件逐行读取，然后用每一行去调用函数 f。方法用 try finally 块来确保迭代完成后关闭文件。这个实现意味着每当集合被遍历时，文件会被打开，内容被遍历。最后覆盖 toString 方法以避免当在 REPL 里调用时自动遍历整个文件的内容。我们来用用这个类。

```
scala> val x = new FileLineTraversable(new java.io.File("test.txt"))
x: FileLineTraversable = {Lines of
/home/.../chapter8/collections-examples/test.txt}

scala> for { line <- x
     |    word <- line.split("\\s+")
     | } yield word
res0: Traversable[java.lang.String] =
  List(Line, 1, Line, 2, Line, 3,
       Line, 4, Line, 5, "")
```

第一行语句构造了一个遍历 test.txt 文件的 FileLineTraversable 对象。这个文件很简单，内容就是类似"Line 1"、"Line 2"这样的行。第二行语句遍历文件的每一行，同时又把行拆分成词，最后构造一个词的列表。结果是另一个 Traversable[String]，包含文件的每个词。

尽管结果列表的运行时类型是 scala.List，但我们返回的类型是 Traversable。因为 for 表达式的起始类型是 Traversable，所以如果没有外部干涉的话，结果类型也会是 Traversable。

使用上面的 FileLineTraversable 类需要考虑的一个问题是不管对集合做什么操作，"整个"文件都将被遍历。虽然无法提供高效的随机访问能力，但在必要时我们还是可以想办法提前终止遍历的。我们现在修改一下 FileLineTraversable，给它添加一些日志输出语句。

```
override def foreach[U](f: String => U): Unit = {
    println("Opening file")                              ❶额外的 log 语句
    val input = new BufferedReader(new FileReader(file))
    try {
      var line = input.readLine
      while(line != null) {
        f(line)
        line = input.readLine
      }
      println("Done iterating file")
    } finally {
      println("Closing file")
      input.close()
    }
}
```

我们修改了 foreach 方法，让它在三处输出日志：第一处是在文件打开的时候，第二处是遍历结束的时候，第三处是在文件关闭的时候。先看一下像之前一样运行的结果是怎样的：

```
scala> val x = new FileLineTraversable(new java.io.File("test.txt"))
x: FileLineTraversable = {Lines of
  /home/.../scala-in-depth/chapter8/collections-examples/test.txt}
```

```
scala> for { line <- x
     |     word <- line.split("\\s+")
     | } yield word
Opening file
Done iterating file
Closing file
res0: Traversable[java.lang.String] =
  List(Line, 1, Line, 2, Line, 3, Line, 4, Line, 5, "")
```

FileLineTraversable 跟之前一样构造，不过这次在提取文件的词时打印了日志。可以看到打开文件、完成遍历、关闭文件的过程。那么如果我们只需要读取文件的前两行会怎样呢？来看一看。

```
scala> for { line <- x.take(2)                          ❶ 限制 2 行
     |     word <- line.split("\\s+")
     | } yield word
Opening file
Closing file
res1: Traversable[java.lang.String] = List(Line, 1, Line, 2)
```

这次我们对 FileLineTraversable 调用了 take 方法，take 方法用来抽取集合的前 n 个元素，在本例中也就是前两行。这次在抽取文件行时，我们看到打印了"Openning file"和"Closing file"日志，但是"Done iterating file"语句没有打印。这是因为 Traversable 类有一种在必要时高效地终止 foreach 的手段，就是抛出 scala.util.control.ControlThrowable。这是一种预分配的异常，JVM 能够高效地抛出和捕获它。这种做法的缺点是 take 方法实际上会读三行后才抛出异常来终止迭代。

> **作者注：审慎的捕捉异常**
>
> 在 Scala 里，有些控制流，比如非局部的 closure 返回（non-local closure return）和 break 语句，是通过继承 scala.util.control.ControlThrowable 来实现的。拜 JVM 的优化能力所赐，这种做法的性能很不错，但是需要 Scala 程序员在捕获异常时有所注意。比如，在用 Scala 的时候，不要捕获所有的 throwable，请确保 rethrow ControlThrowable 异常。
>
> ```
> try { ... } catch {
> case ce : ControlThrowable => throw ce
> case t : Exception => ...
> }
> ```

Traversable 是集合继承层次里最抽象最强力的特质之一。foreach 方法是所有集合类型最容易实现的方法。但是，foreach 方法对很多算法都是次优的选择。它不支持高效的随机访问，同时在提前终止遍历的时候会多取一次元素。我们要介绍的下个集合类型，Iterable，利用外部迭代器解决了后一个问题。

8.1.3   Iterable

Iterable 特质的特征是提供了 iterator 方法。iterator 方法返回一个能用来遍历集合元素的外部迭代器。这个类允许只使用集合部分元素的方法比 Traversable 更早提前停止迭代，从而在性能上比 Traversable 稍有提高。

外部迭代器是能用来迭代另一个对象的内部数据的对象。Iterable 特质的 iterator 方法返回一个 Iterator 类型的外部迭代器。迭代器支持两个方法：hasNext 和 next 方法。如果集合里还有下个元素 hasNext 就返回 true，反之则返回 false。next 方法返回下一个元素，如果没有下个元素就抛出异常。

外部迭代器的缺点之一是像 FileLineTraversable 这样的集合非常难实现外部迭代器。由于"遍历者"位于集合的外部，所以 FileLineTraversable 必须要知道迭代什么时候算完成，不再使用了，以便能清理内存/资源。最糟的情况是应用的整个生命周期里都打开着文件（未能关闭）。由于这个问题的存在，Iterable 的子类一般都是标准集合。

Iterable 特质的主要优点之一是有能力高效地合作迭代（co-iterate）两个集合。比如说有两个列表，第一个是人名的列表，第二个是地址的列表，Iterable 接口能用来高效地同时遍历两个列表。

```scala
scala> val names = Iterable("Josh", "Jim")
names: Iterable[java.lang.String] = List(Josh, Jim)

scala> val addresss = Iterable("123 Anyroad, Anytown St 11111",
                               "125 Anyroad, Anytown St 11111")
addresss: Iterable[java.lang.String] =
  List(123 Anyroad, Anytown St 11111, 125 Anyroad, Anytown St 11111)

scala> val n = names.iterator
n: Iterator[java.lang.String] = non-empty iterator

scala> val a = addresss.iterator
a: Iterator[java.lang.String] = non-empty iterator

scala> while(n.hasNext && a.hasNext) {
     |     println(n.next + " lives at " + a.next)
     | }
Josh lives at 123 Anyroad, Anytown St 11111
Jim lives at 125 Anyroad, Anytown St 11111
```

第一行语句构造了一个人名字符串的 Iterable，第二行构造了地址字符串的 Iterable，创建值 n 作为人名字符串列表的外部迭代器，创建值 a 作为地址字符串列表的外部迭代器。while 循环同时遍历 a 和 n 迭代器。

> **作者注：压缩（zipping）集合**
>
>   Scala 提供了一个 zip 方法，用来把两个集合压缩成一个 pair 的集合。上面的合作迭代程序
> 等同于下面这行 Scala 代码。
>
> ```
> names.iterator zip addresss.iterator map { case
> (n, a) => n+" lives at "+a } foreach println
> ```
>
>   zip 方法把 names 和 addresses 压缩合一，map 方法解构 pair，构造语句 "<name> lives
> at <address>"，最后用 println 方法打印到控制台。

要把两个集合的信息连接在一起的时候，使用 Iterable 特质能够极大地提高性能。
但是，当在可变集合上使用外部迭代器的时候又存在另一个问题。迭代器背后的集合可
能在迭代器不知道的情况下改变。我们来看个例子。

```
scala> val x = collection.mutable.ArrayBuffer(1,2,3)
x: scala.collection.mutable.ArrayBuffer[Int] = ArrayBuffer(1, 2, 3)

scala> val i = x.iterator
i: Iterator[Int] = non-empty iterator
```

第一行语句构造了一个 ArrayBuffer 集合（一种继承了 Iterable 的可变集合），包含 1、
2、3，三个元素。第二句语句构造了数组的迭代器 i。现在我们把数组的所有元素都移
除，然后看 i 实例会发生什么。

```
scala> x.remove(0,3)

scala> i.hasNext
res3: Boolean = true
scala> i.next
java.lang.IndexOutOfBoundsException: 0
...
```

第一行语句调用 remove 移除了集合里的全部元素。第二行语句调用迭代器的 hasNext
方法，由于迭代器是外部的，它不知道背后的集合已经变化了，一会儿还有下个元素，因
而返回了 true。后一行调用 next 方法，结果抛了 java.lang.IndexOutOfBoundsException。
Iterable 特质应该用在明确需要外部迭代器，但不需要随机访问的应用场景。

8.1.4　Seq

Seq 特质是通过 length 和 apply 方法来定义的。Seq 代表连续有序（译者注：有序并
不代表排序 sorted）的集合。apply 方法能用来根据序号进行索引操作。length 方法返回
集合的大小。Seq 特质不对索引或 length 的性能做任何保证。Seq 特质应该仅用来把有

序集合和 Set\Map 区分开（译者注：Set 和 Map 是无序的）。也就是说，如果元素插入集合的顺序是重要的，并且允许重复元素，那么应该使用 Seq。

有一个好例子可以说明使用 Seq 的时机：采样数据，比如音频数据。音频数据已采样率的形式记录，其记录顺序对于数据处理是及其重要的。Seq 特质允许我们计算其滑动窗口（sliding window）。我们来实例化一些数据，在滑动窗口里计算元素的和。

```scala
scala> val x = Seq(2,1,30,-2,20,1,2,0)
x: Seq[Int] = List(2, 1, 30, -2, 20, 1, 2, 0)

scala> x.tails map (_.take(2)) filter (_.length > 1) map (_.sum) toList
res24: List[Int] = List(3, 31, 28, 18, 21, 3, 2)
```

第一行构造了一个音频输入的样例。第二行计算滑动窗口的和。滑动窗口是通过使用 tails 方法创建的，tails 方法返回一个集合的 tail 的迭代器。也就是说，tails 产生的迭代器组的每个迭代器都比前个迭代器少一个元素。可以用 take 方法把这些迭代器转化为滑动窗口，确保只有 N 个元素存在（本例中是两个）。接着用 filter 方法去除元素数少于必要个数的窗口。最后用 sum 方法求和再转化列表。

作者注：sliding 方法

其实 Scala 给我们提供了 sliding 方法而不需要使用 tails 方法。上例可以这样改写：

```scala
scala>Seq(2,1,30-2,20,1,2,0).sliding(2).map(_.sum).toList
res0: List[Int] = List(3, 31, 28, 18, 21, 3, 2)
```

Seq 经常被用在抽象方法里，因为算法经常以其两个子类之一为目标数据结构：LinearSeq 和 IndexedSeq。在合用的时候应该优先选择这两个集合类型。我们先看 LinearSeq。

8.1.5 LinearSeq

LinearSeq 特质代表能够分割为头元素+尾集合的集合。这个特质是通过三个"假定高效"的抽象方法来定义的：isEmpty、head 和 tail。如果集合是空，isEmpty 返回 true。head 方法在集合非空的场景下返回第一个元素。tail 方法返回去掉第一个元素后的剩余部分。这种集合类型对于通过头元素分割集合的尾递归算法非常理想。

Stack 是 LinearSeq 的典型代表。Stack 是一种类似玩具堆栈（stack of toy）的集合。要拿堆栈最上面的玩具很容易，但要翻最底下的玩具就很头痛了。LinearSeq 与之类似的地方就是可以分解为头（或顶）元素加上剩余的集合。

我们来看下在一个遍历树的算法里怎么把 LinearSeq 用作堆栈。首先我们定义一个二叉树数据类型。

```
sealed trait BinaryTree[+A]
case object NilTree extends BinaryTree[Nothing]
case class Branch[+A](value: A,
                      lhs: BinaryTree[A],
                      rhs: BinaryTree[A]) extends BinaryTree[A]
case class Leaf[+A](value: A) extends BinaryTree[A]
```

BinaryTree 特质定义为对类型参数 A 协变。它没有任何方法，并且是 sealed，以防有人在本文件外继承它。NilTree 对象代表一个完全空的树。其类型参数写死为 Nothing，这样它就可以用在任何 BinaryTree 里。Branch 类定义为有一个值，一个左树和一个右树。最后，Leaf 类型定义为只有值的 BinaryTree。我们定义个算法来遍历这个二叉树。

```
def traverse[A, U](t: BinaryTree[A])(f: A => U): Unit = {
  @annotation.tailrec
  def traverseHelper(current: BinaryTree[A],
                     next: LinearSeq[BinaryTree[A]]): Unit =
    current match {
      case Branch(value, lhs, rhs) =>
        f(value)
        traverseHelper(lhs, rhs +: next)
      case Leaf(value) if !next.isEmpty =>
        f(value)
        traverseHelper(next.head, next.tail)
      case Leaf(value) => f(value)
      case NilTree if !next.isEmpty =>
        traverseHelper(next.head, next.tail)
      case NilTree => ()
    }
  traverseHelper(t, LinearSeq())
}
```

traverse 方法定义为接受一个元素类型为 A 的 BinaryTree 和一个处理内容 A 返回结果类型 U 的函数。traverse 方法用了个嵌套的辅助方法来实现核心功能。traverseHelper 是个尾递归，用来遍历树的所有元素。traverseHelper 方法接受当前要遍历的树和下一个 LinearSeq，其中包含了之后要迭代的二叉树元素。

traverseHelper 方法对当前树做了个模式匹配，如果当前树是个分支，它会把分支的值传给函数 f，然后递归调用自身，传入左树作为下个要迭代的节点，并用+:方法把右树加到待处理的 LinearSeq 前面。把右树加到 LinearSeq 的前面是个很高效的操作，一般是 $O(1)$，这是 LinearSeq 特质的规定。

如果 traverseHelper 方法碰到一个 Leaf，就直接把值传给函数 f，然后，如果 next 不是空，那么用 head 和 tail 方法分解之。head 和 tail 方法对 LinearSeq 的效率很高，一般是 $O(1)$。head 被传给 traverseHelper 方法作为当前树，tail 则作为 next。

最后，当 traverseHelper 碰到 NilTree 时，它的处理逻辑类似于碰到 Leaf 的情况。因为 NilTree 没有数据，所以只需要递归调用 traverseHelper 就好了。

现在来构造一个 BinaryTree，看看怎么遍历它：

```
scala> Branch(1, Leaf(2), Branch(3, Leaf(4), NilTree))
res0: Branch[Int] = Branch(1,Leaf(2),Branch(3,Leaf(4),NilTree))

scala> BinaryTree.traverse(res0)(println)
1
2
3
4
```

首先，创建一棵有两个分支和两个叶子的二叉树。然后这个二叉树和 println 函数调用 BinaryTree.traverse 方法。结果是每个元素以期望的顺序打印到控制台。

当需要把一个普通递归的算法转化成尾递归或循环算法时，在堆（heap）上手工创建个栈（stack）然后用这个栈来完成实际功能是一种常见的做法。在使用函数式风格的尾递归算法时，LinearSeq 是个恰当的选择。我们再来看个与之类似的集合类型，IndexedSeq。

8.1.6   IndexedSeq

IndexedSeq 特质与 Seq 特质类似，只是它在随机访问时更为高效。也就是说，访问这种集合的元素的开销应该是个常量或接近常量。这种集合类型适用于大多数一般的、不涉及头-尾分解的算法。我们来看几个随机访问方法和用法。

```
scala> val x = IndexedSeq(1, 2, 3)
x: IndexedSeq[Int] = Vector(1, 2, 3)

scala> x.updated(1, 5)
res0: IndexedSeq[Int] = Vector(1, 5, 3)
```

可以用 IndexedSeq 对象里定义的工厂方法来创建 IndexedSeq 实例。默认情况下，这会创建一个不可变的 Vector，我们会在 8.2.1 节讨论 Vector。IndexedSeq 集合有个 update 方法。这个方法接受一个下标和一个新值，返回用新值修改了下标位置上的值的**新集合**。上例中，下标 1 位置上的值被修改为整数 5。

IndexedSeq 可以用 apply 方法来根据下标取值。在 Scala 里，apply 方法调用可以省略，所以下标取值可以写成这样：

```
scala> x(2)
res1: Int = 3
```

表达式 x（2）是 x.apply（2）的简写形式，结果是返回集合 x 在下标 2 位置上的值。在 Scala 里，所有集合的根据下标取值功能都是 apply 方法，没有什么特殊语法。

有些业务场景下，检查集合是否包含某个特定值比保持值的顺序更重要。这就是 Set 集合类型所做的事。

8.1.7　Set

Set 集合类型代表一种其每个元素都是唯一的集合，至少对==方法来说是唯一。当需要测试一个集合是否包含某个元素或者要确保集合里没有重复元素的时候，Set 是很好用的集合类型。

Scala 支持三种类型的不可变和可变 Set：TreeSet、HashSet 和 BitSet。

TreeSet 是用红黑树实现的。红黑树是一种试图保持平衡的数据结构，具有 $O(\log 2n)$ 的随机访问复杂度。它通过检查当前节点来查找树里的元素。如果当前节点大于期望值，就查找左树，如果当前节点小于期望值，就查找右树，如果当前节点等于期望值，那么就找到了正确的节点。要创建一个 TreeSet，必须提供隐式的 Ordering 类型类以便能执行小于和大于比较。

HashSet 也是用树结构实现的集合。最大的区别在于 HashSet 用用元素的 hash 值决定把元素放到树的哪个节点上。这意味着 hash 值相同的元素会被放到相同的节点上。如果 hash 算法的碰撞几率很小，那么 HashSet 在查找时的性能一般要好于 TreeSet。

BitSet 是用 Long 型值的序列来实现的。BitSet 集合**只能**保存整数。BitSet 通过把其底层的 Long 值的与欲保存的整数值对应的位置为 true 来保存整数。BitSet 经常用来高效地在内存里跟踪和保存一大批标志位。

Scala 的 Set 特性之一是它继承了类型（A）=> Boolean。也就是说，Set 可以用作过滤函数。来看个用一个集合来限制另一个集合的元素的例子：

```
scala> (1 to 100) filter (2 to 4).toSet
res6: scala.collection.immutable.IndexedSeq[Int] = Vector(2, 3, 4)
```

从 0 到 100 的 Range 集合被我们用 2 到 4 的 Set 集合过滤了。注意任何集合都能用 toSet 方法转化为 Set（当然有一定开销）。因为 Set 同时是个过滤函数，所以可以直接传个 Range 的 filter 函数。结果是过滤后只剩下 2 到 4 的值。

Scala 的 Set 提供了高效地检查集合是否包含某元素的实现。Map 集合对键值对数据提供了与之类似的操作。

8.1.8　Map

Map 特质代表键值对的集合，只有有键的值才能存在。Map 提供了根据键查找值的高效实现。来看一下。

```
scala> val errorcodes = Map(1 -> "O NOES", 2 -> "KTHXBAI", 3 -> "ZOMG")
errorcodes: scala.collection.immutable.Map[Int,java.lang.String] =
  Map(1 -> O NOES, 2 -> KTHXBAI, 3 -> ZOMG)

scala> errorcodes(1)
res0: java.lang.String = O NOES
```

第一行语句构造了错误码到错误信息的 map。"->" 方法来自 scala.Predef 里定义的一个隐式转换，把 A -> B 的表达式转换为元组（A，B）。第二行语句 errorcodes map 里键为 1 的值。

Scala 的 Map 有两个实现，HashMap 和 TreeMap，类似于 HashSet 和 TreeSet 实现。选用哪一个的基本规则是如果键的 hash 算法很高效且碰撞少，则优先选用 HashMap。

Scala 的 Map 还提供了两种有意思的、在文档里一下看不出来的应用场景。第一种与 Set 类似，Map 能用作从键类型到值类型的偏函数（partial function）。来看个例子。

```
scala> List(1,3) map errorcodes
res1: List[java.lang.String] = List(O NOES, ZOMG)
```

我们用 errorcodes map 对 1 到 3 值的列表进行了转化（译者注：函数式编程里每个函数都可以认为是从源类型到目标类型的转化 transform）。也就是说用列表里的每个元素作为键从 errorcodes map 里去找了值出来。结果就是与错误码对应的错误信息的列表。

Scala 的 Map 还提供了当键不存在时返回默认值的能力。来看个例子。

```
scala> val addresses =
     | Map("josh" -> "123 someplace dr").withDefaultValue(
     |   "245 TheCompany St")
addresses: collection.immutable.Map[String,String] =
  Map(josh -> 123 someplace dr)

scala> addresses("josh")
res0: java.lang.String = 123 someplace dr

scala> addresses("john")
res1: java.lang.String = 245 TheCompany St
```

我们构造了一个 address map，内容是用户名到邮件地址的配置信息。这个 map 还提供了一个默认地址（公司地址），适用于大部分的用户。在找用户"josh"的地址时，找到了指定的地址，在找用户"john"的地址时，返回了默认地址。

Scala 社区一般习惯直接用通用的 Map 类型，原因可能是因为其底层实现性能不错，也可能只是因为 3 个字母比较好输入。不管最初原因是什么，一般情况下通用的 Map 类型就很完美。

现在我们已经概览了基本集合类型，接下来细看几个不可变集合的实现。

8.2 不可变集合

不可变集合是 Scala 的默认集合类型。在一般编程任务中，不可变集合有很多超出可变集合的优点。尤其重要的一点是不可变集合可以在多线程之间共享而无需加锁。

Scala 不可变集合的设计目标是提供既高效又安全的实现。这些集合中的大部分都使用高级技巧来在集合的不同版本之间"共享"内存。我们来看三个最常用的不可变集合：Vector、List 和 Stream。

8.2.1 Vector

Vector 是 Scala 的通用集合类型。Vector 的随机访问复杂度是 $\log_{32}(N)$，使用 32 位整数下标时在 JVM 上是个效率不错的小常量。同时 Vector 是完全不可变的，而且有着合理的共享内存特性。在没有硬性的性能指标时，Vector 应该是你的缺省选择。我们快速了解一下它高效的内部结构。

Vector 是个由元素的下标组成的前缀树（trie）。前缀树是这样一种树：其给定路径上的所有子节点共用某种形式的公共键值（译者注：关于前缀树，可参考 http://zh.wikipedia.org/wiki/Trie）。如图 8.2 所示。

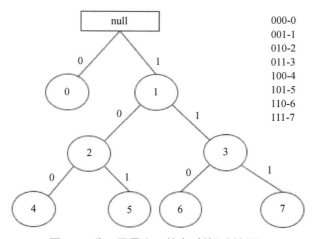

图 8.2 分叉因子为 2 的索引前缀树例子

这是一个下标值为 0 到 7 的前缀树，其根节点是空，树的每个节点包含两个值和一个左分支，一个右分支。每个分支标记为 0 或 1。到达前缀树的指定下标的路径可以由下标数字的二进制表示计算出来。比如说，数字 0（000）是根节点的 0 分支的第 0 个下标元素，而数字 5（101）是从根开始，先走 1 分支，再走 0 分支，再走 1 分支，就到达了目标节点。

这样我们就可以根据任何下标的二进制形式得到每个人都很容易理解的查找路径。

同时二进制前缀树的效率也很高。二进制前缀树根据下标随机取值的复杂度是 $\log_2(n)$，而且可以通过提高的分支系数（branching factor）来降低复杂度。如果分支系数提高到 32，那么访问任何元素的时间复杂度就是 $\log_{32}(n)$，对 32 位的下标也就大约是 7，对 64 位大约是 13。而且对于较小的集合，排序的开销也会较低，所以访问速度会更快。所以随机访问的时间复杂度与前缀树的大小成正比。

前缀树的另一特性是其能支持的共享级别很高。如果集合是不可变（immutable）的，那么修改指定下标的值（会产生新的集合）可以重用前缀树的部分数据。如图 8.3 所示。

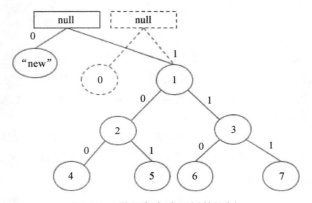

图 8.3   用共享方式更新前缀树

图 8.3 显示了把下标 0 位置的值修改为“new”之后的结果。创建新的前缀树只新建了两个节点，而其他的就原样重用。修改时的“共享”对不可变集合贡献良多，有助于降低修改集合的开销。对于分支系数为 2 的前缀树，修改一个节点的开销是 $\log_2(n)$。可以通过增加分支系数进一步降低。

Scala 的 Vector 集合非常类似与一个分支系数为 32 的下标前缀树。关键区别在于 Vector 用一个数组来表示分支。这使整个结构变成数组的数组。我们来看看分支系数为 2 的 Scala Vector 看上去会是什么样子，如图 8.4 所示。

二进制分支的 Vector 有三个基本数组：display0、display1，和 display2。这些数组代表原始前缀树的深度。每个显示元素（display element）都是一个更深一层的嵌套数组：

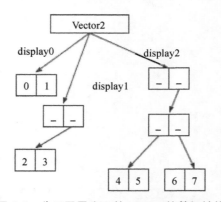

图 8.4   分叉因子为 2 的 Vector 的数组结构

display0 是个元素的数组，display1 是元素的数组的数组，display2 是元素的数组的数组的数组。查找集合元素的步骤是先判断其深度，然后用跟前缀树一样的方式确定元素所在的数组。比如说要找数字 4，其深度是 2，所以先选择 display2 数组，4 的二进制形式是 100，所以外层数组是下标为 1 的位置上，中层数组下标为 0，最后 4 就位于结果数组的下标 0 位置上。

Scala 的 Vector 为 32 分支，这带来了很多优点。除了查找时间和修改时间可以随集合大小伸缩外，它还提供了不错的缓存一致性，因为集合里相近的元素有很大可能位于同一个内存数组里。一般来说，与 C++的 vector 一样，一般性的计算应该使用 Vector。其高效结合不可变所带来的线程安全性使之成为库里最强大的有序集合。

vector 也有不太适用的场景，如果频繁地执行头/尾分解，最好选择 Scala 的 LinearSeq 特质的子类——scala.collection.immutable.List。

8.2.2 List

Scala 的不可变 List 是个单链表，如果你总是在列表头上做添加或删除，那它的性能不错。但如果你的使用模式比较高级，那它就比较吃力了。大多数来自 Java 或 Haskell 的程序员习惯性地使用 List 作为默认选择，尽管 List 对于符合它设计的使用场景性能优异，但它不如 Vector 那么通用，应该仅用在符合它期望的算法里。

来看一下 List 的基本结构，如图 8.5 所示。

List 由两个类组成，一个是代表空列表的 Nil，另一个是 "cons" 格子（'cons' cell），有时候也称作链接节点（linked node）。cons 格子持有两个引用，一个指向值，另一个指向对列表后续元素。创建一个列表就是简单的为列表的所有元素创建 cons 格子。在 Scala 里，cons 格子叫作::，空列表叫作 Nil。可以通过把元素添加到空列表 Nil 上来构造列表。

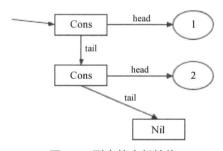

图 8.5 列表的内部结构

```
scala> val x = 1 :: 2 :: 3 :: Nil
x: List[Int] = List(1, 2, 3)
```

上述代码把 3 添加到空列表，然后把 2 添加到结果列表，再把 1 也添加上。结果是 1 然后 2 然后 3 的链表。这种写法利用了 Scala 的一个特性，叫作操作符（operator notation）。如果一个操作符以 ":"符号结尾，那么 Scala 认为它是右结合的。上面这行语句等价于下面这个方法调用：

```
scala> val x = Nil.::(3).::(2).::(1)
x: List[Int] = List(1, 2, 3)
```

这种写法里可以更显然地看到列表的构造过程。Scala 对 ":"的特殊待遇是个通用概念（不仅限于构造列表），用于处理像这种左结合不如右结合更有表达力的情况。

List 集合继承自 LinearSeq，因此它支持 O（1）复杂度的头/尾分解和头部添加操作。

在只使用头部添加和头/尾分解操作的时候，List 可以支持极大的共享数据（参考 Vector 的共享数据）。但是如果列表中间的元素被修改，那前半个列表都需要重生成，这就是 List 不如 Vector 适合通用开发的原因。

同时 List 是个即时计算的集合，也就是说，当列表完成时，头和尾就都已经计算完成了。Scala 还提供了另一种不同类型的链表，这种链表里值只有在被用到的时候才计算出来。这种集合类型叫作 Stream。

8.2.3 Stream（流）

Stream 是一种延迟持久（lazy persistent）的集合。也就是说，流可以延迟计算其元素的值，逐渐地持久它们。流可以用来表示无限序列而不用担心内存溢出。流还能记住在其生命周期里已经计算过的元素，从而提供对已计算过的值的高效访问。这么做的好处是能提供回溯能力，缺点是可能带来潜在的内存问题。

Stream 也由 cons 格子和空 stream 组成，类似于 List 类。Stream 和 List 最大的区别是 Stream 会延迟计算它自己。也就是说，Stream 并不保存实际元素，而是保存能用来计算头元素和其余部分（tail）的函数对象。这使得 Stream 可以保存无限序列———一种把信息和另一个集合连接起来的常用办法。比如说，下面这句语句可以把序列的元素和其下标连接起来。

```
scala> List("a", "b", "c") zip (Stream from 1)
res5: List[(java.lang.String, Int)] = List((a,1), (b,2), (c,3))
```

这句话把一个字符串列表和一个步长为 1 的无限递增的流压缩起来。Stream 的 from 方法构造一个从传入的数字开始无限递增的流。zip 方法按下标智能匹配两个序列的元素成为 pair，结果是这个 pair 的列表。尽管这是个无限流，代码能够成功编译，因为 Stream 只生成列表所需的那么多个元素。

构造流和构造列表差不多，cons（::）换成了#::，已经用 Stream.empty 来代表空流（而不是 Nil）。我们来定义个流，观察其行为。

```
scala> val s = 1 #:: {
     |   println("HI")
     |   2
     | } #:: {
     |   println("BAI")
     |   3
     | } #:: Stream.empty
s: scala.collection.immutable.Stream[Int] = Stream(1, ?)
```

这样就创建了有三个成员的流，第一个成员是数字 1，第二个成员是个匿名函数，函数打印"HI"，然后返回值 2，第三个成员也是个匿名函数，打印"BAI"，然后返回数字 3。这三个成员都被添加到空 Stream 的前面，结果是个整数流，其头已知是 1，请注意"HI"和"BAI"都没打印出来。我们现在来访问流的元素。

```scala
scala> s(0)
res39: Int = 1

scala> s(1)
HI
res40: Int = 2

scala> s(2)
BAI
res41: Int = 3
```

在访问流第一个元素时，直接返回了头而根本没去碰后面的部分，因为我们可以看到没有任何信息打印输出。但是在访问第二个元素的时候，流就需要去计算这个值，因此字符串"HI"被打印到控制台，而第三个元素还是没计算，只计算了第二个。接着访问第三个元素的时候，它才去计算，并打印了"BAI"。现在整个流都计算出来了。

```scala
scala> s
res43: scala.collection.immutable.Stream[Int] = Stream(1, 2, 3)
```

现在当打印流的值的时候，它显示了全部三个值，而因为这些值已经被保存，所以流不会重新计算已经计算过的值。

> **作者注：Haskell 的 List vs Scala**
>
> 当从 Haskell 转到 Scala 的时候，List 类是困扰 Haskell 程序员的问题之一。Haskell 默认使用延迟计算，而 Scala 默认使用即时计算。要找类似 Haskell 的 List 那样的延迟计算列表，你得用 Scala 的 Stream 而不是 List。

Stream 的绝佳使用场景之一是从前个值计算下个值。这在计算斐波那契数列时特别明显，斐波那契数列的下个元素是前两个元素的和。

```scala
scala> val fibs = {
     |    def f(a:Int,b:Int):Stream[Int] = a #:: f(b,a+b)
     |    f(0,1)
     | }
fibs: Stream[Int] = Stream(0, ?)
```

这里用一个辅助方法定义了 fibs 流，辅助函数 f 定义为接受两个整数，然后根据这两个整数构造斐波那契数列的下一部分。#::方法用来把第一个输入数加到流前面然后递

归调用副主函数 f。递归调用时把第二个数放到第一个输入位置上，然后把两个数的和
作为第二个参数。效果是函数 f 跟踪序列的下两个元素，每次调用输出一个，延迟另一
个值的计算。传入 0 和 1 可以创建整个斐波那契数列。来看一下。

```
scala> fibs2 drop 3 take 5 toList
res52: List[Int] = List(2, 3, 5, 8, 13)

scala> fibs2
res53: TraversableView[Int,Traversable[Int]] = TraversableView(...)
```

第一句先丢弃队列的前 3 个元素，然后取 5 个元素并转换为列表。结果已经显示在
屏幕上。接下来一句打印队列的内容到控制台，注意看现在队列输出了前 8 个元素，这
是因为这 8 个元素已经计算过了，这就是 Stream 的持久性的效果。

如果最终结果大到内存放不下，那么流也解决不了问题。在这种情况下，最好是用
TraversableView 来避免不必要的操作，同时允许内存回收。如果需要能取得任意高下标
位置的斐波那契数列，可以用下面的方式定义集合：

```
scala> val fibs2 = new Traversable[Int] {
     |    def foreach[U](f: Int => U): Unit = {
     |      def next(a: Int, b: Int): Unit = {
     |        f(a)
     |        next(b, a+b)
     |      }
     |      next(0,1)
     |    }
     | } view
fibs2: TraversableView[Int,Traversable[Int]] = TraversableView(...)
```

fib2 集合定义为 Traversable[Int]，foreach 方法定义了一个辅助方法 next。这个 next
方法和 fibs 流的辅助方法几乎一样，只有一点，这个 next 方法没有构造一个流，而是无
限循环的把斐波那契数列值传给函数 f。然后立刻用 view 方法把这个 Traversable 转化为
TraversableView，以免其 foreach 方法被立刻调用。View 是一种延迟计算操作的集合，
8.4.1 节会详细讨论 View。我们现在来使用这个版本的延迟计算集合。

```
scala> fibs2 drop 3 take 5 toList
res52: List[Int] = List(2, 3, 5, 8, 13)

scala> fibs2
res53: TraversableView[Int,Traversable[Int]] = TraversableView(...)
```

我们同样对 fib2 集合调用 drop 3 take 5 toList 方法。与 Stream 类似，斐波那契数列
也是按需计算出来，值也被查到结果列表里。但在操作后重新检查 fibs 队列，我们可以
看到 TraversableView 没有把计算过的值保存下来。这也意味着反复根据相同的下标从
TraversableView 里取值时开销是很大的。最好仅在 Stream 太大无法装进内存的场景下
使用它。

　　Stream 提供了一种优雅的延迟计算集合元素的方法。当计算一个队列的开销很高时，用 Stream 可以"缓冲"这个计算。Stream 也可以用来构造无限流。Stream 用起来简单方便。

　　有时候由于性能因素必须使用可变集合。尽管在一般编程中应当避免，也能够避免使用可变集合，但有些场景下可能是必要和有益的。我们来看看如何使用 Scala 的可变集合库。

8.3　可变集合

　　可变集合是指在生命周期里能够"改变"的集合。数组是可变集合的一个最佳例子。在数组的生命周期里其任何一个元素都能修改。

　　在 Scala 里，集合 API 默认是**不可变**的。要使用或创建可变集合必须从 scala.collections. mutable 包里导入一个或多个接口，并且要知道那个方法是操作当前集合的值而不是创建个新集合。比如说，可变集合的 map、flatMap 和 filter 方法会创建个新集合而不是修改当前集合。

　　可变集合库提供了以下几个超出我们之前讨论的核心抽象概念的集合和抽象。

- ArrayBuffer。
- 混入修改事件发布特质。
- 混入串行化特质。

　　我们先从 ArrayBuffer 开始。

8.3.1　ArrayBuffer

　　ArrayBuffer 是一种可变数组，其大小与其所含元素数不一定一致。这样无需拷贝整个数组就可以添加元素。ArrayBuffer 内部是一个数组并保存了当前大小。当添加新元素到 ArrayBuffer 是，它会检查这个大小值，如果底层数组没满，那这个元素就直接加进数组。如果已经满了，则创建个更大的数组，然后把所有元素复制到新数组里。重点是新数组也会创建的比加入当前元素所需要的要大一些。

　　尽管有时候要把整个数组复制到新数组里，但是添加元素的摊销成本是个常量。摊销成本是指长期计算下来的成本。也就是说，尽管添加一个元素的开销有时候是 $O(1)$，有时候是 $O(n)$，但是在 ArrayBuffer 生命周期里平均下来的开销是线性增长的。这个特点使 ArrayBuffer 适用于大部分需要创建可变队列的场景。

　　ArrayBuffer 集合类似于 Java 的 java.util.ArrayList。两者的主要区别在于 Java 的 ArrayList 试图摊销移除和添加元素到列表头和列表尾的开销。而 Scala 的 ArrayBuffer 只优化了添加和移除队列尾的操作。

　　ArrayBuffer 适用于大部分需要可变队列的场景，相当于 Vector 在不可变集合的地位。来看一下可变集合库的抽象之一，混入修改事件发布特质。

8.3.2   混入修改事件发布特质

Scala 的可变集合库提供了三个特质：ObservableMap、ObservableBuffer 和 ObservableSet，可以用来监听集合的修改事件。在恰当的集合上混入三个特质之一可以让对集合的修改触发事件发给观察者。不仅如此，观察者还有机会阻止修改。 来看个例子。

```
scala>    object x extends ArrayBuffer[Int] with ObservableBuffer[Int] {
    |      subscribe(new Sub {
    |        override def notify(pub: Pub,
    |                            evt: Message[Int] with Undoable) = {
    |          Console.println("Event: " + evt + " from " + pub)
    |        }
    |      })
    |    }
defined module x
```

对象 x 创建为混入 ObservableBuffer 的 ArrayBuffer。在构造器里注册了一个订阅者，会在事件发生时打印事件。来看看效果。

```
scala> x += 1
Event: Include(End,1) from ArrayBuffer(1)
res2: x.type = ArrayBuffer(1)

scala> x -= 1
Event: Remove(Index(0),1) from ArrayBuffer()
res3: x.type = ArrayBuffer()
```

添加元素 1 到集合触发了 Include 事件。这个事件指出有新元素被加入到集合里。第二行从集合里移除了元素 1，结果触发了 Remove 事件，指出了移除的元素值和下标。

关于集合修改的事件 API 的描述位于 scala.collection.script 包里。这套 API 设计来用于非常高级的应用场景，比如数据绑定。数据绑定是一种编程实践：一个对象的状态是由另一个对象控制的。这在 UI 编程时很常见，屏幕上显示的列表可以直接绑定到一个 ArrayBuffer with ObservableBuffer。这样一来，对下层 ArrayBuffer 的修改可以触发 UI 元素更新显示。

Scala 的可变集合库还支持通过混入来使集合操作同步。

8.3.3   混入串行化特质

Scala 定义了 SynchonizedBuffer、SynchonizedMap、SynchonizedSet、SynchonizedStack 和 SynchonizedPriorityQue 特质来修改可变集合的行为。Synchonized*特质可以混入其对应的集合类型来确保集合操作的原子性。

　　本质上，这些特质的效果是给集合的方法包了个 this.synchronized{ }调用。虽然这是个有助于线程安全的华丽的小技巧，但在实践中其实很少用这些特质。更好的做法是只在单线程场景下使用可变集合，而用不可变集合来做跨线程数据共享。

　　我们来看另一种并行和优化集合使用的解决方案：视图和并行集合。

8.4　用视图和并行集合来改变计算策略

　　集合继承层次的默认集合是严格和串行计算的（strict and sequential evaluation）。严格计算是指在定义时即执行，与推迟操作的延迟计算相反。如图 8.6 所示，串行计算指集合操作是串行执行而非并行。与之相反的是多个线程分别处理部分集合元素的并行计算。

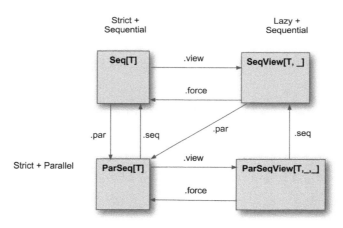

图 8.6　修改计算语义

　　集合库提供了两个标准机制来把默认的执行语义转化为并行或延迟计算，分别是以 view 方法和 par 方法的形式体现。view 方法可以根据当前集合，高效地创建一个延迟计算的新集合。force 方法是 view 方法的反向操作，用来创建一个即时计算的新集合。我们会在 8.4.1 节详细讨论 View。

　　与 view 方法的用法类似，par 方法根据当前集合创建一个并行计算的新集合。par 方法的反向操作是 seq 方法，根据当前集合创建一个支持线性计算的新集合。

　　在这张图上需要注意一点，就是当我们对一个 View 调用 par 方法时，到目前（Scala 2.9.0.1）为止，这个方法会把一个线性、延迟计算的集合转化为并行、严格计算的集合而不是并行、延迟计算的集合。这与类型系统的工作原理有关，我们稍微研究一下这个机制。

8.4.1 视图

　　集合库里的集合默认为严格计算，比如说，当对一个集合先应用 map 方法接着对结果应用别的函数时，map 方法执行完立刻就创建出新集合，然后再执行其他函数。而集合的视图是延迟计算的，也就是说，对视图的调用只有在绝对需要的时候才执行。来看个使用列表的非常简单的例子。

```
scala> List(1,2,3,4) map {  i => println(i); i+1 }
1
2
3
4
res1: List[Int] = List(2, 3, 4, 5)
```

　　上面这行语句构造一个列表，然后迭代每个元素。在迭代过程中，打印值并加 1。结果是每个元素被打印到控制台，同时结果列表也创建了。我们 ListView 来做一次同样的操作。

```
scala> List(1,2,3,4).view map {  i => println(i); i+1 }
res2: scala.collection.SeqView[Int,Seq[_]] = SeqViewM(...)
```

　　这个表达式跟前面一样，只是先对列表调用了 view 方法。view 方法返回一个查看当前集合的"视图"或者"窗口"，把所有函数尽可能的推迟。对视图的 map 函数调用并没有真正执行。我们修改一下结果以便能打印值。

```
scala> res2.toList
1
2
3
4
res3: List[Int] = List(2, 3, 4, 5)
```

　　对前例的结果视图调用了 toList 方法。因为这时候视图不得不构造一个新集合，因此之前被推迟了的 map 函数这次被执行了，我们看到原始列表的每个值都被打印出来了。最后，每个元素加了 1 的新集合也被返回。

　　视图和 Traversable 集合合作无间。我们重新看一下前面的 FileLineTraversable 类。这个类打开一个文件，遍历其中每一行。结合视图的能力，我们可以创建一个能够在迭代的过程中加载和解析文件的集合。

　　假设有个系统定义了一种很简单的属性配置文件格式。配置文件的每一行是一个等号分隔的键值对，每个=字符都视为一个合法的标识符，同时不包含=字符的行视为一行注释。我们来定义一种解析机制。

```
def parsedConfigFile(file: java.io.File) = {
  val P = new scala.util.matching.Regex("""([^=]+)=(.+)""")
  for {
    P(key,value) <- (new FileLineTraversable(file)).view
  } yield key -> value
}
```

parsedConfigFile 解析传入的配置文件，值 P 实例化为一个正则表达式，匹配包含一个等号，且等号两边都有内容的行。最后用 for 表达式来解析文件，其中构造了一个 FileLineTraversable 并对它调用 view 方法，从而推迟其实际执行。正则表达式 P 用来抽取并返回键值对。我们在 REPL 里试一下。

```
scala> val config = parsedConfigFile(new java.io.File("config.txt"))
config: TraversableView[(String, String),Traversable[_]] =
  TraversableViewFM(...)
```

给 parsedConfigFile 传入了一个配置文件。配置文件值包含两个编了号的键值对。注意此时文件并未打开也没遍历，返回类型是个 (String, String) 类型的 TraversableView。当确实需要读取配置的时候，可以用 force 方法强制其运算。

```
scala> config force
Opening file
Done iterating file
Closing file
res13: Traversable[(String, String)] =
  List((attribute1,value1), (attribute2,value2))
```

对 config 调用 force 方法使推迟的操作立即执行。此时文件被打开和遍历，所有可解析的行被读取，键值对被作为结果返回。

用视图配合 Traversable 是一种先构造部分程序，然后将其执行推迟到必要时的便利技巧。比如说，在老派的 Enterprise JavaBeans 应用中，我可以构造一个 TraversableView，这个 view 会对应用服务器发起 RMI 调用，获取当前"活动"数据的列表，并对列表执行一些操作，其中有几个操作对来自应用服务器的数据做了一些删减和转化，所有这些都可以抽象隐藏在 TraversableView 背后，就像前例中的配置文件最终暴露为键值对的视图而不是原始文件的视图。

现在来看另一种改变集合执行语义的方法——并行。

8.4.2 并行集合

并行集合是将其操作并行化的集合。

并行集合实现为一种"可分拆"（Splitable）的迭代器。可分拆的迭代器可以高效地拆分成多个迭代器，每个迭代器拥有原始迭代器的部分数据。来看个例子。

图 8.7 展示了一个原本指向 0 到 8 的数字的可分拆迭代器。本例中，原迭代器拆分成两个迭代器，一个包含 1 到 4，另一个包含 5 到 8。这两个分拆出来的迭代器可以分别交给两个线程去处理。

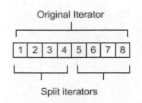

图 8.7　分拆并行集合迭代器

并行集合的操作实现为可分拆迭代器上的任务（implemented astasks on splitable iterators）。每个任务可能由一个并行执行器（parallel executor）来跑，默认情况下会初始化一个 ForkJoinPool，其工作线程数与当前机器的可用处理器数相同。任务自身也可以再分拆，每个任务定义了一个阈值（threshold）来决定它是否还能进一步分拆。

来看个并行整数集合求和的例子，如图 8.8 所示。

整数 1 到 8 的集合的求和过程拆分了 7 个任务，每个任务计算其下属的数字的和，如果一个任务包含的数字数大于阈值（本例中是 2），集合就进一步拆分，并相应的添加更多的任务到执行队列里。ForkJoinPool 有点象线程池，不过对先 fork（拆分）后 join（组合）的任务做了优化，具有更好的性能。

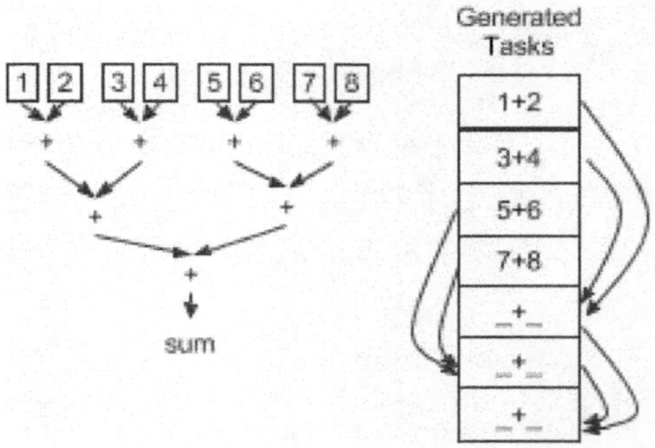

图 8.8　sum 方法的并行任务分解

使用并行集合时，有两点需要注意。

- 串行任务转化为并行任务的效率。
- 任务的可并行性。

集合库尽其一切努力降低第一个问题的开销。集合库定义了一个 ParArray 集合，它可以接受数组或基于数组的集合，将之转化为其并行的变种。集合库还定义了 ParVector 集合，可以高效地（$O(1)$ 时间复杂度）把 Vector 转化为 ParVector。除此之外，集合库还提供了使 Set、Map 和 Range 并行化的机制。转化效率比较差的是那些继承自 LinearSeq 的集合。来看个例子。

```
scala> List(1,2,3).par
res18: collection.parallel.immutable.ParSeq[Int] = ParVector(1, 2, 3)
```

本例中，用 par 方法把一个包含三个数字的列表转化为并行集合，结果是个 ParVector。这个操作的时间复杂度是 $O(N)$，因为集合库不得不先从 List 构造一个 Vector 出来。除非这个转化开销加上并行化的开销仍然小于算法串行运行的开销，否则把 LinearSeq 并行化就没有意义了。大部分情况下在使用并行集合时最好是避免 LinearSeq 及其子类。

　　并行集合的第二个注意点是任务的可并行性，可并行性指一个给定任务能够拆分成多少个并行子任务。比如说，集合的 map 操作具有极高的可并行性。map 操作把集合的每个元素转换成另一种东西，返回个新集合。这是非常适合并行集合的操作。

```scala
scala> ParVector(1,2,3,4) map (_.toString)
res22: collection.parallel.immutable.ParVector[java.lang.String] =
  ParVector(1, 2, 3, 4)
```

　　这行语句构造了一个整数的并行集合，然后把它转化为字符串集合。

　　有个完全不具有可并行性的方法，foldLeft。集合的 foldLeft 方法接受一个初始值和一个二元操作函数，然后以左结合的方式对元素和初始值应用这个二元操作函数。比如给定一个包含值 1、2、3、4 的集合和初始值 0，应用二元操作符+的效果如下：$(((0+1)\ +2)+3)+4$）。这种结合性要求操作必须串行，如果在并行集合上用 foldLeft 方法求和是不会并行计算的。来看一下：

```scala
scala> (1 to 1000).par.foldLeft(0)(_+_)
res25: Int = 10
```

　　先构造一个从 0 到 1000 的并行 Range，然后用初始值 0 和+操作符调用其 foldLeft 方法。结果是对的，但是看不出到底有没有并行。我们用个小花招来展现它到底并行没有。

```scala
scala> (1 to 1000).par.foldLeft(Set[String]()) {
     |   (set,value) =>
     |     set + Thread.currentThread.toString()
     | }
res30: scala.collection.immutable.Set[String] =
  Set(Thread[Thread-26,5,main])
```

　　这次用个空 Set 作为初始值调用 foldLeft，二元操作把当前执行线程添加进 Set 里，我们看到结果是只有一个执行线程。而如果把这个花招用在 map 操作上，在多核机器上会显示多个线程。来看一下。

```scala
scala> (1 to 1000).par map { ignore =>
     |   Thread.currentThread.toString
     | } toSet
res34: collection.parallel.immutable.ParSet[java.lang.String] = ParSet(
  Thread[ForkJoinPool-1-worker-0,5,main],
  Thread[ForkJoinPool-1-worker-1,5,main])
```

　　先创建从 0 到 1000 的并行 Range，然后调用 map 操作。map 操作把元素转化为运行它的当前线程，然后把结果转化为 Set，作用是去掉重复信息。结果显示在我的双核机器上起了两个线程。注意与前例不同，线程实际上是来自默认的 ForkJoinPool。

　　所以，必须是可并行的操作才能使并行集合真的并行。API 文档很好的标明了哪些操作是可并行的，所以最好是仔细看看 scala.collection.parallel 包里的 scaladoc。

有这么多种不同的集合存在，编写能够处理多种集合类型的泛型方法可能变得有点难。有一些机制能够帮我们做到这点。

8.5　编写能处理所有集合类型的方法

新集合库为了确保泛型方法——比如 map、filter、flatMap——能够返回可能的最特定类型，做了很多事。如果用户从 List 开始操作，而且没有做什么转化操作，那么在整个操作过程中应该保持是个 List。这是通过一些类型系统技巧做到的。我们看看如何实现一个用于集合的泛型的排序算法。

幼稚的做法可能是这样：

```
object NaiveQuickSort {
  def sort[T](a: Iterable[T])(implicit n: Ordering[T]): Iterable[T] =
    if (a.size < 2) a
    else {
      import n._
      val pivot = a.head
      sort(a.filter(_ < pivot)) ++
      a.filter(_ == pivot) ++
      sort(a.filter(_ > pivot))
    }
}
```

NaiveQuickSort 定义唯一一个方法 sort，sort 方法实现了快速排序算法。它接受一个元素类型为 T 的 Iterable，隐式参数列表接受类型 T 的类型类 Ordering，用来判断 Iterable 的元素大于、小于还是等于另一个元素。最后函数返回一个 Iterable 作为结果。这个实现取出一个枢纽元素（pivot element）然后把集合拆分成三个子集：比枢纽小的元素集合，比枢纽大的元素集合，和等于枢纽的元素。然后对这些子集排序和组合，创建最终的排好序的列表。这个集合对大部分集合类型都有效，但是有个明显缺陷。来看一下：

```
scala> NaiveQuickSort.sort(List(2,1,3))
res12: Iterable[Int] = List(1, 2, 3)
```

对一个未排序的列表调用了 NaiveQuickSort.sort 方法，结果是个排序后的集合，但是类型变成了 Iterable 而不是 List。这方法功能正确，但是改了类型是不符合我们期望的。我们来研究下是否可能修改这个 sort 实现，使之能保持原本的类型。

```
object QuickSortBetterTypes {
  def sort[T, Coll](a: Coll)(implicit ev0: Coll <:< SeqLike[T, Coll],
                             cbf: CanBuildFrom[Coll, T, Coll],
                             n: Ordering[T]): Coll = {
    if (a.length < 2)
      a
    else {
      import n._
      val pivot = a.head
```

```
    val (lower : Coll, tmp : Coll) = a.partition(_ < pivot)
    val (upper : Coll, same : Coll) = tmp.partition(_ > pivot)
    val b = cbf()
    b.sizeHint(a.length)
    b ++= sort[T,Coll](lower)
    b ++= same
    b ++= sort[T,Coll](upper)
    b.result
  }
 }
}
```

QuickSortBetterTypes 也创建为只包含一个方法，sort。算法的主旨与前相同，只是有了一个 generic builder 来构造排序后的列表。最大的改变是方法的签名，我们稍微分解一下。

类型参数 T 代表集合的元素类型，T 必须是个可以比较的类型（第二个参数列表里的隐式参数 n: Ordering[T]）。在方法的第一行导入 Ordering 成员使类型 T 可以注入<和>方法以便操作。第二个类型参数是 Coll，代表集合的具体类型。注意这里**没有定义**类型边界。新学 Scala 的开发者往往习惯这样定义泛型集合参数：Coll[T] <: Seq[T]，**别这么做**。这么写的效果跟你想的不太一样，这样会只允许也带有一个类型参数的队列子类（当然大部分集合类型都有类型参数），而不是任何子类都可以。如果你的集合类型没有类型参数或多于一个类型参数，你就有麻烦了。比如说：

```
object Foo extends Seq[Int] {...}
trait DatabaseResultSetWalker[T, DbType] extends Seq[T] {...}
```

这两个都被传给接受 Col[T] <: Seq[T]的方法（类型检查通不过）。对于 Foo 对象来说，通不过是因为它没有类型参数，而 Col[T] <: Seq[T]必须要有一个类型参数，DatabaseResultSetWalker 特质则是因为有两个类型参数，而 Col[T] <: Seq[T]要求必须是**一个**类型参数。虽然有绕过去的办法，不过这个规定可能会惊到函数的用户。解决方法是利用隐式系统来推迟类型检查算法（见 7.2.3 节）。

为了让编译器能推断类型边界下界的类型，我们必须想办法推迟类型推断，直到所有类型都可以确定。为此我们直到用<:隐式查找之后才强制类型约束。第一个隐式参数 ev0 : Coll <:< SeqLike[T,Coll]用来确保类型 Coll 是元素类型为 T 的合法集合类型。这个签名用了 SeqLike 类。虽然大部分人认为 SeqLike 是（Seq 的）实现细节，但它其实在实现针对集合的泛型方法时是非常重要的。SeqLike 用其第二个类型参数捕捉原始的"完全类型"集合类型。这使得类型系统能够在泛型方法的执行过程中携带最特定的类型，使之可以用作返回值类型。

作者注：推迟父类类型参数的类型推断

在 2.8.x 系列的 Scala 版本里，支持对类型参数 Foo <: Seq[T]延迟进行类型推断是必需的。Scala 2.9.x 版本改进了类型推断算法，隐式参数<:<不再是必需的了。

sort 方法的下一个类型参数是 cbf: CanBuildFrom[Coll，T，Coll]。当被隐式查找到的时候，CanBuildFrom 判断如何根据给定类型构建一个新集合。第一个类型参数代表原始集合类型，第二个类型参数代表结果集合期望的元素类型。CanBuildFrom 的最后一个类型参数代表新集合的完整类型。在 sort 算法例子里应该就是输入的集合类型，因为排序算法不应该改变输入集合的类型。

首先用 CanBuildFrom 类构造 builder b（builder 模式），然后传给 b 一个结果集合的预期尺寸（sizeHint），接着用 builder 来构造最终的结果集合而不是直接调用++方法。来看一下最终结果。

```
scala> QuickSortBetterTypes.sort(
     |     Vector(56,1,1,8,9,10,4,5,6,7,8))
res0: scala.collection.immutable.Vector[Int] =
  Vector(1, 1, 4, 5, 6, 7, 8, 8, 9, 10, 56)

scala> QuickSortBetterTypes.sort(
     |     collection.mutable.ArrayBuffer(56,1,1,8,9,10,4,5,6,7,8))
res1: scala.collection.mutable.ArrayBuffer[Int] =
  ArrayBuffer(1, 1, 4, 5, 6, 7, 8, 8, 9, 10, 56)
```

第一行语句对未排序的 Vector[Int]调用改写的 sort 方法，结果类型也是 Vector[Int]。接着对 ArrayBuffer[Int]调用 sort 方法，结果仍然是 ArrayBuffer[Int]。我们改写的集合方法现在能够保留最特定的类型了。

作者注：LinearSeqLike 与递归类型定义

上例中的类型前面不能直接用于 LinearSeqLike，原因是 LinearSeqLike 特质将其类型参数定义为 LinearSeqLike[T, Col <: LinearSeqLike[T，Coll]]，第二个类型参数是递归的——类型 Col 出现在它自己的类型约束里。在 Scala 2.9 里，类型推断器仍然能够正确地推断 LinearSeqLike 的子类。下面是个对 LinearSeqLike 的子类做头\尾分解的例子方法。

```
def foo[T, Coll <: LinearSeqLike[T, Coll]](t : Coll with
LinearSeqLike[T,Coll]) : Option[(T, Coll)]
```

foo 方法有两个类型参数。参数 T 是集合元素的类型，类型参数 Coll 是集合的完整类型。类型参数 Coll 和 LinearSeqLike 里的定义一样写成递归的，但是仅靠这点 Scala 并不能够推断出正确的类型。参数列表接受唯一一个参数 t，类型为 Coll with LinearSeqLike[T，Coll]。尽管 Coll 类型参数带有类型边界<: LinearSeqLike[T，Coll]，还是必须同时使用 with 关键字来明确地把 Coll 类型加入到 LinearSeqLike[T，Coll]才行。必须这样才能让类型正确地推断出 Coll 的类型。

这种 sort 的实现方式确实是泛型的，但对于有些集合类型可能不是性能最优的。如果算法能够根据继承层次上的不同集合类型自动调优就好了。如果你是集合库的维护

者，那是很容易做到，因为你可以直接改类的实现，可如果你是在集合库外开发新算法就没办法了，这时候就需要靠类型类来帮忙。

为每种集合类型优化算法

前面已经提过类型类编程范式了，类型类能用来编码针对集合的算法并在有机会提升算法效率的时候"精炼"之。我们来用类型类编程范式来改写前面的泛型排序算法。首先，我们定义排序算法的类型类。

```
trait Sortable[A] {
    def sort(a : A) : A
}
```

Sortable 类型类针对类型参数 A 定义。类型参数 A 意指一个集合的完整类型（译者注：注意不是集合里的元素的类型）。比如说，要给一个整数列表排序需要一个 Sortable[List[Int]]对象。sort 方法接受一个类型 A 的值，返回排序后的类型 A。现在泛型的排序方法可以改成这样：

```
object Sorter {
  def sort[Col](col : Col)(implicit s : Sortable[Col]) = s.sort(col)
}
```

Sorter 对象只定义了一个方法 sort。泛型 sort 方法现在接受一个 Sortable 类型类并用它来为输入的集合排序。此时必须定义用于隐式解析的默认 Sortable 实现。

```
trait GenericSortTrait {
implicit def quicksort[T,Coll](
    implicit ev0: Coll <:< IterableLike[T, Coll],
    cbf: CanBuildFrom[Coll, T, Coll],
    n: Ordering[T]) =
  new Sortable[Coll] {
    def sort(a: Coll) : Coll =
    if (a.size < 2)
      a
    else {
      import n._
      val pivot = a.head
      val (lower: Coll, tmp: Coll) = a partition (_ < pivot)
      val (upper: Coll, same: Coll) = tmp partition (_ > pivot)
      val b = cbf()
      b.sizeHint(a.size)
      b ++= sort(lower)
      b ++= same
      b ++= sort(upper)
      b.result
    }
  }
```

GenericSortTraits 定义包含对泛型的 QuickSort 算法的隐式查找。它只有一个隐式方法 quicksort。quicksort 方法定义了跟之前的 sort 方法一样的类型参数和隐式参数。但它并没有直接去排序而是定义了一个 Sortable 特质的新实例。Sortable.sort 方法定义跟之前完全一模一样。必须把 GenericSortTrait 放到 Sortable 的伴生对象里以便它能被默认隐式解析查找到。

```
object Sortable extends GenericSortTrait
```

Sortable 伴生定义为继承 GenericSortTrait，这样就把隐式方法 quicksort 放在 Sortable[T]的隐式查找路线上了。来试一下。

```
scala> Sorter.sort(Vector(56,1,1,8,9,10,4,5,6,7,8))
res0: scala.collection.immutable.Vector[Int] =
  Vector(1, 1, 4, 5, 6, 7, 8, 8, 9, 10, 56)
```

调用 Sorter.sort 方法时，找到了适合 Vector 的 Sortable 类型特质，成功用 quicksort 算法对集合进行了排序。但如果我们对不是继承自 IterableLike 的集合调用此方法时就会失败。来试试对 Array 调用 sort 方法。

```
scala> Sorter.sort(Array(2,1,3))
<console>:18: error: could not find implicit value for
  parameter s: Sorter.Sortable[Array[Int]]
      Sorter.sort(Array(2,1,3))
```

对未排序的数组调用 Sorter.sort 方法时，编译器抱怨无法找到 Array[Int]的 Sortable 实例。这是因为 Array 不是继承自 Iterable。Scala 提供了隐式转换来把 Array 包装成标准集合。我们来为 Array 实现 sort。为了简单起见，我们这次用选择排序。

```
trait ArraySortTrait {
  implicit def arraySort[T](implicit mf: ClassManifest[T],
                            n: Ordering[T]): Sortable[Array[T]] =
    new Sortable[Array[T]] {
      def sort(a : Array[T]) : Array[T] = {
        import n._
        val b = a.clone
        var i = 0
        while (i < a.length) {
          var j = i
          while (j > 0 && b(j-1) > b(j)) {
            val tmp = b(j)
            b(j) = b(j-1)
            b(j-1) = tmp
            j -= 1
          }
          i += 1
```

```
                }
            b
          }
        }
}
```

特质 ArraySortTrait 定义为只有一个方法 arraySort。这个方法用 ClassManifest 和 Ordering 构造了一个 Sortable 类型特质。在 Scala 里使用原始的数组时需要一个 ClassManifest 以便生成的字节码能针对基础数据类型使用恰当的方法。Sortable 类型特质接受数组类型参数。算法循环遍历数组的每个下标查找剩余元素里的最小元素来交换位置。选择排序效率不是最高的，不过是个通用的容易理解的算法，比 Java 里使用的经典算法要好理解。这个 Sortable 实现也需要加到恰当的伴生对象里以便隐式解析能找到。

```
object Sortable extends ArraySortTrait with QuickSortTrait
```

扩展 Sortable 伴生对象，使之同时继承包含数组的 Sortable 类型类的 ArraySortTrait 和包含 Iterable 集合的 Sortable 类型类的 QuickSort 特质。来用一下这个实现。

```
scala> Sorter.sort(Array(2,1,3))
res0: Array[Int] = Array(1, 2, 3)
```

现在对数组调用 sort 方法成功了。这种技巧能用来支持各种集合，也能用来为使用了 7.3 节所述的技巧的集合类型提供专门的特殊行为。

Scala 提供了通用处理各种集合类型的各种好工具，但如果真要这么做，复杂度仍然可能相当高，所以在考虑要把一个针对集合的方法写到多抽象时需要认真取舍。

8.6 总结

Scala 的集合库是 Scala 最有吸引力的部分之一。无论从集合的能力和灵活性或是从其泛型方法能够保留类型信息的能力来说，Scala 的集合库都成功地为大部分问题领域提供了整洁优雅的表达能力。使用集合 API 的要点在于理解各种类型签名的含义以及了解如何在不同集合语义和运算风格之间切换。虽然 API 更针对不变集合，但它对可变集合的支持也是很充分的。

虽然通过本章你学到了集合 API 背后的概念，但别忘了学习集合提供的各种方法以及如何把它们串起来也是非常重要的。因为集合库一直在改进，学习这些方法的最好资料就是当前发行版的 scaladoc。

下一章将讲述 Scala Actor，Scala 生态系统里另一个非常重要的概念。

第 9 章　Actors

本章讨论用 Actor 设计系统时的一般设计原则，以及使用 Scala 标准库里的 Actor 实现时如何应用这些原则。本章包含以下主题：

- react 和 receive 的区别
- 有类型的通信和封闭（sealed）消息协议
- 用监察者（Supervisor）把失败限定在局部
- 用调度者（Scheduler）把饥饿（starvation）限定在局部

9.1　使用 Actor 的时机

Actor 是异步处理的一种抽象。它们通过收发消息来和外部世界交互。Actor 会串行地处理其接受到的消息。一个 Actor 一次只处理一个消息，这一点很重要，因为这意味着 Actor 不用显式的加锁就可以维护其自身状态。Actor 可以是异步的也可以是同步的。大部分 Actor 在等待消息时不会阻塞线程，但如果需要的话也是可以写成阻塞的。Actor 的默认行为是在处理消息时与其他 Actor 共享线程，这意味着不用很多线程就能支持一大批 Actor，如果设计的好的话。

事实上，Actor 是极佳的状态机。它们接受有限种类的输入消息，并据此更新其内部状态。所有的通信都通过消息，每个 Actor 都是独立的。

Actor 并不是你想象的能解决你系统的所用并发问题的魔法神药。

Actor 并不是（并行化）工厂，Actor 以单线程的方式处理其消息。使用 Actor 的最佳场景是当任务从概念上可以合理拆分，每个 Actor 处理整个任务的一部分子任务的时候。如果应用是大量分发相似的任务去处理，那就会需要大量的 Actor 才能看得到并发的好处。

Actor 和 I/O 需要仔细的交错安排。异步 I/O 和 Actor 是天生一对，因为它们的执行模型非常类似。用 Actor 执行阻塞式 I/O 是自找麻烦。执行阻塞 I/O 的 Actor 可能在处理过程中饿死其他 Actor。我们会在 9.4 节讨论怎么缓解这个问题。

很多问题都能成功地用 Actor 来建模，有些比别的更成功。设计来使用 Actor 的系统架构会与传统架构有本质的不同。Actors 系统不依靠传统的 Model-View-Controller 和基于客户端的并行（client-based parallelism），而是将其架构的各部分并行化并且将所有的通信异步化。

我们来看一个的基于 Actor 的好的设计范例。这个例子使用了很多用于超级计算机的老式的 Message Passing Interface（MPI）中用的工具。MPI 非常值得一看，其中很多概念都能自然地映射到基于 Actor 的系统。

例子

我们来设计个经典的搜索程序。这个程序包含一组文档和某种搜索索引。程序接受用户的查询请求去索引里查找结果。文档被评分，得分最高的文档返回给用户。为优化查询时间，我们采用一种散发-搜集策略（Scatter Gather）（译者注：很像 map reduce，不过 scatter gather 的概念被提出来的更早）。

散发散搜集策略包含两个阶段：分散和搜集。如图 9.1、图 9.2 所示。

第一阶段，散发，就是把查询分发给一组子节点。我们按照传统的做法按主题切分子节点，每个子节点保存相关主题的文档。 这些节点负责根据查询条件查找相关文档并返回结果。

第二阶段，搜集，也就是所有主题节点把结果返回给主节点的过程。然后主节点对这些结果进行筛选并返回整个查询的最终结果。

我们先来设计 SearchQuery，用来在 Actor 之间传递消息。

```
case class SearchQuery(query : String, maxResults : Int)
```

SearchQuery 类有连个参数，第一个是实际的查询条件，第二个是最大返回结果个数。接着我们来实现一个用于处理这个消息的主题节点。

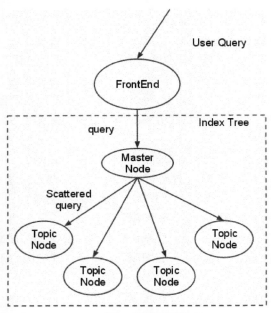

图 9.1   分散阶段

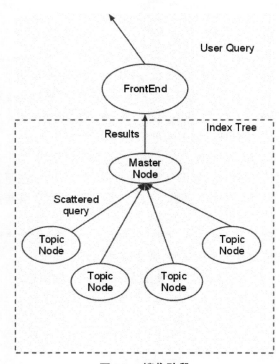

图 9.2   搜集阶段

```
trait SearchNode extends Actor {
  type ScoredDocument = (Double, String)
  val index : HashMap[String, Seq[ScoredDocument]] = ...
  override def act = Actor.loop {
    react {
      case SearchQuery(query, maxResults) =>
        reply index.get(query).getOrElse(Seq()).take(maxResults)
    }
  }
}
```

SearchNode 先定义了个 ScoredDocument 类型，定义为一个 double score 和 String document 的元组。index 定义为查询串到 scored document 的 HashMap。index 实现为不同 SearchNode 实例返回不同的结果集。index 的完整实现参见本书的附带源代码。

SearchNode 的 act 方法包含其核心功能。当接到一个 searchQuery 消息时，它从 index 里查找结果，并将结果集限定为最多为 maxResults 条结果，然后返回给 searchQuery 的发送者。

作者注：react VS receive

SearchNode 用 react 方法来接收消息。Actor 库还定义了一个 receive 方法。区别是 react 方法会把 Actor 的执行推迟到有消息到达时，而 receive 方法会阻塞当前线程，直到有消息到达。除了绝对必需的情况外，一般应当避免使用 receive 以提高系统的并行性。

现在来实现 HeadNode Actor，负责散发查询和收集结果。

```
trait HeadNode extends Actor {
  val nodes : Seq[SearchNode] = ...
  override def act = Actor.loop {
    react {
      case s @ SearchQuery(query, maxResults) =>
        val futureResults = nodes map (n => n !! s)
        def combineResults(current : Seq[(Double, String)],
                           next : Seq[(Double, String)]) =
          (current ++ next).view.sortBy(_._1).take(maxDocs).force
        reply futureResults.foldLeft(Seq[ScoredDocument]()) {
          (current, next) =>
            combineResults(current,
                          next().asInstanceOf[Seq[ScoredDocument]])
        }
    }
  }
}
```

HeadNode Actor 有点复杂。它先定义了成员 nodes，保存所有它能散发查询的 SearchNode。然后它在 act 方法里定义其核心功能。HeadNode 等待 SearchQuery 消息，当它接受到消息时，它把查询消息发给所有的 SearchNode，然后等待“将来的”结果。Actor 的!!方法把消息发给 Actor，期望在将来的某时得到返回结果。这个返回结果叫作 Future。HeadNode 可以通过调用 Future 的 apply 方法使之阻塞等待返回结果。对这些

futures 调用 foldLeft 时做的就是这事。HeadNode 把下一个将来的结果和当前结果组合起来构成最后的结果列表，然后用 reply 方法把最终结果返回给查询的发送来源。

现在系统已经实现了用于高性能搜索的散发/集中搜索树，但还有很多需要的功能。比如说，在 Scala 这样一种静态类型语言中，HeadNode 里对结果类型的强制类型转换可不是一种好做法。另外，HeadNode 在整个搜索期间阻塞，意味着系统的并行性还可以提高，以便让跑得慢的查询不饿死跑得快的查询。最后还有就是搜索树当前没有失败处理机制，在索引或者查询串错误的时候整个系统都会挂掉。

使用 Actor 时，这些缺陷都可以改进。我们先从修复类型安全问题开始。

9.2　使用有类型的、透明的引用

使用 Scala 标准 Actor 库的最大危险就是让 Actor 互相持有引用。这会导致不小心调用了另一个 Actor 的方法而不是发送消息给对方。这么做乍看上去无害，但实际上可能搞挂整个 Actor 系统，尤其是使用了锁的时候。Actor 已经优化为在极少情况下，比如排期（scheduling）和处理消息缓冲区时才使用锁。引入额外的锁很容易导致死锁和各种头痛的问题。

直接传递 Actor 的引用的另个缺点是透明性。也就是说一个 Actor 的位置绑死在另个 Actor 上。这把它们锁死在其当前位置上，而无法迁移到别的位置，不管是内存里还是网络上。这极大地限制了系统处理失败的能力。我们会在 9.3 节详细讨论这一点。

直接传递 Actor 的另个缺点——在 Scala 标准库里——在于 Actor 是无类型的。也就是说在使用原生 Actor 时，类型系统提供的有用的工具全都不可用，尤其是编译器利用 sealed 特质检测穷尽模式匹配（exhausting pattern matches）的能力。

> **作者注：在消息 API 里使用 sealed 特质**
>
> 　　在 Scala 里把用于 Actor 交互的消息 API 定义在一个 sealed 特质继承树里是个"最佳实践"。这样的好处是把一个 Actor 能处理的所有消息种类集中在一个地方定义以便查找。虽然略显僵化，不过可以强制编译器在检测到一个 Actor 不能处理所有的消息类型时报警。
>
> 　　Scala 标准库提供了两种机制来确保类型安全和解耦 Actor 之间的直接引用。这两个机制是 InputChannel 和 OutputChannel 特质。

OutputChannel 特质用来给 Actor 发送消息，应该把这个接口传给别的 Actor。这个接口差不多是这样：

```
trait OutputChannel[-Msg] {
  def !(msg: Msg @unique): Unit
  def send(msg: Msg @unique, replyTo: OutputChannel[Any]): Unit
  def forward(msg: Msg @unique): Unit
  def receiver: Actor
}
```

OutputChannel 特质是个根据能接收的 Message 的类型来定制的模板化特质

（templatized）。它支持三种发送消息的方法：!、send 和 forward。!方法把消息发送给一个 Actor，不要求有返回结果。send 方法除了发送消息外还附带一个 OutputChannel，对方可以通过这个 OutputChannel 来回复。forward 方法用来把收到的消息转发给另一个 Actor，保持消息的原始回复 channel。

OutputChannel 的 receiver 方法返回其背后的原生 Actor，应该避免使用此方法。

注意 OutputChannel 没有!!和!?方法。在 Scala 标准库里，!!和!?方法用来发送消息同时期望在当前作用域里收到回复。为此它实际上是创建了个匿名 Actor 用来接收回复。这个匿名 Actor 被用作 send 调用的 replyTo 参数。!?方法阻塞当前线程，直到接到回复。!!方法创建一个 Future 对象，Future 保存将来的结果。试图从中获取结果会阻塞当前线程，直到结果有了的时候。Future 还提供了 map 方法，可以用它来附加一个对将来的结果进行计算的将来运行的函数，而不用阻塞当前线程。

一般来说不鼓励使用!!和!?，因为导致线程死锁的风险很大。在轻度使用或谨慎使用时可能很有用。重点是理解项目的大小和范围和要解决的问题。如果问题太复杂，无法确保!!和!?的行为可控，那最好还是干脆避免使用它们。

我们来修改一下散发-搜集例子，改用 OutputChannel 来通信。

利用 OutputChannel 来散发–搜集

散发-搜集例子有两处需要改进来使用轻量级的类型安全引用：去掉 HeadNode 里对 Actors 的直接引用，改为通过一组 OutputChannel 来发送查询请求。第一处修改很简单。

```
/** The head node for the scatter/gather algorithm. */
trait HeadNode extends Actor {
  val nodes : Seq[OutputChannel[SearchNodeMessage]]
  override def act : Unit = {
    ...
  }
}
```

HeadNode Actor 的 nodes 成员改成了 Seq[OutputChannel[SearchNodeMessage]]。这个修改确保 HeadNode 只会把 SearchNodeMessage 消息发送给 SearchNode。SearchNodeMessage 类型是新加的封闭（sealed）特质，包含所有能够发送给 SearchNode 的消息类型。

第二处修改稍难。我们不再让 SearchNode 直接回复给 SearchQuery 的发送者，而是让 SearchQuery 消息附带一个用来接受结果的 OutputChannel。

```
sealed trait SearchNodeMessage
case class SearchQuery(query : String,
                       maxDocs : Int,
                       gatherer : OutputChannel[QueryResponse])
  extends SearchNodeMessage
```

SearchQuery 消息现在有三个参数：查询串、最大结果数和用来接收查询结果的 OutputChannel。SearchQuery 现在从 SearchNodeMessage 继承。新加的 SearchNodeMessage 特质是 sealed，这样就确保了只有在其所在文件里定义的消息类型才能发送给 SearchNode。现在来修改 SearchNode 使之能处理改进后的 SearchQuery 消息。

```
trait SearchNode extends Actor {
  lazy val index : HashMap[String, Seq[(Double, String)]] = ...

  override def act = Actor.loop {
    react {
      case SearchQuery(q, maxDocs, requester) =>
        val result = for {
          results <- index.get(q).toList
          resultList <- results
        } yield resultList
        requester ! QueryResponse(result.take(maxDocs))
    }
  }
}
```

SearchNode 特质基本跟前面一样，只有改了 react 里的最后一样。现在不再调用 reply 而是把 QueryResponse 发给查询的请求者。

新的设计意味着 HeadNode 不能再仅仅是把同一个 SearchQuery 发给全部的 SearchNodes。我们重画一下现在的系统通信模型图，如图 9.3 所示。

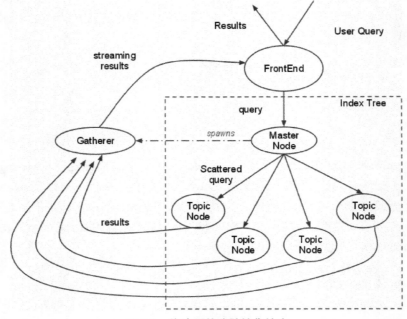

图 9.3　修改版的分散搜集搜索

新的设计里有个 Gatherer Actor，负责接收来自 SearchNodes 的结果并在把结果返回给前端前先组合一下。有很多种方法来实现 Gatherer。有一种高级的做法是用 prediction 来把陆续收到的结果陆续地导向前端，以确保高优先级的结果立刻发送给前端。现在我们先不搞那么高级的，我们就实现个简单的 GathererNode，让它先把结果搜集齐，然后再发送给前端。

```
// An actor which receives distributed results and aggregates/responds to the
origin trait GathererNode extends Actor {
  val maxDocs : Int
  val maxResponses : Int
  val client : OutputChannel[QueryResponse]
  ..
}
```

GathererNode 定义为一个 Actor，包含三个方法。maxDocs 是为查询返回的最大结果数。maxReponse 是在将结果返回之前需要等待的查询节点个数。client 是用来发送结果的 OutputChannel。GathererNode 应该对搜索时的错误或超时有一定的容错性。为此，它最多为每个响应等待一秒钟，之后就返回结果。我们来实现 GathererNode 的 act 方法：

```
def act = {
  def combineResults(current: Seq[(Double, String)],
                     next: Seq[(Double, String)]) =
    (current ++ next).view.sortBy(_._1).take(maxDocs).force

  def bundleResult(curCount: Int,
                   current: Seq[(Double, String)]): Unit =
    if (curCount < maxResponses) {
      receiveWithin(1000L) {
        case QueryResponse(results) =>
          bundleResult(curCount+1, combineResults(current, results))
        case TIMEOUT =>
          bundleResult(maxResponses, current)
      }
    } else {
      client ! QueryResponse(current)
    }
  bundleResult(0, Seq())
}
```

act 方法定义了这个 Actor 的核心功能。combineResults 辅助方法定义为接受两个查询结果集合，把它们组合起来，保留得分较高的结果。此方法还把结果数量限定为不超过 maxDocs 的值。

bundleResult 方法是最最核心的功能。curCount 参数是到目前为止收到的响应次数。current 参数是从所有节点搜集到的查询结果的合集。bundleResult 方法先检查收到的响应个数是否小于期望的最大结果，如果是则调用 receiveWithin 继续等待响应——receiveWithin 会在给定的时间段里等待消息，如果一直没收到消息则会发送一个特殊的 scala.Actors. TIMEOUT 消息。如果收到了又一批查询结果，则把这批结果和之前的结果合并然后用合并后的结果递归调用自己。如果收到超时消息则再次调用自身，但是这次把 cuCount 参数设为最大响应次数（从而跳出 if 分支，在 else 分支里将结果传给客户端）。最后如果收到的响应数大于等于期望的最大响应数，就把当前结果返回给客户端。

最后，act 方法实现为用初始的响应次数 0 和空结果集来调用 bundleResult 方法。

GathererNode 一旦把查询结果发给客户端后就不再接受消息，效果就是结束了 Actor 的生命周期，scala 标准库的 Actor 库实现了自己的垃圾搜集例程，会移除对 GathererNode 的引用，使之能够被 JVM 垃圾搜集，释放内存。

还缺的最后一部分实现代码就是适配 HeadNode 去使用 GathererNode 而不是自己去搜集所有结果。

```
trait HeadNode extends Actor {

  val nodes : Seq[OutputChannel[SearchNodeMessage]]

  override def act : Unit = {
    this.react {
      case SearchQuery(q, max, responder) =>
        val gatherer = new GathererNode {
          val maxDocs = max
          val maxResponses = nodes.size
          val client = responder
        }
        gatherer.start
        for (node <- nodes) {
          node ! SearchQuery(q, max, gatherer)
        }
        act
    }
  }
  override def toString = "HeadNode with {\n" +
    "\t" + nodes.size + " search nodes\n" +
    nodes.mkString("\t", "\n\t", "\n}")
}
```

我们修改了 HeadNode，当它接到一个查询请求时，它就构造一个新的、用 searchQuery 里的参数初始化的 GathererNode。然后启动这个 GathererNode 以使它能够接收消息。最后一步是把查询条件发给所有节点并设置 OutputChannel 为 GathererNode。

把散发和搜集计算分到不同 Actor 里有助于提高整个系统的吞吐量。HeadNode 只需要处理接到的查询请求，对查询请求做些预处理之类的事情然后就发散之。GathererNode 专注于从搜索树接收响应。GathererNode 甚至可以实现为一旦接收到足够的结果就通知 SearchNode 停止搜索。最重要的如果某个特殊查询造成了什么错误，在这种实现方法下完全不会影响系统里别的查询。

这是用 Actor 做设计时的一个关键点——故障应该尽可能地隔离。这一点可以通过创建故障区（failure zone）来实现。

9.3 把故障限制在故障区里

理顺分布式系统的架构是有难度的。Joe Armstrong，Erlang 语言的创造者，普及了 Actor 的概念和处理故障的方法。如果系统里的一个 Actor 发生故障，推荐的处理策略是"让它挂掉"，而有另一个 Actor——称为管理员（supervisor）——来处理故障。管理员负责把系统调回工作状态。

从拓扑的视角来看，管理员为他们所管理的 Actors 创建故障区，也就是说，管理员能够将系统中的 Actors 分区，这样当一个区域的系统挂掉时，管理员能有机会阻止故障蔓延到整个系统。每个管理员 Actor 自身也可以再由另个更高级的管理员 Actor 管理，从而创建一个嵌套的故障区。

管理员的故障处理有点类似于编程语言的异常处理。管理员应当把它知道怎么处理的故障处理掉，把不知道怎么处理的故障抛到外层。如果最后没有一个管理员能处理这个故障，那整个系统会当掉，所以抛出故障要谨慎！

管理员写起来比异常处理代码要简单一点。对于异常处理来说，很难确切知道一个 try-catch 快里是否包含什么改变状态的代码，不确定是否能简单地消除影响。而对管理员来说，如果一个 Actor 工作不正常了，它可以重启对该 Actor 有依赖的那部分系统，给 Actor 传个好的初始值，然后重新回复处理消息。

要注意 Actor 的管理员和它的创建者之间的关系。如果管理员在重建系统时需要重新创建 Actor，那么这个管理员同时也是在系统初始化时启动 Actor 的理想角色。这样可以让所有的初始化逻辑集中在一个地方。管理员同时可以需要担当它所管理的子系统的一个对外的代理（proxy）的角色。当故障发生时，管理员需要把发给其子系统的消息缓存起来，直到子系统功能恢复，能够继续处理消息未知。

在 Scala 的不同 Actor 库里，创建管理员的方法不一样。在核心库里，通过 link 方法创建管理员，而在为大型可伸缩系统设计的 Akka Actor 库里提供了很多默认的管理员实现，以及同时写 Actor 和管理员的机制。相同的是所有的 Actor 库都支持创建管理员并且鼓励使用故障区的机制。

9.3.1 发散搜集故障区

我们来改进分散搜集例子，加入故障区机制。第一个故障区应当用来恢复 HeadNode 和 SearchNode Actor。故障发生时，管理员可以重载出故障的 SearchNode，然后重新挂载到 HeadNode 上。第二个故障区应该恢复 FrontEnd Actor 和前面那个故障区的管理员 Actor。当故障在外部故障区发生时，管理员应当重启出故障的内部区域，并通知前端使用新启动的 Actors。我们来看一下故障处理的拓扑视图，如图 9.4 所示。

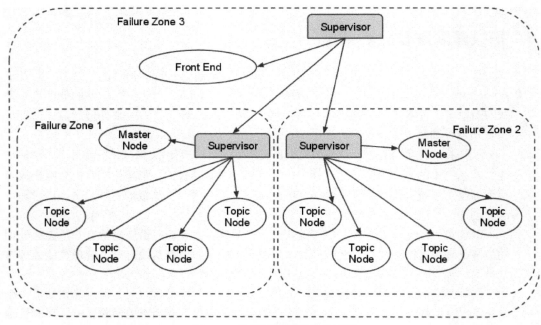

图 9.4　分散搜集例子的故障区

故障区 1 和故障区 2 显示了两个并行的搜索树的 Head Node 和 SearchNode 故障区。每个故障区的管理员负责负责在故障发生时重启它管理的整个搜索树或只重启某个出问题的 SearchNode。这两个故障区又被包含在故障区 3 之内，故障区 3 管理搜索前端，当故障发生时，它根据情况重启下层的搜索树或前端节点。

我们先来定义搜索节点的管理员。

清单 9.1　搜索节点的管理员

```
trait SearchNodeSupervisor extends Actor {
  val numThreadsForSearchTree = 5

  private def createSearchTree(size : Int) = {          ❶ 子树构造器
    val searchNodes = for(i <- 1 to size) yield {
      val tmp = new SearchNode {
        override val id = i
      }
      SearchNodeSupervisor.this link tmp                ❷ 监管子节点
      tmp.start
      tmp
    }
    val headNode = new HeadNode {
      val nodes = searchNodes
      override val scheduler = s
```

```
    }
    this link headNode                              ❷ 监管子节点
    headNode.start
    headNode
  }
  def act() : Unit = {
    trapExit = true                                 ❸ 捕捉异常
    def run(head : Actor) : Nothing = react {       ❹ 无
      case Exit(deadActor, reason) =>               ❺ 重启故障区
        run(createSearchTree(10))
      case x =>
        head ! x
        run(head)
    }
    run(createSearchTree(10))
  }
}
```

SearchNodeSupervisor 有两个方法，createSearchTree 和 act。createSearchTree 方法负责实例化搜索树的节点并返回头节点。此方法循环创建期望个数的搜索节点，实例化前例中的 SearchNode 类。回想一下前例中的 SearchNode 根据给它们设定的 id 值来加载一组在搜索时使用的索引文档集。创建出来的每个 SearchNode 被链接（link）到管理员。link 是 Scala 标准库里用来创建管理员关系树的方法。把两个 Actor 链接起来意味着当其中一个故障时，两个都被杀死，同时也允许其中一个 Actor 捕捉另一个 Actor 产生的错误。在 act 方法里的第一句 trapExit 就起这个作用。

> **作者注：使用链接时的易犯错误**
>
> 为简化使用，link 方法有以下两个限制。
>
> - 必须在"活的"Actor 里调用，也就是说必须在 act 方法或者传给 react 的 continuations 之一里面调用。
> - 应该在管理员里调用，把被管理的 Actor 作为参数。
>
> 因为 link 要修改故障处理行为，它需要同时锁定其链接的 Actors。这个同步行为有可能导致在等待锁时发生死锁。因此需要有序地进行加锁的操作以避免死锁。同时，link 方法要求——通过运行时断言（runtime assert）——其必须在一个当前"活的"Actor 里调用。也就是说，此 Actor 必须正在其计划的线程里活跃地运行（the Actor must be actively running in its scheduled thread）。这意味着链接行为不能在管理员 Actor 外部进行，必须在其内部进行。因此，构造构造区拓扑的代码被放在管理员代码里，也因此管理员自然地成为其管理的 Actors 的代理。

第二个方法是标准库 Actor 的 act 方法。这里定义了管理员 Actor 的核心功能。这里的第一行 trapExit=true 语句使管理员能捕捉其他 Actor 的错误。下一行是个辅助方法，

叫作 run。run 方法接受一个参数，即当前的 head Actor。run 方法调用 react 方法，阻塞等待传入的消息。它处理的第一种消息是特殊的 Exit 消息，当管理员管理的某个 Actor 出故障时，管理员会收到 Exit 消息，注意 Exit 消息携带的值：deadActor 和 reason。deadActor 链接使管理员在需要的时候能够尝试获得该 Actor 的局部状态或者把该 Actor 从控制结构里移除。注意当收到此消息时 deadActor 已经死了，Actor 框架不会再把任何消息发给它。

在处理故障的时候，我们这个 SearchNodeSupervisor 会重建整个搜索树，然后传递给 run 方法。在真实应用中，这可能不是一种理想的做法——重建搜索树的代价可能很大，甚至搜索树可能是分布在多台机器上的。如果是这种情况，更好的做法是 SearchNodeSupervisor 仅重启故障节点，然后通知搜索树。

SearchNodeSupervisor 把除了故障信息外的其他信息都转发给当前的 HeadNode。也就是说，当重启子系统时，管理员会自己先阻塞（缓存）传入的请求。当主节点挂掉时，管理员收到 Exit 消息开始处理故障，在处理过程中暂停处理消息，当子系统恢复时，管理员从自己的队列里取出消息转发给搜索树。

9.3.2　通常的故障处理实践

我们通过分散-搜集搜索系统的管理员展现的是 Actors 系统里处理故障的最简单的方式。在实际实际设计基于 Actor 的系统和规划故障区时，你可以参考表 9.1 的清单选择恰当的策略。

表 9.1　　　　　　　　　　　Actor 设计决策表

决策	分散搜集示例	其他选项
提供透明的方法来重启出故障的组件	通过管理员转发消息。如果管理员失效，则重启外围的故障区	用 Actor 的引用更新 nameservice 直接把新地址通知给相连的组件
故障区的粒度	整个搜索树失效重启	单个搜索节点的内部故障区和搜索树的外部故障区
恢复故障 Actor 的状态	Actor 数据静态的从磁盘拉取。在整个生命周期里不变	间歇性的把快照保存到持久存储 从死掉的 Actor 抓取"活动"状态并"消毒" 每次处理完一个消息后将状态持久化

这三个决策对于构造强固的并发 Actor 系统是非常关键的。第一点是最重要的，创建故障安全区，意味着确保在该区当掉和重启时不会影响外部区。Scala Actor 库为 Actor 之间进行隔离提供了很好的支持，在需要传 Actor 的引用时你应该传个代理或 namespace 引用而不是传个指定的 Actor 引用。

第二个决策会影响 Actor 的消息收发 API。如果一个子系统需要能够容忍其某一个 Actor 发生故障的情况（而不是一个发生故障就整个子系统重启），那么其他 Actor 就需要有能力更新自身信息以便在故障的 Actor 被替换复后，跟替换后的 Actor 恢复通信。透明的 Actor 引用在这里再次展现出极大的价值。如果使用 Scala 标准 Actor 库，用管理员 Actor 作为自组件的代理是提供这种透明性的最方便的方法。也就是说，要创建细粒度的故障区，必须创建大量管理员，可能要给每个 Actor 创建一个管理员。

第三个决策是关于一个在例子里没有讨论到的方面——状态恢复。现实中大部分 Actor 会在其生命周期里维持某种形式的状态信息，有可能需要重建状态信息才能让系统恢复运作。虽然标准库里没有对此提供官方支持，但还是有几种方法可以做到这一点。一种方法是定期地把 Actor 当前状态的快照（snapshot）保存到持久存储中，然后就可以在以后需要的时候恢复出来。

第二种保存状态的方法是从死掉的 Actor 那里把最后的状态取出来，然后消毒（sanitizing），然后再重建 Actor。这个方法很有风险，因为死掉的 Actor 的状态不一定完整且消毒过程不一定能解决问题，而且消毒过程很可能非常难写也难以推理。我不建议使用这种机制。

另一种处理状态的机制是在 Actor 接到任何消息后立刻保存状态。虽然 Scala 标准库里没有对此提供支持，但是可以很容易地通过增加一个 Actor 的子类来实现此功能。

> **作者注：Akka transActors**
>
> Akka Actor 库提供了很多方法来同步 Actor 的状态，TransActor 是其中之一。TransActor 也是一种 Actor，不过它的消息处理函数是在一个事务上下文中执行的，其状态会在每次接到消息后保存。

关于 Actor 的内容还差一个部分，就是线程策略。因为 Actor 共享线程资源，一个处理消息时出问题的 Actor 有可能降低其他共享同个线程资源的 Actor 的性能。解决这个问题的方法是把 Actor 分到多个排期区（scheduling zone），就和把 Actor 分到故障区的做法一样。

9.4 利用排期区控制负载

有一种类型的故障是管理员无法处理好的，那就是 Actor 的线程饥饿。如果一个 Actor 收到大量的消息，因此花费了大量的 CPU 时间来处理它们，那它有可能会饿死其他 Actor（译者注：饥饿、贪婪等多线程开发术语请参考相关资料或维基百科 http://en.wikipedia.org/wiki/Thread_starvation）。Actor scheduler 也没有任何优先级的定义方法。可能你的系统里有个必须要尽快响应的高优先级 Actor，但它可能会因为资源都被某个低优先级的 Actor 偷走了而停滞。

解决这个问题的方法是使用排期器（Scheduler）。排期器是负责在多个线程之间共享 Actor 的组件。排期器选择下一个轮到运行的 Actor，把该 Actor 绑到某个线程上去执行。在 Scala 的 Actors 库里，排期器是那些实现了 IScheduler 接口的对象。

在标准 Actor 库里也提供了各种各样的排期机制。表 9.2 列出了部分关键的排期器。

表 9.2   Scheduler

Scheduler	目的
ForkJoinScheduler	为能够拆分、并行化、合并的任务优化的 Scheduler
ResizableThreadPoolScheduler	先启动固定数量的线程池给 Actor 用。当负载增加的时候会自动创建新线程，直到达到环境设置的上限
ExecutorScheduler	用一个 java.util.concurrent.Executor 来为 Actor 排期。这使得 Actor 能够使用任何标准的 java 线程池。这是使用固定大小的线程池时的推荐方式

ForkJoinSAcheduler 是 Scala Actor 的默认排期器。它采用一种精巧的工作偷取（work-stealing）算法：每个线程有自己的排期器，在某线程上创建的任务加入到该线程的排期器里，如果一个线程没活干了，它会从别的线程的排期器那里"偷"活来干。这种机制在很多场景下都有极佳的性能表现。分散-搜集例子就完美适用于 ForkJoin 排期算法。查询被分配给每个 SearchNode 去执行，然后把结果组合起来创建最终结果。如果系统陷入困境（if the system is bogged down），它可以自动降级为类似单线程的查询引擎。一般情况下 ForkJoin 排期器是高效的，但它不适用于任务数量大幅变化的场景。

ResizableThreadPoolScheduler 构造了一个线程池，让一组 Actor 在处理消息时共享。排期器采用先到先服务的机制。当工作负载开始增长到超过当前的线程池的负载时，排期器会增加线程池里的可用线程，直到达到线程池的最大线程数。这样可以让系统处理急剧增加的消息吞吐量然后在吞吐量下降时再把资源还回去。

ExecutorScheduler 是把给 Actor 排期的任务转交给 java.util.Executor 一种排期器。在 java 标准库里有 java.util.Executor 的很多种实现和一些常用的变种。在我自己的代码里就有一个在 AWT 渲染线程里对任务做排期的 Executor 变种。让 Actor 使用我这个排期器能够确保 Actor 能正确的在 GUI 上下文里处理消息。这样我可以创建用 Actor 来响应后台事件然后更新 UI 状态的 GUI 应用。

每种排期器可能适用于系统里的某个或多个组件（需要斟酌选用）。除此以外，某些组件的排期可能需要完全与其他组件隔离开。这就是排期区的重要意义所在。

排期区

排期区是一组共享相同排期器的 Actor。和故障区把故障恢复隔离起来一样，排期器把子系统的资源饥饿和争夺隔离起来。不只如此，排期区还可以优化组件的排期功能。

我们来看一下如果要为分散-搜集例子设计个排期区会是什么样子，如图 9.5 所示。

　　分散-搜集搜索服务系统可以拆分成 4 个排期区：搜索树 1、搜索树 2、前端和管理员。

　　第一个排期区处理一个搜索树里的全部 Actor。由于 ForkJoinScheduler 正是为类似分散-搜集算法的场景而优化的，所以它是这个排期区的理想选择。复制的搜索树也自有一个 ForkJoinScheduler 以在两个树之间隔离故障和负载。

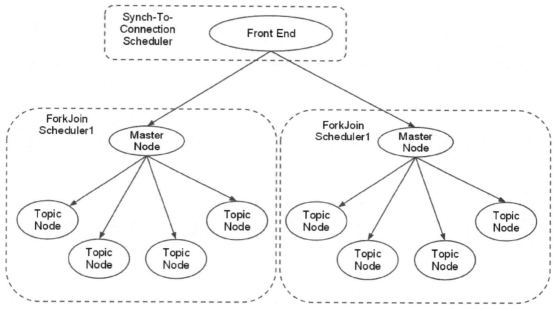

图 9.5　分散-搜集排期区

　　前端排期区使用一个定制的排期器，这个排期器把它的执行绑定在一个异步的 HTTP 服务器上。也就是说，消息处理是在接受输入的同个线程上完成，而结果使用某个前端线程传回给正确的端口。

　　当然这些 Actor 也可以使用自己的线程池，尤其是如果 HTTP 服务器用线程池来接受请求的话，那么这些 Actor 使用大小相同的线程池就很理想了。

　　最后一个没展示出来的排期区是故障恢复的排期区。出于个人习惯，我倾向于把故障恢复放在一个单独的排期例程里，这样它们就不会其他的子组件互相干扰。这并不是必需的做法。故障恢复（如果发生的话）应该是出故障的子组件的最高优先级的任务，此时该组件不应该从其他线程偷取更重要的工作。但是如果多于一个子组件共用同个排期区，那么我更喜欢把故障恢复工作从"核心"工作里分离出来。

　　我们来给分散搜集搜索树例子加上排期区。唯一要改的是管理员里定义的构造函数。来看一下：

清单 9.2　SearchTree fActory

```
private def createSearchTree(size : Int) = {
  val numProcessors =
    java.lang.Runtime.getRuntime.availableProcessors
  val s = new ForkJoinScheduler(                        ❶ 为区域创建
    initCoreSize = numProcessors,                          Scheduler
    maxSize = numThreadsForSearchTree,
    daemon = false, fair = true)
  val searchNodes = for(i <- 1 to size) yield new SearchNode {
    override val id = i
    override val scheduler = s                           ❷ 将 Scheduler
  }                                                         赋给 Actor
  searchNodes foreach this.link
  searchNodes.foreach(_.start)
  val headNode = new HeadNode {
    val nodes = searchNodes
    override val scheduler = s                           ❸ 将 Scheduler
  }                                                         赋给 Actor
  this link headNode
  headNode.start
  headNode
}
```

在之前的代码上加了两处。第一处是创建 ForkJoinScheduler。这个排期器接受 4 个参数。initCoreSize 和 maxSize 参数是线程池里应该保持的最小和最大线程数。daemon 参数指定线程是否应该被构造为 daemon。这个排期器有能力在其所管理的 Actor 都没有任务处理的时候把自己停掉。最后一个参数指示排期器是否应该在执行工作偷取算法时尝试确保公平。

第二处代码是覆盖 SearchNode 和 HeadNode 的 scheduler 属性。这使得 Actor 使用新的排期器。只能在构造时这么做，因此必须已经知道排期区的存在（so the scheduling zones must be known a-priori）。

这就完成了，Actor 现在在各自的 fork-join 线程池里运行，与其他 Actor 的负载相隔离。

9.5　动态 Actor 拓扑

使用 Actor 的一个重要优点在于你能够在运行时彻底的改变程序的拓扑以应对不同的负载或数据量。拿分散-搜集树的例子来说，我们来重新设计它，让它能随时接受新文档并加入到索引中。如果某个节点变得过大，分散-搜集树应该能自动扩展。 为达到这个目的，我们可以把一个 Actor 视为一个状态机。

直管使用 AKKA

AKKA 是 JVM 上性能最好的 Actor 框架。它在设计 API 时就已经把 Actor 的最佳实践固化于其中了。开发高效、强健的 Actor 系统，使用 AKKA 是第一选择。

整个分散-搜集树由两种节点类型组成：搜索节点（叶子节点）和头节点（分支节点）。每个搜索节点持有一个索引，比如前面的 Topic 节点。它的职责是把新文档加入索引和返回查询的结果。头节点保存着子节点的个数。它的职责是把查询转发给所有子节点并设置一个收集器来聚合最终结果。

使用 AKKA 下面的例子将使用 AKKA Actor 库，尽管 Scala 标准库里的 Actor 库很优雅，但 AKKA 让你更容易开发强健可靠的 Actor 系统。AKKA 内建提供了（位置）透明的 Actor 引用（Actor reference），同时提供了一组有用的 supervisor 和 scheduler。在 AKKA 里面创建故障区和排期区要容易得多，而且它还是个独立第三方库。综上所述，实在没什么理由不用 AKKA，尤其是设计一个分布式拓扑的时候，如下面的代码所示

LeafNode 特质定义了名为 leafNode 的偏函数 PartialFunction[Any,Unit],这个函数包含一些适用于叶子节点的消息处理逻辑（注意其字类型为 AdaptiveSearchNode）。当节点接到 SearchQuery 时，它对本地索引执行查询，当接到 SearchableDocument 时，它把文档加到本地索引里：

清单 9.3   AdaptiveSearchNode

```
trait LeafNode { self: AdaptiveSearchNode =>
  ...
  def leafNode: PartialFunction[Any, Unit] = {
    case SearchQuery(query, maxDocs, handler) =>
      executeLocalQuery(query, maxDocs, handler)
    case SearchableDocument(content) =>
      addDocumentToLocalIndex(content)
  }
  ...
}
```

AKKA，尤其是设计一个分布式拓扑的时候，如下面的代码所示：

LeafNode 特质定义了名为 leafNode 的偏函数 PartialFunction[Any,Unit],这个函数包含一些适用于叶子节点的消息处理逻辑（注意其字类型为 AdaptiveSearchNode）。当节点接到 SearchQuery 时，它对本地索引执行查询，当接到 SearchableDocument 时，它把文档加到本地索引里：

清单 9.4   LeafNode.executeLocalQuery

```
trait LeafNode { self: AdaptiveSearchNode =>
  var documents: Vector[String] = Vector()
  var index: HashMap[String, Seq[(Double, String)]] = HashMap()
  ...
  private def executeLocalQuery(query: String,
                                maxDocs: Int,
```

```
                                handler: ActorRef) = {
  val result = for {
    results <- index.get(query).toList
    resultList <- results
  } yield resultList
  handler ! QueryResponse(result take maxDocs)
  }
}
```

executeLocalQuery 函数抽取所有匹配某个词的结果，然后根据查询的最大结果要求加以限制，再发给 handler。注意 handler 的类型是 ActorRef 而不是 Actor。在 AKKA 里不允许（也无法）获取一个 Actor 的直接引用。这样可以避免从线程里直接获取 Actor 的状态。与 Actor 对话的唯一途径是通过其 ActorRef 发送消息给它，ActorRef 是 Actor 的透明的引用。给 Actor 发消息的方法仍然是用!操作符。除了使用 ActorRef 之外，AKKA 版的 executeLocalQuery 与 Scala 标准库版本没有别的差异。

完成索引更新后，新文档被加入了保存的文档列表。最后，如果一个节点的文档数超过了其最大期望文档数时，调用 split 方法。split 方法应当把此叶子节点分割成多个叶子节点，然后把自己替换成分支节点。我们暂不实现 split 方法，推迟到定义父节点的时候。如果不需要分割索引，则只是更新索引。

清单 9.5　LeafNode.addDocumentToLocalIndex

```
trait LeafNode { self: AdaptiveSearchNode =>
  private def addDocumentToLocalIndex(content: String) = {
    documents = documents :+ content
    if (documents.size > MAX_DOCUMENTS) split()
    else for( (key,value) <- content.split("\\s+").groupBy(identity)) {
      val list = index.get(key) getOrElse Seq()
      index += ((key, ((value.length.toDouble, content)) +: list))
    }
  }
  protected def split(): Unit
}
```

更新索引时，文档字符串先被分割为词。然后再按词分组，key 为单个词，值为文档里的相同词的序列。这个序列在后面用来计算文档与词的相关度得分。词的当前索引被抽取到一个术语列表中。然后更新给定词的索引，使之包含新的文档及其相关度得分。

在实现 split 方法前我们先来实现分支节点的功能：

ParentNode 也声明了其自类型为 AdaptiveSearchNode。ParentNode 还包含一组子节点的列表。再一次，我们注意到，对子节点的引用类型为 ActorRef 类型。parentNode 方法定义了当节点为父节点时的处理逻辑。当父节点接到 SearchQuery 时，它构造一个新的 gatherer，然后把请求分发给所有子节点。

清单 9.6 BranchNode

```
trait ParentNode { self: AdaptiveSearchNode =>
 var children = IndexedSeq[ActorRef]()
 def parentNode: PartialFunction[Any, Unit] = {
   case SearchQuery(q, max, responder) =>
       val gatherer: ActorRef = Actor.actorOf(new GathererNode {
           val maxDocs = max
           val maxResponses = children.size
           val query = q
           val client = responder
       })
       gatherer.start
       for (node <- children) {
         node ! SearchQuery(q, max, gatherer)
       }
   case s @ SearchableDocument(_) => getNextChild ! s
 }
 ...
}
```

注意这里和 Scala 标准库的差异。在 AKKA 里面，Actor 是通过 Actor.ActorOf 方法来构造的。尽管我们构造了一个 GathererNode Actor，但是注意其类型为 ActorRef 而不是 GathererNode。

当 ParentNode 接到 SearchableDocument 时，它调用 getNextChild，然后把文档发给该子节点。getNextChild 方法，这里没有显示，其以轮流的方式从子节点队列里选择一个子节点。这是实现一个负载均衡的搜索树的最简单的方法。在实际应用中，要花很大工夫来使搜索树的拓扑性能最高。

新的自适应搜索树的关键功能在于它能够动态的改变形态（参见图 9.6）。

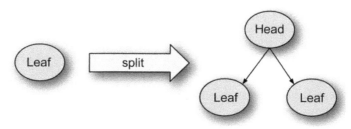

图 9.6 拓扑状态改变

任何一个节点都能够从叶子节点变身为带有子节点的父节点。我们把这种新的能改变状态的节点叫作 AdaptiveSearchNode。

清单 9.7   AdaptiveSearchNode

```
class AdaptiveSearchNode extends Actor with ParentNode with LeafNode {

  def receive = leafNode

  protected def split(): Unit = {
  children = (for(docs <- documents grouped 5) yield {
    val child = Actor.actorOf(new AdaptiveSearchNode)
    child.start()
    docs foreach (child ! SearchableDocument(_))
    child
  }).toIndexedSeq
  clearIndex()
  this become parentNode
}
```

　　和 Scala 标准库 Actor 一样，Akka Actor 必须继承 Actor 特质。AKKA 和 Scala Actor 最大的差别在于 receive 方法。Akka 里的 receive 方法所有消息的处理逻辑，而不仅仅是 "下一条" 消息。在 Akka 里没有必要显式的 loop。同时，当有消息到达时，receive 方法由 AKKA 库调用，所以 receive 不是一个阻塞式调用。

　　receive 方法定义为默认返回 leafNode 的行为。这意味着任何一个 AdaptiveSearchNode 启动时先初始化为叶子节点。在 Akka 里，要切换 Actor 的行为，我们使用 become 方法，这个方法接受另一个消息处理器作为参数。

　　split 方法定义如下：

- 　当前索引里每 5 个文档创建一个新的 AdaptiveSearchNode Actor（参见代码清单 9.8）。这个节点会初始化为叶子节点的行为。创建完成后，把属于它管理的那部分文档发给它。
- 　清理本地索引，以便能够被垃圾回收。在生产系统上不会做的这么简单，会在子节点全部启动成功、给父节点成功相应、能够开始处理新查询后才清理本地索引。
- 　通过 this become parentNode 语句把当前节点的行为切换成父节点。

清单 9.8   Creating and adaptive scatter-gather tree

```
def makeTree = {
  val searchTree = Actor.actorOf(new AdaptiveSearchNode {
    self.dispatcher = searchnodedispatcher
  })
  searchTree.start()
  submitInitialDocuments(searchTree)
  searchTree
}
```

好了，现在创建一棵分散-搜集树比之前容易多了，只需要创建一个 AdaptiveSearchNode 作为根，把文档发给根就可以了。整个树会根据需要处理的文档个数来自动扩展。

AKKA 的 scheduler 和 supervisor AKKA 提供了比 scala 标准库丰富得多的 supervisor 和 scheduler。这本书里不具体讨论，读者可以自行查询 AKKA 官方文档 http://akka.io/docs/

当用在分部和集群环境下时，这个技术更加的强大。AKKA2.0 框架增加了在集群里创建 Actor 的能力，而且允许 Actor 动态的按需在机器间迁移。

9.6 总结

Actor 提供了一种比传统的加锁和线程处理更简单的并发模型。设计良好的 Actor 系统能够很好地容错并且防止全局减速。Actor 提供了一种设计高性能服务器——吞吐量和不停机时间是最重要的指标——的优秀的抽象。对于这样的系统来说，设计故障区和故障处理机制能够让系统在发生验证故障时仍然能够保持运行。把 Actor 分离到排期区则能确保系统的任意部分发生输入过载时不会把系统的其他部分拖垮。最后，在用 Actor 设计高伸缩系统时推荐使用 Akka 库。

Akka 库在一些关键地方和标准库有所不同：

• Actor 的客户绝对无法获得对该 Actor 的直接引用。这极大地简化了把 Akka 系统扩展到多服务器的过程，因为任何一个 Actor 都绝对没有机会依赖另一个 Actor 的直接应用。

• 消息按照接到的顺序处理。如果当前消息处理例程无法处理一个输入的消息，则丢弃该消息（或者由 unknown message handler 处理）。这防止了消息缓冲区填满而造成 out of memory 错误。

• 所有核心 Actor 库代码都设计成让用户能够处理故障而不产生更多故障。比如说，Akka 花了很大工夫避免在核心库代码里造成 out of memory 异常，这样就允许用户代码，也就是你的代码能够放心地处理故障。

• Akka 提供了大多数基本的管理员机制让你可以作为基本构件用在复杂的管理员策略中。

• Akka 提供了几种"开箱即用"的状态持久化方法。

所以，Scala Actor 库是创建中小规模 Actor 应用时的优秀资源，而 Akka 库提供了构造大规模伸缩应用时所需要的功能。

Actor 和基于 Actor 的系统设计是个大话题。本章"轻微"地覆盖了基于 Actor 设计时的一些关键方面。对于构造一个容错的高性能的 Actor 系统应该已经够用了。

接下来我们看看另一个非常有意思的主题：Java 和 Scala 的互操作。

第 10 章　Scala 和 Java 集成

本章包括的内容：
- 在 Scala–Java 交互时使用接口的好处
- Java 类型的自动隐式转换的危险
- Java 序列化在 Scala 里的复杂性
- 在 Scala 里使用 Java 库时怎样有效地使用注解

  Scala 语言的最大优势之一是其与 Java 库和应用"无缝"交互的能力。虽然这种交互并不是完全"无缝"，但 Scala 仍然是提供了 JVM 语言里与 Java 最紧密的集成性。

  要知道怎样集成 Scala 和 Java 的关键在于懂得 Java 虚拟机规范和每种语言是如何按照规范进行字节码编码的。Scala 尽其可能把简单的语言特性直接翻译成对应的 JVM 特性。但是复杂的 Scala 特性是通过一些编译器技巧实现的，而这些技巧通常就是在与 Java 集成时出现问题的根源。在大部分情况下，Java 语言非常简单地翻译为 JVM 字节码，但是 Java 也有些语言特性使用了一些编译器技巧。这也会造成 Scala/Java 交互时的糙点（rough spots）。

  理解 Scala 如何与 Java 接口的另一个好处是你能学会如何把 Scala 和任何一种其他的 JVM 语言集成。由于 Java 是 JVM 上的王者，所有的其他 JVM 语言都提供了使用现有 Java 代码的机制。也就是说实在没办法的话我们总还是可以通过 Java 来和其他 JVM 语言通信的。Scala 正在开发用于直接和动态语言集成的功能，不过即使在 2.9.0 版里，这个功能也还处于实验阶段。

  本章专注于 Scala/Java 交互的 4 个"大问题"。第一个问题是 Scala 把所有类型都当作对象而 Java 语言则支持所谓的基础类型（primitives）。这个问题导致的大部分不匹配问题可以通过创建合适的用于在 Java 和 Scala 之间通信的接口来解决。少量其他不匹配可以通过正确谨慎地使用隐式转换来改善。

第二个问题就是隐式转换。这个特性很容易被过度使用。虽然隐式转换极其有用，但它有可能在 Scala/Java 交互式时造化很难追查的 bug。我们将在 10.2 节深入讨论。

第三个问题是 Java 序列化。Scala 费了很大工夫来无缝地支持 Java 序列化，大部分场景下都没问题，但是有些高级 Scala 特性会造成 Java 序列化的的问题。我们在 10.3 节讨论这个问题。

最后一个问题是关于注解（annotation）。Scala 坚持采用统一访问原则，也就是说 Scala 使方法和属性没有任何区别，它们使用相同的名字空间。Java 则区分属性和方法。有些 Java 库要求特定的方法或属性上必须有注解。Scala 提供了一些高级注解特性来解决这问题，我们将在 10.4 节讨论。

我们先来看 Java 基础类型和 Scala 对象之间的不匹配。

10.1   Scala/Java 不匹配

Scala 提供了与 Java 语言的紧密集成能力。可以在 Java 里实例化或者继承 Scala 类。Scala 类可以继承 Java 接口和类。可以在 Java 里通过一些技巧来继承 Scala 的特质(trait)。但是，这种看似很紧密的继承却存在三个痛点：primitive boxing、可见性差异和不可表达的语言特性。

primitive boxing 是指 JVM（半）自动地在基础类型和对象之间做转换的行为。之所以能做到这点是因为泛型参数是通过类型擦除（type erasure）实现的。尽管编译器在编译时是知道泛型参数的类型的，但是在运行时类型参数却被“擦除”而变成了 java.lang.Object，这就是所谓类型擦除。这是 Java 在引入泛型同时又要保持向下兼容时所采用的手段。Scala 的实现方法则与 Java 不同，我们在 10.1.1 节介绍具体细节。

可见性是指通过使用 protected 和 private 来改变类及其成员的访问限制。Scala 倾向于让所有东西在运行时（也就是说在字节码里）都是可见的，而 Java 倾向于在 JVM 允许的范围内尽量限制可见性。这两种完全对立的哲学会导致运行时的可见性问题。我们在 10.1.2 节讨论这一点。

不可表达的语言特性是指 Scala 语言里无法在 Java 里表达的语言特性。包括像咖喱方法（curried methods）、隐式参数和高阶类型等。需要在 Scala 和 Java 之间做交互的代码最好是避免或者把这些特性隐藏掉。我们在 10.1.3 节深入讨论。

现在先来看自动打包及其影响。

10.1.1   基础类型自动打包的差异

在 Scala 语言里一切都是对象。而在 Java 语言和 JVM 本身里，对于包括 int、bool、byte、long、float 和 double 在内的"基础类型"则给予了特殊待遇。Java 里的泛型类不能用基础类型作为泛型参数。这意味着在 Java 里 java.util.List<int>不是合法的类型。为解决这问题，Java 创造了基础类型的"boxed"版本。这些"boxed"类型把基础类型包装在对象里，以便用在泛型容器里，这样一来你就可以创建一个 java.util.List<Integer>。

Java 在 1.5 版里更进一步定义了"autoboxing"。这实际上是一种从基础类型到 boxed 类型的隐式转换。这使我们可以这么写 for 循环：

```
List<Integer> foo = ...
for (int item : foo) {                    ❶ item 被拆包
  ...
}
```

这个例子里，int item : foo 是从列表 foo 里取出所有整数并 unbox 的语句。虽然从代码里看不见，但实际上完整的代码应该是这样：

```
List<Integer> foo = ...
for (Integer item_ : foo) {
  int item = item_.intValue();            ❶ 显式拆包
  ...
}
```

这段代码和前面那段唯一的区别就是显式地把列表中取出的 Integer 类型的元素 unbox 成 int。虽然在 Java 里 boxing/unboxing 是自动的，但它在运行时可能是个昂贵的操作。

在 Scala 里不区分基础类型和对象。语言把 Scala.Int 视为对象。编译器会尝试优化 scala.Int 的使用，使之在程序的生命周期里尽量保持为基础数据类型。比如说，如果我们定义下面这个 scala 对象：

```
object Test {
  def add(x: Int, y: Int) = x + y
}
```

这个对象定义了一个 add 方法。add 方法接受两个 scala.Int 值，返回一个 scala.Int。编译器生成的字节码如下：

```
public int add(int, int);
  Code:
   0:   iload_1
   1:   iload_2
   2:   iadd
   3:   ireturn

}
```

在字节码里 add 方法的签名用的是基础类型 int。字节码里使用 iload、iadd 和 ireturn。这三行字节码都是操作基础类型 int 的。如果我们用 scala.Int 构造泛型类型会怎样呢？编译器会根据需要生成 boxing/unboxing 代码。来看个例子。

```scala
object Test {
  def add2(items: List[Int]) = {
    var sum = 0
    val it = x.iterator
    while (it.hasNext) {
      sum += it.next
    }
    sum
  }
}
```

Test 对象定义了一个新的 add2 方法。这个方法接受一个 List[Int] 参数。代码里创建了一个 sum 变量，获取了 list 的迭代器，然后对 list 进行迭代，将每个值加总到 sum 变量最后返回 sum。我们来看一下生成的字节码。

清单 10.1　add2 方法

```
public int add2(scala.collection.immutable.List);
  Code:
   0: iconst_0
   1: istore_2
   2: aload_1
   3: invokeinterface #28,  1;
     //InterfaceMethod
scala/collection/LinearSeqLike.iterator:()Lscala/collection/Iterator;
   8: astore_3
   9: aload_3
  10: invokeinterface #34,  1;
     //InterfaceMethod scala/collection/Iterator.hasNext:()Z
  15: ifeq 33
  18: iload_2
  19: aload_3
  20: invokeinterface #38,  1;
     //InterfaceMethod
scala/collection/Iterator.next:()Ljava/lang/Object;
  25: invokestatic #44;
     //Method
scala/runtime/BoxesRunTime.unboxToInt:(Ljava/lang/Object;)I
  28: iadd
  29: istore_2
  30: goto 9
  33: iload_2
  34: ireturn
}
```

add2 方法编译为接受 scala.collection.immutable.List 类型作为参数并返回基础类型整型
为结果（译者注：注意类型参数 Int 已经被擦除了）。List 类是泛型的，和 Java 泛型一样为
相同的问题所苦。Java 里的泛型实现强制在运行时必须使用对象，因此基础类型不能作为
类型参数。字节码里的 label20 调用 List 的迭代器时返回的类型是 Object。Label25 显示了
Scala 版的 autoboxing：BoxesRunTime 类。Scala 用 scala.runtime.BoxesRunTime 类来尽可能
高效地实现所有的 boxing/unboxing。

作者注：在 Scala 里避免 Boxing

从 2.8.0 开始，可以通过在泛型类上使用@specialized 关键字来完全避免 boxing。这是通
过方法重载和类型特定子类（type-specific subclass）来实现的。比如特定化的 Iterator 类可
以这么写：

```
trait Iterator[@specialized(Int) T] {
    def hasNext: Boolean
    def next: T
}
```
这样会生成如下的 JVM 接口：

```
public interface Iterator {
    public abstract boolean hasNext();
    public abstract java.lang.Object next();
    public abstract int next$mcI$sp();
}
```
next 方法仍然返回对象，和 Java 与 Scala 的标准实现一样。但是多了个特定版的 next，
叫作 nextmcIsp，这个方法会返回基础类型 int。当编译器知道 Iterator 的类型参数是 Int 时，
它会生成调用 nextmcIsp 的代码而不是调用 next。这样可以消除 boxing 的开销，代价则是
类变得大了一点。

这里的重点是 Scala 和 Java 都在泛型类上使用 boxing，区别是 Scala 把 boxing 完全
隐藏在 scala.Int 之下，而 Java 则把 boxing 提升进语言本身。这个差异可能会在 Scala 调
Java 或 Java 调 Scala 时造成问题。有个简单的规则可以解决这问题：在 Scala 和 Java 里
都在方法里优先使用基础类型。

作者注：Java/Scala 集成小提示

在 Scala 和 Java 里都在方法里优先使用基础类型。

这个简单的规则可以避免一部分 Scala/Java 交互的问题，但是泛型参数的问题仍未
解决。在 Java 里，整数列表的类型为 java.util.List<java.lang.Integer>。在 Scala 里，整数
列表的类型则是 java.util.List[scala.Int]。虽然两个列表的运行时实现完全相同，但是 Scala

的类型系统不会把 Java 的 boxed primitive 转换为 Scala 的统一对象类型。也就是说，Scala 编译器不会自动把 java.util.List[java.lang.Integer]转换为 java.util.List[scala.Int]，即使这个转换是类型安全的。

这个问题有两个解决方案。一个是执行一次 java.util.List[java.lang.Integer] 到 java.util.List[scala.Int]的强制类型转换。另一个是定义一个把 Java 类型转换为 Scala 类型的隐式转换。来看一下强制类型转换的例子：

```
scala> val x = new java.util.ArrayList[java.lang.Integer]
x: java.util.ArrayList[java.lang.Integer] = []

scala> x.add(java.lang.Integer.valueOf(1))
res0: Boolean = true

scala> x.add(java.lang.Integer.valueOf(2))
res1: Boolean = true

scala> val z = x.asInstanceOf[java.util.List[Int]]
z: java.util.List[Int] = [1, 2]

scala> z.get(0)
res3: Int = 1
```

第一行构造了一个 java.util.ArrayList，其泛型参数为 java.lang.Integer。下面两行向这个列表里添加了一些数据。第三行将 java.util.ArrayList[java.lang.Integer]强制转换为 java.util.List[scala.Int]并赋给变量 z。REPL 在显示返回类型时打印了列表的值。你可以看到显示的值是正确的，也没有任何运行时异常。下一句从转换过来的列表里取出第一个元素，可以看到返回类型是 scala.Int，也没有什么 ClassCastException。asInstanceOf 强制类型转换之所以可用是因为 Scala 和 Java 都把基础类型整型包装为相同的 java.lang.Integer 类型。

这种转换可能会被认为是危险的，因为它绕过了 Scala 的类型系统，使类型系统无法检查到将来可能的错误。比如说，如果方法从接受 java.util.List[java.lang.Integer]类型的参数改为接受 java.util.List[MySpecialClass]类型的参数，强制转换为 java.util.List [scala.Int]的那句语句仍然可以编译，从而使编译器无法给出编译错误。

第二个解决方案可以通过在类型系统内操作来避免这个陷阱。这个方案就是创建一个从 java.util.List[java.lang.Integer]到 java.util.List[scala.Int]的隐式转换。我们来看一下：

```
scala> implicit def convertToScala(
     |   x: java.util.List[java.lang.Integer]) =
     |     x.asInstanceOf[java.util.List[Int]]
convertToScala:
  (x: java.util.List[java.lang.Integer])java.util.List[Int]
```

```
scala> def foo(x: java.util.List[Int]) = x.get(0)
foo: (x: java.util.List[Int])Int

scala> foo(x)
res4: Int = 1
```

隐式转换 convertToScala 定义为接受一个 java.util.List[java.lang.Integer]参数。它执行和前例一样的强制类型转换。区别在于危险的强制类型转换被隐藏在方法后，使之只能以类型安全的方式使用。也就是说，这个方法只能接受 java.lang.Integer 类型，这样一来，如果列表的泛型类型参数改变了，则此隐式视图根本无法使用，而编译器会指出正确的类型错误。

scalaj-collections 库提供了基础类型安全的、在 Scala 和 Java 的集合类型之间做转换的隐式转换。这是在集合中处理基础类型的最佳机制。但是非集合类的类型还是需要自己去手写隐式转换。

下一个大问题是在实现可见性上的差异。

10.1.2   可见性的差异

Java 同时在静态和动态两方面实施可见性限制。也就是说，可见性由 Java 编译器和 JVM 运行时共同实施。Java 把可见性限制直接嵌入到字节码里，以便让 JVM 可以在运行时实施。

Scala 静态的实施可见性，并尽其可能地使可见性约束能为 JVM 所用，但是 Scala 的可见性设计比 Java 复杂得多，无法直接编码进字节码来做运行时实施。Scala 一般倾向于将方法定义为 public 并在编译期实施所有的约束，除非必须要和 Java 的可见性规则保持一致的时候。

我们来看个简单的例子。Java 的 protected 修饰符和 Scala 的 protected 修饰符不一样。特别是 Scala 伴生对象允许访问其伴生类的 protected 成员。这意味着 Scala 不能把 protected 成员编码为 JVM 的 protected 字节码，否则就会限制伴生类访问 protected 成员的能力。看一下代码。

```
class Test {
 protected val x = 10
}
```

Test 类定义了一个成员 x。val x 是 protected 的，持有值 10。看看这个类生成的字节码。

```
public class Test extends java.lang.Object implements scala.ScalaObject{
private final int x;

public int x();
  Code:
```

```
   0: aload_0
   1: getfield #11; //Field x:I
   4: ireturn

...
```

Test 类定义了一个私有属性 x 和一个也叫作 x 的 public accessor。这意味着可以在
Java 里从外部访问 Test 类的 protected 方法 x。看下例子。

```
class Test2 {
  public static void main(String[] args) {
    Test obj = new Test();
    System.out.println(obj.x());                              ❶潜入访问
  }
}
```

Test2 类是用 Java 写的。在 main 方法里构造了一个 scala 的 Test 实例。下一行语句
调用 protected x 方法并把值打印到控制台。尽管该值在 Scala 里是 protected，但在 Java
里调用成功了。我们来运行一下 Test2 类：

```
$ java -cp /usr/share/java/scala-library.jar:. Test2
10
```

程序输出了值 10，没有任何运行时可见性异常。Java 看不见 Scala 的可见性约束，
这意味着 Scala 类的 Java 客户必须靠自己人为的纪律和规定来避免访问或修改他们不该
修改的东西。

可见性问题只是 Java/Scala 集成时的一个更大的问题的子集，这个大问题就是不可
表达的语言特性。

10.1.3   不可表达的语言特性

Java 和 Scala 都有一些无法在其他语言中表达的特性。

Java 类可以有静态值。这些值是在类加载的时候构建的，和具体某个实例无关。在
Scala 里一切都是对象，不存在静态值。可能你会争辩说 Scala 的 object 就是静态值。但
实际上 Scala object 从实现方面来说是利用了 JVM 的静态值，但它们本身并不是静态值。
后果就是很难从 Scala 里与需要静态值的 Java 库交互。

Scala 有很多 Java 里没有的特性。例如，特质、闭包、命名参数和默认参数、隐式
参数和隐式类型声明等。在和 Scala 交互时，Java 无法用隐式解析来找到缺少的方法参
数。Java 也无法使用 Scala 的默认参数定义。

对以上每种问题，通常能找到某种绕过的办法，但最好是完全避免这些问题。
有个很简答的机制就能做到这点：把所有要在 Java 和 Scala 之间传递的类型定义为

Java 接口。

作者注：Scala/Java 集成小提示

　　把所有要在 Java 和 Scala 之间传递的类型定义为 Java 接口。把这些接口放在一个单独的能够被 Java 部分的代码和 Scala 部分的代码共享的工程里。通过限制集成点能够使用的语言特性，就可以完全避免特性不匹配问题。

　　因为 Java 在特性上比较局限，并且直接编译字节码，所以 Java 就成了极佳的集成语言。使用 Java 接口能够确保集成时的各种犄角旮旯的问题——除了 boxing 问题——都可以避免掉。

　　必须使用 Java 的例子之一是在 Android 平台上。Android 平台有个接口叫作 Parcelable。这个接口用于让对象能够在进程间传递。因为涉及数据序列化，Parcelable 接口要求必须有个静态成员让 Android 平台能够用来实例化一个 Parcelable。

　　举个例子，假定一个应用需要在 Android 平台的进程间传递地址。用 Java 来写，地址类可能像这样：

清单 10.2　Android 平台中的 Parcelabe 地址

```java
public class Address implements Parcelable {
    public String street;
    public String city;
    public String state;
    public String zip;
    public void writeToParcel(Parcel out, int flags) {
        out.writeString(street);
        out.writeString(city);
        out.writeString(state);
        out.writeString(zip);
    }

    private Address(Parcel in) {
        street = in.readString();
        city = in.readString();
        state = in.readString();
        zip = in.readString();
    }

    public int describeContents() {
        return 0;
    }

    public static final Parcelable.Creator<Address> CREATOR
            = new Parcelable.Creator<MyParcelable>() {
        public Address createFromParcel(Parcel in) {
            return new Address(in);
        }
```

```
        public Address[] newArray(int size) {
            return new Address[size];
        }
    };
}
```

Adress 有 4 个成员：street、city、state 和 zip。它有个 writeToParce 方法，这是 Android 用来把对象"拍平"（flattening）和序列化以便传给其他进程的方法。Adress 的私有构造器用来从保存在 Parcel 里的数据反序列化实例。describeContents 方法返回一个掩码，用来告诉 Android 平台 parcel 里包含的数据的类型，以防有些数据需要特殊处理。最后，有个 public 静态实例，叫作 CREATOR，定义为类型 Parcelable.Creator<Address>。Android 系统用这个类型来创建和解析来自其他进程的 Address。这个机制也无法在 Scala 里表达出来。

这种情况的解决方案是在需要 Java 的部分和需要 Scala 的部分之间创建一个隔离带。以 Address 来说，这个类如此简单，完全用 Java 写也是个不错的方案。但是如果 Address 类更复杂一点的话，则创建隔离带就是更恰当的做法了。我们现在假装 Address 类在某些成员函数里使用了一些高级 Scala 类型特性。为了让 Address 仍然能够在 Android 上传递同时保留那些高级的 Scala 特性，我们必须做个隔离。Scala 特性可以放在一个抽象类里，让 Java 静态成员继承它。Scala 类会类似这样：

```
abstract class AbstractAddress(
    val street: String,
    val city: String,
    val state: String,
    val zip: String) extends Parceable {
  override def writeToParcel(out: Parcel, flags: Int) {
    out.writeString(street)
    out.writeString(city)
    out.writeString(state)
    out.writeString(zip)
  }
  override def describeContents = 0
}
```

AbstractAddress 类定义带有 street、city、state 和 zip 作为构造器参数，同时也是 val 类型的成员属性。抽象类同时也可定义 Parceable 接口所需的全部方法：writeToParcel 和 describeContents。但是在 Scala 里无法构造静态的 CREATOR 实例，而在 Java 里可以。我们在 Java 里集成 AbstractAdress 以便能在 Android 上使用：

```
public class Address extends AbstractAddress {
  private Address(Parcel in) {
    super(in.readString(),
          in.readString(),
          in.readString(),
          in.readString());
```

```
    }
  public static final Parcelable.Creator<Address> CREATOR
    = new Parcelable.Creator<MyParcelable>() {
        public Address createFromParcel(Parcel in) {
          return new Address(in);
        }
        public Address[] newArray(int size) {
          return new Address[size];
        }
    };
}
```

Address 类定义了 private 构造器，其接受 Parcel 并代理给 Scala 里定义的构造器。然后定义了和纯 Java 版差不多的 CREATOR 实例。

由于 Scala 和 Java 的紧密集成，继承抽象类和与构造器交互都是无缝的。这个简单的 Address Parceable 例子告诉我们当碰到纯为 Java 设计而完全没考虑过的 Scala 的 API 的时候要怎么做。

在 Scala 与 Java 集成时要考虑的另一个领域是为了使 Java 库与 Scala 惯用法适配而过度使用隐式转换。

10.2　谨慎使用隐式转换

为支持 Scala/Java 交互而使用的一个常用机制是在 Scala 里创建隐式转换来把 Java 类型转换为更 Scala 友好的形式。这有助于减轻使用不是为 Scala 设计的类时的痛苦，但并不是没有代价的。隐式转换有个危险点是开发人员需要注意的：

* 对象标识和判等。
* 链式隐式转换。

最常见用隐式转换来简化 Java 和 Scala 集成的例子能从 Scala 对象 scala.collection. JavaConversions 里找到。这个对象里有一组隐式转换来在 Java 集合和对应的 Scala 集合类型之间做转换。这些隐式转换极其顺手，但是这种设计也带来一些问题。我们来看看在使用 JavaConversions 时对象标识和判等为何会成为问题。

10.2.1　对象标识和判等

为了交互性而用隐式转换来包装 Scala 或 Java 对象的危险之一在于这样会修改对象标识。这会破坏依赖于判等的代码。我们来看个把 Java 集合转换为 Scala 集合的简单例子。

```
scala> import collection.JavaConversions._
import collection.JavaConversions._

scala> val x = new java.util.ArrayList[String]
```

```
x: java.util.ArrayList[String] = []

scala> x.add("Hi"); x.add("You")

scala> val y : Iterable[String] = x
y: Iterable[String] = Buffer(Hi, You)

scala> x == y
res1: Boolean = false
```

第一行导入 JavaConversions 提供的隐式转换。下一行创建 Java 集合 ArrayList，然后加入值"Hi"和"You"。val y 用 scala.Iterable 构造，这导致调用了一个隐式转换来把 Java 的 ArrayList 适配到 Scala 的 Iterable。最后，当测试两个集合的相等性时，结果是 false。当包装一个 Java 集合时，包装出来的集合和原始集合是不等的。

这个问题的危害可能会很隐蔽。比如说，如果从 Java 集合向 Scala 集合的转换不像上例这么明显的时候。假如有个如下所示的 Java 类：

```
import java.util.ArrayList;

class JavaClass {
  public static ArrayList<String> CreateArray() {
    ArrayList<String> x = new ArrayList<String>();
    x.add("HI");
    return x;
  }
}
```

JavaClass 类只有一个方法，叫作 createArray，返回一个 ArrayList，里面有个值"HI"。现在，加入有下面这个 Scala 类：

```
object ScalaClass {
  def areEqual(x : Iterable[String], y : AnyRef) = x == y
}
```

对象 ScalaClass 定义了一个 areEqual 方法。这个方法接受一个 scala.Iterable 和一个 AnyRef，然后检查是否相等。现在我们来同时使用这两个类。

```
scala> import collection.JavaConversions._
import collection.JavaConversions._

scala> val x = JavaClass.CreateArray()
x: java.util.ArrayList[String] = [HI]

scala> ScalaClass.areEqual(x,x)
res3: Boolean = false
```

第一行导入那些隐式转换。下一行调用 JavaClass 构造一个 ArrayList。最后把同个值传入 areEquals 方法的两个参数位。因为编译器在幕后悄悄地运行隐式转换，所以难以在代码里看出 x 是被包装过了。 而 areEquals 的结果是 false。

虽然这个例子是硬造的，但它展示了这种故障有可能被隐藏在方法调用后面。在实际编程时，这种故障在实际发生时可能很难排查，尤其是方法调用链经常比这个例子要复杂。

10.2.2   链式隐式转换

当用隐式转换作为简化 Java 交互的手段时的第二个问题是链式隐式转换。Scala 和 Java 都支持泛型类型。两种语言的集合类型都有一个类型参数。在 Java 和 Scala 之间来回转换的隐式转换会改变集合类型，但通常不会改变类型参数。这意味着当类型参数也需要被转换以便使 Java/Scala 集成更顺畅时，很有可能这个隐式转换不会被触发。

我们来看个常见的例子：Boxed 类型和 Java 集合。

```
scala> val x = new java.util.ArrayList[java.lang.Integer]
x: java.util.ArrayList[java.lang.Integer] = []

scala> val y : Iterable[Int] = x
<console>:17: error: type mismatch;
 found   : java.util.ArrayList[java.lang.Integer]
 required: Iterable[Int]
       val y : Iterable[Int] = x
```

第一行构造了一个 Java ArrayList 集合，带有类型参数 java.lang.Integer。在 Scala 里，因为编译器不区分基础类型和对象，所以类型 scala.Int 能够安全地用作泛型参数。然而 Java 的 boxed 整型，java.lang.Integer 和 scala.Int 并不相同，但是这两者可以无缝地转换，因为 Scala 提供了从 java.lang.Integer 到 scala.Int 的无缝转换。来看一下：

```
scala> val x : Int = new java.lang.Integer(1)
x: Int = 1
```

这行代码构造了一个 java.lang.Integer 的值 1 并赋给 scala.Int 类型的变量 x。scala.Predef 里定义的隐式转换在这里起了作用，自动把 java.lang.Interger 类型转换成 scala.Int。但是在查找 Java 集合到 Scala 集合的隐式转换时，这个隐式转换没有起作用。

我们来幼稚地尝试构造一个能够一次性转换集合类型并修改其包含的参数类型的隐式转换。

```
implicit def naiveWrap[A,B](
  col: java.util.Collection[A])(implicit conv: A => B) =
    new Iterable[B] { ... }
```

naiveWrap 方法定义为带两个类型参数。一个代表 Java 集合的原始类型，A，另一个代表 Scala 版本的类型，B。我们期望一个隐式视图会把类型参数绑定到 java.lang.Integer，B 绑定到 scala.Int，这样从 java.util.ArrayList[java.lang.Integer]到 scala.Iterable[Int]就应该能成功了。

我们在 REPL 里实验一下：

```
scala> val x = new java.util.ArrayList[java.lang.Integer]
x: java.util.ArrayList[java.lang.Integer] = []

scala> val y : Iterable[Int] = x
<console>:17: error: type mismatch;
 found    : java.util.ArrayList[java.lang.Integer]
 required: Iterable[Int]
       val y : Iterable[Int] = x
```

错误信息和前面一样。Java 列表 x 无法直接转换为 Iterable[Int]。我们在之前的章节也看到过类似的问题，原因是类型推导器没办法从 naiveWrap 方法里推导出 A 和 B 的类型。

这问题有个解决方法，也是我们在第 6 章用过的解决方法：我们可以推迟参数的类型推导。我们来试着重新实现 wrap 方法。

```
trait CollectionConverter[A] {
  val col: java.util.Collection[A]
  def asScala[B](implicit fun: A => B) =
    new Iterable[B] { ... }
}
object Test {
  implicit def wrap[A](i: ju.Collection[A]) =
    new CollectionConverter[A] {
      override val col = i
    }
}
```

CollectionConverter 类型设计来捕捉 naiveWrap 方法里的原始的 A 类型。Converter 特质持有需要转换的 Java 集合。asScala 方法设计来捕捉 naiveWrap 方法里的 B。这个方法接受一个隐式参数，这个参数捕捉 A 到 B 的转换。asScala 是实际构造 Scala Iterable 的方法。Test 对象定义带了个新的隐式的 wrap 方法。这个方法捕捉原始的 A 类型然后构造一个 CollectionConverter。

新的隐式转换要求直接调用 asScala 方法，来看一下：

```
scala> import Test.wrap
import Test.wrap

scala> val x = new java.util.ArrayList[java.lang.Integer]
x: java.util.ArrayList[java.lang.Integer] = []

scala> x.add(1); x.add(2);

scala> val y: Iterable[Int] = x.asScala
y : Iterable[Int] = CollectionConverter(1, 2)
```

首先，导入新的隐式 wrap 方法。接着构造一个 java.util.ArrayList[java.lang.Integer]

并添加值。最后尝试用 asScala 方法做转换，这次成功了。

这个方法的缺点是需要额外的方法调用来确保类型推断正确。不过，作为一种通用解决方案，这样其实反而更理想。显式的 asScala 方法调用明白地告知这里是转换出了一个新对象。

这样就很容易看到一个集合正在 Scala 和 Java 库之间转换。

> **作者注：`scalaj-collections`**
>
> 　　Jorge Ortiz 的 scalaj-collections 库提供了在 Scala 和 Java 集合之间做转换的功能。这个库用了相同的技巧，就是隐式地给原始集合类型添加 asScala 和 asJava 方法。scalaj 库提供了比标准库里更强健的解决方案。

尽管用隐式转换来把 Java 库包装到匹配 Scala 库是有危险的做法，但它仍不失为一种非常有帮助的技巧，在标准库里大量使用了这种技巧。关键是要知道什么情况下简单的隐式转换会不奏效以及解决方法。链式隐式转换能够解决很多的类似问题。

这里的重点在于隐式转换并非是万能的"魔法"，有些情况下它也无法自动在 Scala 和 Java 类型间做转换。隐式转换的正确用法是用来"缩减"这些交互点上的不匹配（而不是完全靠它去解决）。

与 Java 集成时的下一个潜在问题是关于序列化。

10.3　小心 Java 序列化

对大部分应用来说，Java 序列化在 Scala 里也运作得非常良好。Scala 的闭包能够自动变成可序列化的，大部分的类也是序列化友好的。

> **作者注：Scala2.7.x 和序列化**
>
> 　　Scala2.7.x 系列有很多与 Java 序列化有关的问题，在 2.8.x 和后续版本里这问题都已经修复。需要在 Scala 里使用 Java 序列化时，建议使用较新的版本。

有个比较偏门的问题，Scala 生成的匿名类可能会造成序列化的问题。我们来看个例子。

我们来定义一组对象来为一个游戏里的角色建模。这个游戏由不同的人组成，每个人可能出于两种状态之一：活着或死亡。我们来定义这个类。

```
object PlayerState {
  sealed trait PlayerStatus extends Serializable
  val ALIVE = new PlayerStatus { override def toString = "ALIVE" }
```

```
    val DEAD = new PlayerStatus { override def toString = "DEAD" }
}
case class Player(s : PlayerState.PlayerStatus)
```

PlayerState 对象用来封装 sealed trait PlayerStatus 所表示的状态枚举。定义了两个
状态值：ALIVE 和 DEAD。最后构造 Player 类，其只带有一个成员 s，用来保持玩家
状态。

现在，假设我们创建了几个这样的玩家并用 Java 序列化做半持久方式的保存。游戏
服务器运行顺畅，大家都很开心，包括那些"死掉"的玩家。我们来模拟这场景，把一
个死掉的玩家序列化到磁盘。

```
scala> val x = new Player(PlayerState.DEAD)
x: test.Player = Player(DEAD)

scala> val out = new ObjectOutputStream(
     | new FileOutputStream("player.out"))
out: java.io.ObjectOutputStream = java.io.ObjectOutputStream@5acac877

scala> out.writeObject(x); out.flush()
```

我们创建了值 x 代表一个状态为死亡的玩家。值 out 构造为一个只想文件 player.out
的 Java ObjectOutputStream。这个输出流用来把死亡的玩家序列化到磁盘。

就在这时候，我们得到一个新的功能需求，要求让玩家在游戏里能睡觉，所以我们
更新了 PlayerStatus 枚举，添加了新的状态：SLEEPING。

```
object PlayerState {
  sealed trait PlayerStatus extends Serializable
  val ALIVE = new PlayerStatus { override def toString = "ALIVE" }
  val SLEEPING = new PlayerStatus { override def toString = "SLEEPING"}
  val DEAD = new PlayerStatus { override def toString = "DEAD" }
}
```

SLEEPING 值插在 ALIVE 和 DEAD 之间。除了这个新值外，其他代码一点都没修
改。但是当尝试从磁盘上加载死亡玩家的时候，故障发生了。我们来看一看：

```
scala> val input =
     | new ObjectInputStream(new FileInputStream("player.out"))
input: java.io.ObjectInputStream = java.io.ObjectInputStream@7e98f9c2

scala> val x = input.readObject
java.io.InvalidClassException: PlayerState$$anon$2;
  local class incompatible: stream classdesc
    serialVersionUID = -1825168539657690740,
  local class serialVersionUID = 6026448029321119659
```

第一行，我们构造了一个 ObjectInputStream 使用 Java 的序列化机制来反序列化对
象。下一行试图读取序列化的玩家对象，但是抛出了一个 InvalidClassException。问题的

原因在于代表 DEAD 的值类发生了变化。ALIVE、SLEEPING 和 DEAD 类是匿名构建的，也就是说他们是没有名字的类。

Scala 用一个简单的公式来生成匿名类名称：匿名类在源代码中的位置+这个位置上已经生成过的匿名类的数量。这意味着原本的 ALIVE 类生成的名字是 PlayerState$$anno$1 而原本的 DEAD 类生成的名字是 PlayerState$$anno$2。但是当我们加入新的 SLEEPING 状态时，匿名类名字变化了。ALIVE 还是原来的名字，但是 SLEEPING 的名字占用了原 DEAD 的 PlayerState$$anno$2，而 DEAD 变成 PlayerState$$anno$3。

这里犯的错误是用匿名类而不是命名类。这个问题可能影响代码重构。我们来更深入一点理解匿名类和 Java 序列化交互的问题。

序列化匿名类

Scala 的一些核心语言特性是通过匿名类来表达的。以下情况都会生成匿名类。

- 匿名类型提炼（Anonymous type refinements）：
  ```
  new X { def refinement = ….}
  ```
- 匿名 mixin 继承：
  ```
  new X with Y with Z
  ```
- 闭包和 lambda 函数：
  ```
  List（1, 2, 3）.map（_.toString）
  ```

这些场景都有潜在的可能创建可序列化的类，继而成为重构的障碍。我们来看看编译下面三行语句时会发生什么。首先，我们创建一个 scala 文件：

```
trait X extends java.io.Serializable
class Y

object Foo {
  def test1 = new X { def foo = "HI" }          ❶ 类型精炼
  def test2 = new Y with X                        ❷ 混入继承
  def test3 = List(1,2,3).map(_.toString)        ❸ 闭包
}
```

X 和 Y 特质定义来演示类的生成。Foo 对象则包含全部三种场景。test1 创建了一个匿名类用来演示类型精炼（type refinement）。test2 方法创建了一个继承了 mixin 的匿名类。test3 方法创建了一个包含闭包_.toString 的匿名类。来看一下生成的类文件：

```
> ls
anon.scala          Foo$$anonfun$test3$1.class     X.class
Foo$$anon$1.class   Foo.class                      Y.class
Foo$$anon$2.class   Foo$.class
```

test1 方法生成了 Foo$$anon$1.class 文件。test2 方法生成了 Foo$$anon$2.class，test3 方法生成了 Foo$$annonfun$test3$1.class 文件。注意匿名类是按文件计数的，而匿名函数是按它们的类/方法作用域计数的。这意味着匿名类更容易破坏长期的序列化数据，因

为在文件增加任何新匿名类都会改变计数。

对于匿名类问题，简单的解决办法就是确保把需要长期持久化的对象定义为命名的对象或类。用这种方式的话，上例可以这么定义：

```
class One extends X { def foo = "HI" }
class Two extends Y with X

object Foo {
  def test1 = new One
  def test2 = new Two
  def test3 = List(1,2,3).map(_.toString)
}
```

原来的 test1 方法和 test2 方法对应的匿名类这次改成了命名的类 One 和 Two。test1 和 test2 方法也相应修改为使用命名类。这样的好处是生成的类文件与在文件里的次序无关了。我们来看一下生成的类文件目录：

```
> ls
anon.scala    Foo$$anonfun$test3$1.class    Foo.class
Foo$.class    One.class                     Two.class
X.class       Y.class
```

结果是匿名类只剩下了 test3 方法里定义的闭包。类 One 和 Two 现在是显示命名的了，因此可以随意在文件里换位置，或者放到别的文件里。剩下的唯一问题是匿名函数的长期可序列化性了。

作者注：避免长期序列化闭包

　　Scala 的闭包语法非常简洁，在开发时用的非常频繁。但是，由于随机生成类名天生的不稳定性，最好是在长期运行的应用里避免使用。如果实在别无选择，那就必须要非常小心注意正确的处理闭包反序列化问题。

在处理匿名函数时，最好避免长期序列化它。这样才能在语法和使用上提供最大的灵活性。

但有时候你别无选择，比如说下面这个排期服务：

```
trait SchedulingService {
  def schedule( cron_schedule: String, work: () => Unit) : Unit
}
```

SchedulingService 特质定义了长期运行的排期器的接口。唯一的'schedule'方法用来为将来执行的任务排期。schedule 方法接受两个参数，一个决定什么时候运行任务的配置，一个用来执行的匿名闭包。ScheduleService 可以利用闭包能够序列化这个能力来把任务保存在文件系统里，这样一来 ScheduleService 就可以在面对重启的时候持久化排期了。

由于闭包类名的不稳定性，把这种方法作为长期策略是很不妙的。简单的解决方案是强迫用户远离闭包，越远越好。比如说，SchedulingService 可以用个 Job 特质来取代闭包。

```scala
trait Job extends java.io.Serializable {
  def doWork(): Unit
}
trait SchedulingService {
  def schedule(cron_schedule: String, work: Job): Unit
}
```

Job 特质定义为 Serializable，其有一个抽象方法 doWork。doWork 方法将包含于原本的匿名闭包相同的实现。SchedulingService 修改为接受 Job 而不是 Function0[Unit]。虽然这不能阻止用户创建 Job 的匿名子类，但还是让他们更容易明确地命名他们的 Job 类，从而避免不稳定的类名。

面对 Scala 的序列化问题，好消息是 Java 序列化其实并不长用于长期序列化。Java 序列化经常用于远程方法调用和实时机器对机器消息传递或临时的数据存储。长期持久化一般是采用 SQL 数据库、NoSQL 数据库（使用类似 Protocal Buffer 的机制）、XML 或 JSON。这意味着一般情况下不需要对匿名类做什么特殊处理。但在那少数确实需要的场景下就真的很麻烦，这时可以用一些策略来避免重构地狱（译者注：重构时会把类、方法等移来移去，导致编译出的匿名类名字发生变化）。

下一个 Java 集成时的潜在问题是在于注解（Annotation）。

10.4　注解你的注解

很多库用注解来做运行时代码生成和检查。注解是一些可以附加在表达式或类型上的元数据。注解可以用来实现很多不同的目标，包括：

- 确保或修改编译器警告和错误（@tailrec、@switch、@implicitNotFound）。
- 改变编译时生成的字节码（@serializable、@scala.annotations.BeanProperty）。
- 配置外部服务（Java Persistence API 用注解来标识怎么把类序列化到数据库里，比如@Column 和@ManyToOne）。
- 创建和确保额外的类型系统约束（continuations 插件通过在类型上定义 @cpsParam 注解来为 delimited continuation 创建额外的类型系统检查）。

在 JVM 生态圈里，有很多库都依赖于注解才能正确运作。Scala 自身也选择用注解而不是关键字来实现类似 Java 序列化这样的特性。理解 Scala 的注解及它们最后是体现在字节码的什么地方对于与 Java 框架交互是非常重要的。

面对 Scala 和 Java 交互时的最大一个问题是 Scala 编译类成员和注解的方法与 Java 编译类成员和注解的方法的不匹配。在 Java 里，类属性和类方法的名字空间是分开的。

属性和方法可以分别创建、命名和加注解。在 Scala 里，一个类型的所有成员共用一个名字空间。编译器负责根据需要给类创建属性。给 Scala 的一个成员加的注解可能编译成字节码里的多个方法和属性。我们来看个例子：

```
class Simple {
  @Id
  var value = 5
}
```

Simple 类定义了一个唯一成员 value。value 成员的类型是 Int 而且是个变量（var）。它还带有个 id 注解。在 Scala 2.9.0 里这个类会编译成类似如下的 Java 类：

```
class Simple {
  @Id private int value = 5;
  public int value() { return value; }
  public void value_$eq(int value) { this.value = value; }
}
```

Simple 类有三个成员：一个 value 属性、一个 value 方法和一个 value_$eq 方法。方法定义为 public 而属性是 private 的。注解只被放在了属性上。尽管唯一的成员变量 value 编译成了 3 个部分，但注解只被放在其中一个上面。

> **作者注：Java Bean 风格的 getter 和 setter**
>
> 　　有些 Java 框架依赖于 Java 访问对象属性的命名规范。Java Bean 规范约定，属性的 getter 和 setter 一般采用 getFoo 和 setFoo 的形式。尽管 Java Bean 规范并没有要求方法名里必须有 get 和 set，但一些 Java 库的实现并不是基于规范而是基于这个命名约定的。为了能支持这种库，Scala 提供了 @BeanProperty 注解。前面的 Simple 类可以这样修改以支持那些库或框架：
>
> ```
> class Simple {
> @reflect.BeanProperty
> var value = 5
> }
> ```
>
> 　　这样会生成这些方法：value、value_$eq、getValue 和 setValue。
>
> 　　对于完整支持 Java Bean 规范的库和框架，只需要给类加上注解 @reflect.BeanInfo，编译器会为类所有的 var 和 val 生成相应的 BeanInfo 类。

　　像这种源代码的一个定义编译到类文件的多处代码的不匹配会让为 Java 设计的库迷惑，最坏的结果就是库完全不可用。Scala 为此提供了一个解决方案：注解目标（annotation targets）。

10.4.1　注解目标

注解目标用来指定在生成的 class 文件里注解应该加在什么位置上，如表 10.1 所示。

表 10.1　注解目标类型

注解	字节码位置
@annotation.target.field	与 var 或 val 关联的字段
@annotation.target.getter	这个方法用来获取 val 或 var 的值。方法的名字与 val 或 var 的值相同
@annotation.target.setter	用来设置 var 变量的值。方法名字是在 var 的名字后加上 _$eq
@annotation.target.beanGetter	Java Bean 风格的 get 方法。仅当 Scala 成员上已经有 @reflect.BeanProperty 注解时有效
@annotation.target.beanSetter	Java Bean 风格的 get 方法。仅当 Scala 成员上已经有 @reflect.BeanProperty 注解时有效

不同的注解指向生成的字节码里的不同位置。这样就可以完全定制注解应用的位置。这种注解必须应用于别的注解智商，也就是说，目标注解给其他注解加注解，用于指示字节码位置。 我们来看个简单例子：

```
import javax.persistence.Id

class Data {
  @(Id @annotation.target.getter)
  var dataId = 1
}
```

Data 类定义带有一个成员 dataId。在 dataId 成员上应用了注解 id。id 注解自己也带有一个注解 @annotation.target.getter。Scala 允许在表达式、类型、成员和类上加注解。注解目标类需要放在期望改变位置的注解之上。表达式 @（Id @annotationl.target.gett）是一个类型为 Id @annotation.target.getter 类型的注解，也就是 Id 注解类型。可以通过创建类型别名来简化注解类型。

```
object AnnotationHelpers {
  type Id = javax.persistence.Id @annotation.target.getter
}

import AnnotationHelpers._

class Data {
  @Id
  var dataId = 1
}
```

AnnotationHelpers 对象定义了类型别名 Id，类型别名的注解类型 javax.persistence.Id

@annotation.target.getter。下一行导入类型别名。修改了 Data 类，让它使用类型别名来做注解。这样会生成与前例相同的字节码。

当使用为 JavaBean 风格的注解设计的库或框架时，为之创建一个 Scala 包装器（wrapper）是有帮助的。这个包装器应该包含一个对象，类似 AnnotationHelpers 这样的，负责把 Java 框架的注解赋给合适的生成代码的位置。这样可以真切地简化其在 Scala 中的使用。在定义使用 Java Persistence API（JPA）的 Scala 类时，这个技巧非常有用。

还有第二个问题需要处理，那就是有些库要求注解加在 Scala 不生成代码的位置。

10.4.2 Scala 和静态属性

我们在第一节中讨论过，Scala 没有办法表达类里的静态属性。虽然 JVM 允许属性和类实例在运行时关联，但是 Scala 语言不支持这种语法。你可能会争辩说可以在 Scala 的对象上加注解，因为对象是编译成静态值的。但是在实践中这行不通。

我们来看个例子。

```
object Foo {}
```

这在默认名字空间里定义了一个简单的 Foo 对象。Scala 编译出的字节码类似下面的 Java 类：

```
class Foo$ {
  public static Foo$ MODULE$ = null;

  private Foo$() {}

  static {
    MODULE$ = new Foo$
  }
}
```

Foo$类定义带有一个静态成员：MODULE$。静态代码块在类加载时执行。这会实例化 Foo 对象并赋值给 MODULE$成员属性。Scala 把对象转换成同名的 JVM 类，只是在名字后加个$。这样能避免 trait/class/object 命名冲突。

例子里需要注意的重点在于：它只有一个静态属性。没有办法给静态属性提供注解。如果一个 Java 库需要静态属性或者给静态属性加注解才能用，那就意味着对于 Scala 类这个库是不能用的。

不过，这样的 Java 库页不是彻底不能用的。解决办法和之前一样：用 Java 来制作一个与 Java 交互的隔离层。

这是与 Java 库交互的不幸现实。有些库就是设计成无法在 Scala 里使用的。

10.5　总结

在 Scala 里调用 Java 通常是无痛的。本章讨论了需要加强的领域并提供了各种问题的解决方法。

首先是 Java 的带 boxing 的基础类型与 Scala 的统一的 AnyVal 类型的不匹配。这种不匹配可以通过在 Java 端尽量使用基础类型来消解，因为 Scala 总是在运行时优先使用基础类型。这样可以减少程序里 boxing/unboxing 的开销。

第二个领域是当 Scala 和 Java 都给同个问题提供了解决方案的时候。典型的是两者都提供的集合库。Scala 的集合 API 在 Java 里使用是不太方便的，而 Java 集合 API 缺少 Scala 版本具有的很多函数式特性。为了简化集成，在 Scala 端提供隐式转换是个有效的办法。这里需要注意的是要小心不要随便假定相等性。用显式的转换函数可以明确显示对象标识被隐式转换改变了，还能用来执行多次隐式转换。

下一个领域是 Java 序列化。Java 序列化在 Scala 里运行得很好，但是当用作长期持久机制的时候问题就出现了。Scala 里很容易生成匿名类，匿名类也可以序列化（但是匿名类的名字不稳定）。如果一个对象需要做长期持久化，那么应该正规化的定义这个类并给予命名。

否则就不得不在序列化对象的生存期内锁定源代码结构，甚至，更差的情况就是必须重新刷新和迁移持久化存储。

最后，在面对实在没法在 Scala 里用的库的时候，最好的办法就是别用这种库。如果不得不用，那么用 Java 构造一个交互层，暴露适用于 Scala 的接口，是唯一的解决方案。

下个章节讨论函数式编程。函数式编程是一种对我们这些来自面向对象或命令式编程背景的人来说很不一样的编程范式。我们接下来将看一下这个没有副作用并且把操作尽可能推迟的函数式编程世界。

第 11 章　函数式编程

本章包括的内容：
- Functors、monads 和 applicative functors
- 用 applicative 风格配置应用
- 用 monad 和 for 表达式组装工作流

函数式编程是通过函数组合来组装程序的一种编程范式。这是一种自从面向对象编程出现后就被遗忘在主流编程书籍和课程之外的一种软件设计和架构方法。函数式编程为面向对象程序员提供了大量的学习内容并且是标准的面向对象实践的很好的补充。

函数式编程是个相对较大的主题，尝试把内容压缩到一个单章里难度过大。所以我们没有全面讲解函数式编程，而是介绍一些函数式编程里使用的关键抽象并演示了其在两个不同场景下的使用。目标是展示函数式编程的多种风格中的一种，而不是想把你变成一个专家级的函数式程序员。

首先我们讨论 functor、monad 和 applicative functor 的概念.

11.1　计算机科学领域的范畴论

范畴论是关于概念和箭号 arrow（https://en.wikipedia.org/wiki/Arrow_（computer_science））的集合的数学研究。就计算机科学来说，概念对应于类型，比如 String、Int 等。arrow 就是两个概念之间的态射。也就是指把一个概念转换为另一个概念的东西。对于计算机科学来说通常意味着一个态射就是就是对应于两个类型的函数。一个范畴就是一组概念和 arrow 的集合。比如说，猫的范畴包括世界上各种品种的猫和把严肃的猫变成大笑猫（lolcat，见维基百科：https://en.wikipedia.org/wiki/Lolcat ）所需要的标签。范畴论就是对于类似这样的范畴及其关系的研究。在编程上最常用的范畴就是类型的范畴：你的程序里定义的类、特质、别名和对象本身。

范畴论在编程的很多地方都有体现，但你不一定认识到它。本节将介绍一个用来配置软件的库，同时介绍这个库里用到的范畴论里的概念。

理解范畴论的一个好方法是把它理解为应用到函数式编程领域的设计模式。范畴论定义了一些非常底层的概念抽象。这些概念可以直接用 Scala 这样的支持函数式编程的语言表达，也有一些支持它的库。在设计软件的时候，如果一个特定实体符合其中一个概念，那么立刻就有一整组操作可用，而且包含推理其用法的方法。我们通过设计一个配置库来学习一下这些概念。

在 2.4 节，我们探讨过用 Scala 的 Option 类替代可为空的值。而在本节里，我们将展示如何用 Option 来创建"带围墙的花园"。我的意思是，函数可以写成仿佛所有的参数都不是 null。这些函数可以被提升（lifted）为能自动传播空值（empty value）的函数。我们来看一下第 2 章里的 lift3 函数：

```
scala>    def lift3[A,B,C,D](f: Function3[A,B,C,D]) = {
     |       (oa: Option[A], ob: Option[B], oc: Option[C]) =>
     |         for(a <- oa; b <- ob; c <- oc) yield f(a,b,c)
     |    }
lift3: [A,B,C,D](f: (A, B, C) => D)(
  Option[A], Option[B], Option[C]) => Option[D]
```

lift3 函数把一个接受原始类型的函数转化为能处理 Option 类型的函数。这使我们可以直接包装 Java 的 DriverManager.getConnection 方法并使之"option safe"。

lift3 函数使用了 Scala 的 for 表达式，for 表达式是类上定义的 map、flatMap、foreach 和 withFilter 操作的语法糖。for 表达式：

```
for(a <- oa; b <- ob; c <- oc) yield f(a,b,c)
```

去糖化后实际上是如下的表达式：

```
oa.flatMap(a => ob.flatMap(b => oc.map(c => f(a,b,c))))
```

for 表达式的每个箭头转化为 map 或 flatMap 调用。这两个方法都和范畴论里的一个概念相关。map 方法关联到 functor 而 flatMap 关联到 monad。for 表达式是一种定义工作流的极佳方法。我们将在 11.4 节讨论工作流。

monad 是一种可以被拍平（flatten）的东西。Option 是一个 monad，因为它既有 flatten 也有 flatMap 操作，遵循 monadic 定律（monadic law）。我们先不要一下子陷入 monad 的

细节。相关内容将在 11.2 节讨论。　我们先尝试把 2.4.1 节讲述的高级 Option 技巧泛化。

　　假设我们正在设计一个配置管理库。目标是用这个库，结合 lift3 函数的变种，来根据当前的配置参数构造数据库连接。这个库能够从不同的位置读取配置参数，如果其中任何一个位置发生了修改，程序应该在下一次接到数据库连接请求时自动改变其行为。我们来定义一个新的 Config 特质来为我们包装这个逻辑。由于文件系统是不稳定的，不能确保配置信息一定存在，所以 Config 库也要利用 Option 特质来代表没有找到的配置值。我们来定义一个最小的 Config 特质。

```
trait Config[+A] {
  def map[B](f : A => B) : Config[B]
  def flatMap[B](f : A => Config[B]): : Config[B]
  def get : A
}
```

　　Config 特质包含三个方法。第一个方法，map，接受一个能操作 Config 对象里保存的数据的函数，返回一个新的 Config 对象。这是用来"转化"Config"里面"的配置数据的。比如说，在读取字符串类型的配置变量是，map 方法可以用来把环境变量转化为整数值。

　　第二个方法是 flatMap 方法。这个方法接受处理当前 Config 对象的函数然后返回个新的 Config 对象。这可以用来根据初始 config 对象里保存的值来构造新的 config 对象。比如说，假设我们有个 Config[java.io.File]对象，里面存有第二个配置文件的路径。flatMap 可以用来读取该路径并解出更多的配置值。

　　最后一个方法叫作 get。这个方法是"不安全"的，因为不管配置信息定义在哪里，这个方法会试图从当前的配置环境里读取值，然后返回结果。和 Option 一样，对这个方法的调用应该尽量推迟，直到调用的代码知道如何处理读取失败情况的时候。同时，因为 get 方法会从环境里读取数据，所以如果放在高频的循环里可能代价会很高。

　　我们来给 Config 定义一个构造方法。创建一个新 Config 对象其实就只要定义 get 方法。因为 map 和 flatMap 可以定义在 get 之上。现在我们暂时就假设 map 和 flatMap 方法已经正确地定义好了（参见实现的源代码）。

```
object Config {
  def apply[A](data : => A) = new Config[A] {
    def get = data
  }
}
```

　　Config 对象只定义了一个方法，叫作 apply。这是 Config 实例的构造器。apply 方法接受一个参数，一个传名（by-name）参数。Scala 里的传名参数类似于无参函数，每次引用它的时候，其表达式会被重新计算一次。这意味着可以简单地把 get 方法定义为 data 参数的引用，因为每次调用 get 的时候都重新计算 data 的值。我们来看个例子：

```
scala> var x = 1
x: Int = 1

scala> Config({ x += 1; x})
res2: java.lang.Object with config.Config[Int] = ...

scala> res2.get
res3: Int = 2

scala> res2.get
res4: Int = 3
```

　　首先，定义变量 x 等于 1。然后构造一个 Config 对象，参数是表达式{ x +=1； x}。每当 Config 的 get 方法被调用时，应该重新计算表达式的值。下一行代码调用 get 方法，返回值为 2。再下一行又调用一次 get 方法，而返回值现在是 3。现在我们来创建几个用来读取配置路径的便利方法。

```
def environment(name : String) : Config[Option[String]] =
    Config(if (System.getenv.containsKey(name))
      Some(System.getenv.get(name))
    else None)
```

　　environment 方法从操作系统环境（process environment）里读取配置值。这个方法从环境变量里读取一个字符串。Config 对象用 if 表达式构造来构造。如果环境变量存在，则把值放在一个 Option 里返回。如果变量不存在则返回 None，完整的返回类型是一个 Config[Option[String]]。我们在命令行里实验一下。

```
> export test_prop="test_prop"
> scala -cp .
...
scala> val test = environment("test_prop")
test: Config[String] = Config$$anon$1@659c2931

scala> test.get
res0: String = test_prop
```

　　首先导出环境变量 test_prop。然后启动 scala REPL，创建一个指向 test_prop 属性值的 Config 对象。当对 test 属性调用 get 方法时显示了正确的值。
　　现在我们来看一下如何基于环境变量构造数据库连接。以下是来自 2.4 节的代码：

```
scala>   def lift3[A,B,C,D](f : Function3[A,B,C,D]) = {
     |     (oa : Option[A], ob : Option[B], oc : Option[C]) =>
     |       for(a <- oa; b <- ob; c <- oc) yield f(a,b,c)
     |   }
lift3: [A,B,C,D](f: (A, B, C) => D)(
```

```
  Option[A], Option[B], Option[C]) => Option[D]

scala> lift3(DriverManager.getConnection)
```

　　lift3 方法接受一个需要 3 个参数的函数，把它转换成能处理 3 个 Option 参数的函数。在 DriverManager.getConnection 方法上使用这个函数来构造一个操作 Option 的方法。

　　让 DriverManager 使用新的 Confdig 库需要把 getConnection 函数提升（lifting）为接受 Config[Option[String]]而不是仅仅 Option[String]。我们用上面这种简单的方法来定义一个新的 lift 函数来把方法转换为对 Config 对象进行操作。

```
def lift3Config[A,B,C,D](f : Function3[A,B,C,D]) = {
  (ca : Config[A], cb : Config[B], cc : Config[C]) =>
    for(a <- ca; b <- cb; c <- cc) yield f(a,b,c)
}
```

　　lift3Config 方法接受一个三个参数的函数作为其参数，返回一个接受原参数的 Config 特质版为参数的新函数。其实现使用 for 表达式来在幕后对 Config 对象调用 flatMap 和 map 操作。结果是包装了底层数据的 Config 对象。我们用它来定义一个使用环境变量的 DatabaseConnection。

```
scala> val databaseConnection =
     |   lift3Config(DriverManager.getConnection)(
     |    Config.environment("jdbc_url"),
     |    Config.environment("jdbc_user"),
     |    Config.environment("jdbc_password"))
databaseConnection: Config[java.sql.Connection]
```

　　通过对 DriverManager.getConnection 调用 lift3Config 方法，创建了能处理 Config[Option[String]]的 3 个参数的函数。最后给这个新函数传入了 3 个参数：每个环境变量一个。如果环境变量 jdbc_url、jdbc_user、jdbc_password 存在，则函数返回的 Config 对象会构造一个新的数据库连接。

　　这个 lift3Config 实现应该看上去很眼熟，它几乎就跟 lift3 方法一模一样。这是因为 Config 特质和 Option 特质都是范畴论里的同一个抽象概念的实例。我们来试试反向工程 lift，研究它背后的原始概念是什么，这样我们可以看看能否对 Option 和 Config 重用 lift 方法。

11.2　函子（Functor），Monad 及它们与范畴的关系

　　函子是从一个范畴到另一个范畴的转换，并且其亦可转换/保持态射（morphism）。一个态射是指一个范畴里的一个值到同个范畴里的另一个值的变化。在猫的范畴的例子里，一个态射好比一个盒子，能够把一个暗淡无光的猫（dim cat）转化为一个霓虹

灯般闪耀的猫（neon glowing cat）。在类型的范畴里——这是计算机科学最常用的范畴——一个态射是一个把某类型转化为另个类型的函数。而函子则是可以把猫转化成狗的东西。函子可以把暗淡的猫转化成暗淡的狗，霓虹灯般闪耀的猫转换成霓虹灯般闪耀的狗。并且函子还可以连那个盒子（那个态射）都转换过去，这样就可以把暗淡的狗转化为霓虹灯闪耀的狗。

图 11.1 是一个函子的示意图。

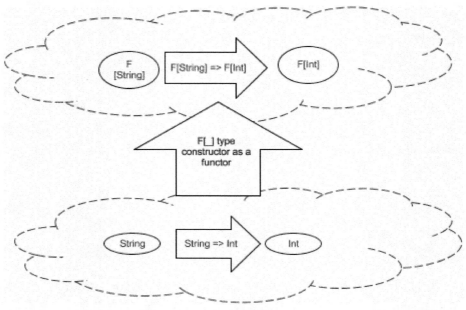

图 11.1　转换类型和函数的函子

底下的圈子代表所有的类型组成的范畴。里面包括标准的 String、Double、Int 和其他在 Scala 里能定义的类型。函子 F 是 Scala 里的一个类型构造器。对于下面那个范畴中的任意类型 T，你可以把该类型置于类型构造器 F[_] 中，从而得到一个新类型 F[T]（显示在上面的圈子里）。比如说，对于任何类型 T，可以构造一个 Config[T]。Config 类就是一个函子。

作者注：函子的定律和其他属性。

函子和本章中介绍的其他概念，都有数学定律指导其行为。这些定律提供了一组默认的单元测试以及代码里能够执行的标准转换（standard transformations）。虽然本书不会深入探讨这些定律，但是会给出关于范畴论的足够背景知识，以便读者能够根据需要自行学习和研究。

一个转换必须在转换时保留所有的态射才能称为函子转换。也就是说，如果在第一个范畴有个操作类型的函数，那么我们也应该有个转换后的函数能够操作转换后的类型。比如说，如果我有个把 String 转换为 Int 的函数，那么我也应该能够把 Config[String] 转换成 Config[Int]。这正是 Option 和 Config 的 map 方法所提供的功能。我们用个接口来表现这个概念。

清单 11.1　Functor 类型类

```
trait Functor[T[_]] {
   def apply[A](x: A): T[A]
   def map[A,B](x : T[A])(f: A=>B) : T[B]
}
```

apply 方法为函子赋予了第一个属性——对于任意类型 A，一个函子能够在新范畴里构造一个类型 T[A]。　map 方法给函子赋予了第二个属性——给定一个转换后的类型 T[A] 和一个在原范畴里的态射 A => B，能够创建一个 T[B] 类型的结果。也就是说，我们有个一个新函数能够接受 T[A]，返回 T[B]。

我们来为 Config 实现 Functor 接口。

```
object ConfigAsFunctor extends Functor[Config] {
  def apply[A](x : A): Config[A] = Config(x)
  def map[A,B](x : Config[A])(f: A=>B) = x.map(f)
}
```

Config 的 Functor 实现定义为：apply 方法调用 Config 伴生对象的 apply 方法。map 方法简单地代理给 Config 类的 map 方法。

最后，我们造一点语法糖，以便让 Functor 类型上的 map 方法用起来像是定义在原始类型上。

隐式方法 functorOps 创建了一个匿名类，其包含只需要一个函数 A =>B 参数的本地的 map 方法。这样就简化了后面的例子里使用 Functor 的代码。

```
implicit def functorOps[F[_] : Functor, A](ma: F[A]) = new {
  val functor = implicitly[Functor[F]]
  final def map[B](f: A => B): F[B] = functor.map(ma)(f)
}
```

现在我们来创建一个对 Functor 抽象通用的 lift 方法。

```
def lift[F[_] : Functor] = new {
  val functor = implicitly[Functor[F]]
  def apply3[A,B,C,D](f: (A,B,C) => D): (
    F[A],F[B],F[C]) => F[F[F[[D]]] = {
      (fa, fb, fc) =>
        fa map { a =>
```

```
        fb map { b =>
          fc map { c =>
            f(a,b,c)
          }
        }
      }
    }
}
```

　　新的 lift 方法用函子来提升函数的元素。apply3 方法接受一个三参数的函数，对每个参数调用 map 方法使方法调用串联起来。结果函数接受包含在函子 F[_]里的全部原始参数，返回结果类型 F[F[F[D]]]。

　　这个方法的问题是返回结果类型是 F[F[F[D]]]而不是 F[D]。对于 config 库来说，意味着创建数据库连接会返回一个 Config[Config[Config[Connection]]]而不是 Config[Connection]。为了解决这问题，我们来创建一个新的类型特质，扩展 Functor 并增加一个 flatten 方法。这个方法负责把 F[F[D]]模式解体成 F[D]，这样就能让前面那个函数符合我们的期望了。我们把这个新特质叫作"单子"（Monad）。

单子

　　单子是一种将函子组合应用的方法，前提是该函子必须是内函子（endofunctor）。内函子是一种特殊的函子，该函子将其范畴内的概念和态射仍然转换到相同的范畴内。拿猫的例子来说，把猫和猫的基因操纵转换成不同类型的猫和猫的基因操纵的方法就是这样一种内函子（Using the cat example, an end of unctor would be a way of converting cats and genetic cat manipulations into different types ofcats and cat genetic manipulations）。monad 是函子组合应用的方法，也就是说，对猫的多次转换可以化简成（reduce into）一次函子应用，相似地，对猫的基因的多次操纵可以简化成一次操纵。

　　在计算机科学里，单子经常用来代表计算（computation）。单子能用来把程序的执行行为抽象出来（译者注：指与业务无关的通用的程序行为）。比如有用来处理并行、异常，甚至副作用的单子。我们将在 11.4 节讨论如何在工作流或管道中使用单子。

　　我们来看一下编程上对单子的定义。

清单 11.2　Monad 类型类

```
trait Monad[T[_]] {
  def flatten[A](m : T[T[A]]): T[A]
  def flatMap[A,B](x : T[A])(f : A => T[B]
    )(implicit func: Functor[T]): T[B] =
      flatten(func.map(x, f))
}
```

Monad 特质定义了 flatten 和 flatMap 两个方法。flatten 方法接受一个包裹了两层的类型，转换成包了一层的类型。如果函子 T[_]被应用了两次，Monad 知道怎样将之合并成一次函子应用。比如说，List Monad 能够将一个列表的列表变成一个列表，其中包含原本内嵌的子列表的所有元素。flatMap 则是 Monad 特质提供的一个便利函数，实际上是把 flatten 和 map 串联起来以方便使用。

Monad 还是一种防止类型膨胀和不必要的访问器（accessor）的方法。我能够把一个嵌套的列表的列表当作一个单层的列表来处理，其使用的语法更方便。

> **作者注：单子和函子的差别**
>
> 在现实中，单子只是函子的一个 flatten 操作。如果你想直接用类型系统编码实现范畴论，那么 flatMap 方法会需要一个隐式的 Functor。至少对于应用到计算机科学领域的范畴论，所有东西都位于一个 "类型的范畴"（Category of Type）内。将类型构造器 F[_]应用到类型 T 得到类型 F[T]，其仍然位于类型的范畴内（译者注：意思是类型 F[T]也是一个类型，比如还未确定类型的 Option[T]是个类型构造器，而 Option[String]则是一个类型）。单子则是把应用了两次的这种 Functor 缩减为一次，比如说，把 F[F[T]]变成 F[T]（译者注：好比 Option[Option[String]]变成 Option[String]）。
>
> 如果你把单子想象成函数，那就好比你有一个函数: def addOne（x: Int）= x + 1 和一个表达式 addOne（addOne（5）），你把表达式转化为函数 def addTwo（x: Int）= x + 2 和表达式 addTwo（5）。单子就类似于对类型做这样的转化。
>
> 单子是一种手段，用来组合对类型的函子应用，所以可以通过使用单子来把 F[F[T]]缩短为 F[T]。

再一次地，我们来创建一个便利的隐式转换来减少使用 Monad 类型特质时的语法噪音。

```
implicit def monadOps[M[_] : Functor : Monad, A](ma: M[A]) = new {
  val monad = implicitly[Monad[M]]
  def flatten[B](implicit $ev0: M[A] <:< M[M[B]]): M[B] =
    monad.flatten(ma)
  def flatMap[B](f: A => M[B]): M[B] =
    monad.flatMap(ma)(f)
}
```

隐式方法 monadOps 创建了一个匿名类。flatten 方法利用了 7.2.3 节讲过的隐式类型约束技巧来确保 monad M[_]里的值确实也是一个 M[_]。flatMap 方法只是简单地代理给 MOnad 特质的 flatMap 方法。

现在我们修改 lift 函数来使用 Monad 特质。

```
def lift[F[_] : Monad : Functor] = new {
    val m = implicitly[Monad[F]]
    val func = implicitly[Functor[F]]
    def apply3[A,B,C,D](f: (A,B,C) => D): (F[A], F[B], F[C]) => F[D] = {
        (fa, fb, fc) =>
            m.flatMap(fa) { a =>
                m.flatMap(fb) { b =>
                    func.map(fc) { c =>
                        f(a,b,c)
                    }
                }
            }
    }
}
```

新的 lift 方法使用 Monad 类型类而不仅仅是 Functor。这个 lift 方法看上去和原本用于 Option 的 lift 方法非常像，但是它可以通用地提升（lift）函数，使之能应用于 monads。我们来试试看。

```
scala> lift[Option] apply3 java.sql.DriverManager.getConnection
res4: (Option[String], Option[String],
      Option[String]) => Option[java.sql.Connection] =
    <function3>
```

用 Option 作为类型参数调用 lift 方法。apply3 方法直接用 java.sql.DriverManager.getConnection (...) 调用。结果是一个接受 3 个 Option[String]值然后返回 Option[Connection]的新函数。

单子和函子构成了函数式编程的基本概念的基础构造元素。在 11.4 节将更深入地探索这一点。在 Monad 和 Functor 之间还有另一个抽象概念，可以用这个抽象概念以另一种机制来实现 lift 函数。函数可以不依赖于 flatMap 操作，而使用咖喱化（curried）特性以可应用风格（applicative style）来接受参数。

11.3　咖喱化和可应用风格（Applicative style）

咖喱化是指把接受多个参数的函数转化为一串接受单个参数的函数的链式组合（chain）。咖喱函数接受第一个参数，返回一个接受下一个参数的函数。这个链条持续到最后一个函数返回最终结果。在 Scala 里，任何多参数的函数都可以咖喱化。

可应用风格指驱动可应用函子（Applicative Functor）里的参数通过一组咖喱函数。可应用函子是指这样一类函子：该类函子支持一个方法，该方法可以把映射后的态射转化为对映射后的类型的态射。通俗来说，意思就是如果我们有一组函数，那么一个可应用函子可以创建一个新函数，这个函数接受一组参数值然后返回一组结果。

11.3.1　咖喱化

咖喱化是指拿到一个接受多个参数的函数，然后把它转化为接受一个参数返回一个新函数的函数，这个新函数可以接受下一个参数，再返回一个新函数，新函数可以接受下一个参数，以此类推，直到最后一个函数最终返回结果值。在 Scala 里，所有的函数都有一个 curried 方法，可以用来把函数从多参数的形式转化为咖喱函数。

我们来试试。

```scala
scala> val x = (x:Int, y:Double, z: String) => z+y+x
x: (Int, Double, String) => java.lang.String = <function3>

scala> x.curried
res0: (Int) => (Double) => (String) => java.lang.String = <function1>
```

第一行代码构造了一个函数，接受 3 个参数：一个整型、一个 double 型和一个字符串。第二行对它调用 curried 方法，结果返回一个函数，其类型为：Int => Double => String => String。这个函数接受一个 Int 然后返回一个新函数 Double => String => String。这个新函数接受一个 Double 然后返回一个新函数 String => String。原本接受多个参数的**一个**函数被转换成一组串起来的函数，每个函数返回下一个函数，直到所有参数都给齐后返回一个结果。亲手实现咖喱化也是很容易的，我们来试试。

```scala
scala> val y = (a: Int) => (b: Double) => (c: String) => x(a,b,c)
y: (Int) => (Double) => (String) => java.lang.String = <function1>
```

这行代码构造了一个匿名函数 y，接受一个 Int，命名为 a，然后返回后面的表达式所定义的函数。用相同的技巧定义嵌套的匿名函数，直到最终调用前面定义的函数 x。注意这个函数的签名和 x.curried 完全一样。这里的巧妙在于对函数的每次调用捕捉了原始函数的参数列表中的部分参数，并返回一个新函数来处理剩余的参数值。

可以用这个技巧来提升一个接受多个简单参数的函数，使之能够处理函子里面的值。我们来重新定义 lift 方法，仅使用 Functor 的能力（而不用 Monad）。

```scala
def lift[F[_]: Functor] = new {
  def apply3[A,B,C,D](f: (A,B,C) => D): (F[A], F[B], F[C]) => F[D] = {
    (fa, fb, fc) =>
      val tmp: F[B => C => D] = fa.map(f.curried)
      ...?...
  }
}
```

apply3 方法的新实现对咖喱函数应用了 Functor 的 map 操作。结果是包装在 F[_]函子里的函数 B => C => D。

我们来把它分解一下，瞧瞧类型上究竟发生了什么变化。首先，创建了咖喱函数。

```scala
scala> f.curried
res0: A => (B => C => D) = <function1>
```

这里稍微调整了一下结果表达式里的括号以便能更清楚地看到实际类型。结果是一个函数，接受一个 A，产生一个值。由于 fa 参数是 F[A]类型的值，我们可以用 map 方法来组合咖喱函数和 fa 值。

```scala
scala> fa.map[B => C => D](f.curried)
res0: F[B => (C => D)] = Config(<function1>)
```

调用 fa 的 map 方法，传入咖喱函数为参数。结果是个包含剩余部分函数的 F[_]。回忆一下，Functor 的 map 方法定义为 map[A, B]（m: F[A]）（f: A => B）: F[B]。在这个场景下，第二个类型参数是一个函数 B => C => D。

现在问题出现了。代码无法继续使用 Functor 上定义的 map 方法，因为剩下的函数被包在函子 F[_]里了。为了解决这个问题，我们来定义一个新的抽象，可应用（Applicative）。

清单 11.3　Applicative typeclass

```scala
trait Applicative[F[_]] {
  def lift2[A,B](f: F[A=>B])(ma: F[A]): F[B]
}
```

为类型 F[_]定义 Applicative 特质。其包含一个方法，lift2，接受一个在 F[_]里的函数，一个在 F[_]里的值，返回一个在 F[_]里的结果。注意这和 monad 是不同的，monad里的是 flatten 可以拍平 F[F[_]]。现在我们能够用可应用函子来完成 lift 方法：

```scala
def lift[F[_]: Functor: Applicative] = new {
    val func = implicitly[Functor[F]]
    val app = implicitly[Applicative[F]]
    def apply3[A,B,C,D](f: (A,B,C) => D): (F[A], F[B], F[C]) => F[D] = {
      (fa, fb, fc) =>
          val tmp: F[B => C => D] = func.map(fa)(f.curried)
          val tmp2: F[C => D] = app.lift2(tmp)(fb)
          app.lift2(tmp2)(fc)
    }
  }
```

lift 函数现在同时需要 Functor 和 Applicative 上下文边界。和之前一样，把函数咖喱化并利用 map 方法将之应用于第一个参数，不过这次可以用可应用函子的 lift2 方法来把第二个参数提交给函数。最后，再次使用 lift2 方法来把原函数的第三个参数提交给函数。最后的结果是包在函子 F[_]里的 D 类型的值。

现在我们来用前例中的 DriverManager.getConnection 来试试这个方法：

```
scala> lift[Config] apply3 java.sql.DriverManager.getConnection
res0: (Config[String], Config[String],
       Config[String]) => Config[java.sql.Connection] =
   <function3>
```

结果和使用函子加单子时一样。选择这种风格的最大原因是因为使用可应用函子时有更多的东西可以实现 lift2 方法，比能够实现单子的 flatten 方法的东西多。

11.3.2 可应用风格

有另外一种可以把函数抬举（lifting）成可应用函子的语法，称为"可应用风格"（Applicative style）。在 Scala 里可以用它来简化复杂函数依赖的构造，使值保持在可应用函子里面。仍然用前述的 Config 库例子，整个程序都可以用函数和可应用函子来构造。我们来看看怎么做。

假设有个软件系统，其由两个子系统组成：DataStore 子系统和 WorkerPool 子系统。系统的类层次关系如下：

```
trait DataStore { ... }
trait WorkerPool { ... }
class Application(ds: DataStore, pool: WorkerPool) { ... }
```

DataStore 类和 WorkerPool 类定义了其子组件所需的全部方法。Application 类定义为接受一个 DataStore 实例和一个 WorkerPool 实例。现在，使用可应用风格，我们可以这么构造应用：

```
def dataStore: Config[DataStore]
def workerPool: Config[WorkerPool]
def system: Config[Application] =
  (Applicative build dataStore).and(
   workerPool) apply (new Application(_,_))
```

dataStore 和 workerPool 方法定义为抽象构造器，构造一个在 Config 对象里面的 DataStore。这个系统通过创建一个 dataStore 上的 Applicative 实例，结合 workerPool，然后应用到一个匿名函数（new Application（_, _））来组合而成。结果是一个包含在 Config 对象里面的 Application。对 Applicative 的调用创建了一个"builder"，这个 builder 用 Config[_]实例来构造某种可以接受原始类型的函数并返回 Config 对象为结果的东西。

作者注：Haskell VS Scala

Scala 的可应用风格学自 Haskell 语言。在 Haskell 语言里函数默认是咖喱化的。这里展示的语法是 Scala 的惯用法，并非直接模仿 Haskell。在 Haskell 里，可应用风格使用<*>操作符——称为"apply"——应用于可应用函子上的咖喱函数。也就是说，Haskell 里直接就有个<*>方法，其功能与 Applicative 特质的 lift2 方法相同。

这种可应用风格，结合 Config 类，可以用来在 Scala 里实现某种形式上的依赖注入。软件可以用简单的类组合而成，这些简单类可以通过构造器接受其依赖的组件，并且可以用分离的配置通过函数来把这些组件挂接（wire）为一体。这是 Scala 特有的面向对象编程和函数式编程的混合体。比如说，如果 DataStore 特质有一个像下面这样使用 JDBC 连接的实现：

```
class ConnectionDataStore(conn: java.sql.Connection) extends DataStore
```

那么完整的应用可以像下面这样配置。

清单 11.4　用 Config 类和 ApplicationBuilder 来配置一个应用

```
def jdbcUrl: Config[String] = enviornment("jdbc.url")
def jdbcUser: Config[String] = enviornment("jdbc.user")
def jdbcPw: Config[String] = environment("jdbc.pw")
def connection: Config[Connection] =
  (Applicative build jdbcUrl).and(jdbcUser).and(jdbcPw).apply(
    DriverManager.getConnection)

def dataStore: Config[DataStore] =
  connection map (c => new ConnectionDataStore(f))
def workerPool: Config[WorkerPool] = ...

def system: Config[Application] =
  Applicative build dataStore and workerPool apply (
    new Application(_,_))
```

environment 函数抽取指定环境变量的值——如果该环境变量存在的话。 用这个函数来抽取 JDBC 连接的 URL、用户和密码的值。然后用可应用 builder 使用这些配置值和 DriverManager.getConnection 方法来直接构造一个 Config[Connection]。然后再通过调用 Config 的 map 方法来使用配置好的 Connection 来实例化 ConnectionDataStore。最后，使用可应用 builder 从 dataStore 和 workerPool 配置构造出应用。

虽然这是纯 Scala 代码，但这些概念对 Java 依赖倒置容器的使用者来说应该很熟悉。这些代码片段代表从组件定义里剥离出来的软件配置信息。在 Scala 里没必要去使用 xml 或配置文件。

来看一看 Applicative 对象的 build 方法是怎么起写的。

```
object Applicative {
  def build[F[_]: Functor: Applicative, A](m: F[A]) =
    new ApplicativeBuilder[F,A](m)
}
```

Applicative 的 build 方法接受两个类型，F[_]和 A。F[_]类型要求必须存在隐式的 Applicative 和 Functor 实例。build 方法接受一个 F[A]类型的参数，返回一个

ApplicativeBuilder 类。来看一下 ApplicativeBuilder 类。

清单 11.5　ApplicativeBuilder 类

```
class ApplicativeBuilder[F[_],A](ma: F[A])(
    implicit functor: Functor[F], ap: Applicative[F]) {
  import Implicits._

  def apply[B](f: A => B): F[B] = ma.map(f)

  def and[B](mb: F[B]) = new ApplicativeBuilder2(mb)

  class ApplicativeBuilder2[B](mb: F[B]) {

    def apply[C](f: (A, B) => C): F[C] =
      ap.lift2((ma.map(f.curried)))(mb)

    def and[C](mc: F[C]) = new ApplicativeBuilder3[C](mc)

    class ApplicativeBuilder3[C](mc: F[C]) {

      def apply[D](f: (A,B,C) => D): F[D] =
        ap.lift2(ap.lift2((ma.map(f.curried)))(mb))(mc)

      ...
    }
  }
}
```

ApplicativeBuilder 类在其构造器中接受和 Applicative.build 方法相同的参数。这个类有两个方法：apply 和 and，还有一个嵌套的 ApplicativeBuilder2 类。apply 方法接受一个针对原始类型 A 和 B 的函数，将函数应用到其捕捉的 ma 成员上，产生一个 F[B]。and 方法接受另一个 F[B] 类型的可应用函子实例，构造一个 ApplicativeBuilder2。ApplicativeBuilder2 类也有两个方法：apply 和 and。apply 方法稍微有点怪异。类似于前面的 lift 例子，这个方法把原函数 f 咖喱化，然后用 map 和 lift2 方法来在函子里面把参数喂给抬举了的函数。and 方法构造一个 ApplicativeBuilder3，这个类看上去非常像 ApplicativeBuilder2，但是多一个参数。这个 builder 类的嵌套链一层层嵌套下去直到到达 Scala 的匿名函数参数的参数个数上限，也就是 23 个。

可应用风格是一个非常通用的概念，可以应用于很多场景下。比如说，我们可以用它来计算两个集合元素所有可能的配对。

```
scala> Applicative.build(Traversable(1,2)).and(
    Traversable(3,4)).apply(_ -> _)
res1: Traversable[(Int, Int)] =
    List((1,3), (1,4), (2,3), (2,4))
```

这里用 Applicative.build 来组合两个 Traversable 列表。给 apply 方法传入了一个接受两个参数，创建一个 pair 的函数。结果是第一个列表的每个元素和第二个列表的每个元素配对的列表。

函子和单子帮助我们通过函数和函数转换来表达程序意图。这种可应用风格结合可靠的面向对象技术可以得到非常强力的结果。从 config 库的例子可以看到，能够用可应用风格来达到纯函数和那些能隔离危险的东西（如 Option 或 Config）的协同应用。可应用风格通常用作像 String 这样的原始类型和 Option[String]这样的包装类型之间的接口。

现在来看看函数式编程里的另一个常见应用场景：工作流。

11.4　用作工作流的单子

单子最常见的使用场景之一是用来创建工作流。工作流是由一始终内嵌在单子里的计算。单子能够控制其内嵌的计算的执行和行为。单子化工作流（monadic workflow）用来控制像副作用、控制流和并发诸如此类的东西。用单子化工作流来做自动化资源管理是个极佳的例子。

自动化资源管理是一种技巧，用来替程序员将资源——比如说文件——在使用完成后自动关闭。用很多种技巧来实现这个功能，其中最简单的一种称为"租借"模式。租借模式是指一块代码"拥有"资源，而将资源的使用代理给一个闭包。我们来看个例子。

```
def readFile[T](f: File)(handler: FileInputStream => T): T = {
  val resource = new java.io.FileInputStream(f)
  try {
    handler(resource)
  } finally {
    resource.close()
  }
}
```

readFile 函数接受一个 File 和一个 handler 函数。文件用来打开一个 FileInputStream，然后这个流被租借给 handler 函数，确保即使发生异常也会关闭流。我们可以这样使用这个方法：

```
readFile(new java.io.File("test.txt")) { input =>
  println(input.readByte)
}
```

这个例子展示了如何用 readFile 方法来读取 test.txt 文件的第一个字节。注意这段代码没有自己去打开和关闭资源，它只是把资源"租"来用一下。这个技巧很强大，而我们还可以进一步增强它。

有时候我们需要分阶段读取文件，每个阶段执行一部分操作。还有些时候我们需要反复的读取一个文件。可以创建一个自动资源管理单子来处理所有这些场景。来看一下这个类的定义。

清单 11.6　自动资源管理接口

```
trait ManagedResource[T] {
  def loan[U](f: T => U): U
}
```

ManagedResource 特质有一个类型参数，代表其管理的资源。它只有一个方法，loan，外部用户用它来修改资源。这样就捕捉了租借模式的接口。现在我们在 readFile 方法里创建这个单子的一个实例。

```
def readFile(file: File) = new ManagedResource[InputStream] {
  def loan[U](f: InputStream => U): U = {
    val stream = new FileInputStream(file)
    try {
      f(stream)
    } finally {
      stream.close()
    }
  }
}
```

readFile 方法构造了一个 ManagedResource，其类型参数为 InputStream。ManagedResource 上的 loan 方法先构造 inputStream，然后租借给函数 f，最后关闭流，不管函数的处理过程是否抛了错误。

ManagedResource 特质既是函子也是单子。和 Config 类一样，ManagedResource 可以定义 map 和 flatten 操作。来看一下怎么实现。

清单 11.7　ManagedResource 函子和单子

```
object ManagedResource {
  implicit object MrFunctor extends Functor[ManagedResource] {
    override final def apply[A](a: A) = new ManagedResource[A] {
      override def loan[U](f: A => U) = f(a)
      override def toString = "ManagedResource("+a+")"
    }
    override final def map[A,B](ma: ManagedResource[A]
                              )(mapping: A => B) =
    new ManagedResource[B] {
      override def loan[U](f: B => U) = ma.loan(mapping andThen f)
      override def toString =
        "ManagedResource.map("+ma+")("+mapping+")"
    }
  }
  implicit object MrMonad extends Monad[ManagedResource] {
    type MR[A] = ManagedResource[A]
    override final def flatten[A](mma: MR[MR[A]]): MR[A] =
      new ManagedResource[A] {
```

```
          override def loan[U](f: A => U): U = mma.loan(ma => ma.loan(f))
          override def toString = "ManagedResource.flatten("+mma+")"
      }
   }
}
```

ManagedResource 伴生对象包含了单子和函子的隐式实现，这样 Scala 就能在隐式上下文中自动找到它们。Functor.apply 方法实现为当 loan 方法被调用时把它捕捉的值 a 租给函数参数 f。Functor.map 方法实现为调用 ma 资源的租借值，先用 mapping 函数包装这个值，然后再调用传入的函数。最后，Monad.flatten 操作实现为先调用外层资源的 loan 方法，然后再调用外层资源返回的内部资源的 loan 方法。

现在我们已经把 ManagedResource 特质单子化，可以用它来定义针对某一资源的"工作流"。工作流是用一种委婉的说法，其意思是一组函数以一种递增的方式来执行一个大任务。我们来创建一个工作流，先读入一个文件，做一些计算，然后写出计算结果。

读取文件的第一个任务是遍历文件的所有行。可以重用已有的 readFile 方法，把 InputStream 转化成文本行集合来实现这个任务。先来构造一个方法来把输入流转化成 Traversable[String]。

```
def makeLineTraversable(input: BufferedReader) =
  new Traversable[String] {
    def foreach[U](f: String => U): Unit = {
      var line = input.readLine()
      while (line != null) {
        f(line)
        line = input.readLine()
      }
    }
  } view
```

makeLineTraversable 方法接受一个 BufferedReader 作为输入，构造一个 Traversable[String]实例。foreach 方法定义为调用 BufferedReader 的 readLine 方法，直到全部读完。对读入的每一行，只要不是 null，就把这行喂给匿名函数 f。最后，调用 Traversable 的 view 方法来返回惰性求值的文本行集合。

```
type LazyTraversable[T] = collection.TraversableView[T, Traversable[T]]
```

当原始集合是个 Traversable 时，可以构造一个 LazyTraversable 类型别名来简化对类型 T 的 Traversable 视图的引用。从现在开始用这个别名来简化我们的演示代码。现在我们来定义工作流的读取文件部分。

```
def getLines(file: File): ManagedResource[LazyTraversable[String]] =
  for {
```

```
    input <- ManagedResource.readFile(file)
    val reader = new InputStreamReader(input)
    val buffered = new BufferedReader(reader)
} yield makeLineTraversable(buffered)
```

getLines 方法接受一个文件，返回一个包含字符串集合的 ManagedResource。这个方法用一个 for 表达式"工作流"来实现。InputStream 转化成 InputStreamReader，然后 InputStreamReader 转化成 BufferedReader，最后把 BufferedReader 传给 makeLineTraversable 方法来构造一个 LazyTraversable[String] 并返回之。结果是一个出租文本行集合的 ManagedResource 而不是原始资源。

可以利用 Scala 的 for 表达式来创建"工作流"。如果一个类是单子或函子，那就可以用 for 表达式来操作函子"里面"的类型，而不用把值拿出来再操作。这是一种非常好用的战术。比如说，可以在应用生命周期的很前面就调用 getLine 方法，而输入文件在此时并没有读取，而是直到调用结果 ManagedResource[LazyTraversable[String]] 的 load 方法时才读取文件。这样就可以通过组合"行为"来组合应用。

我们来完成这个例子。现在需要逐行读取输入文件并计算每行的长度。计算结果写入一个新文件。我们来定义一个新工作流来实现它。

```
def lineLengthCount(inFile: File, outFile: File) =
    for {
        lines <- getLines(inFile)
        val counts = lines.map(_.length).toSeq.zipWithIndex
        output <- ManagedResource.writeFile(outFile)
        val writer = new OutputStreamWriter(output)
        val buffered = new BufferedWriter(writer)
    } yield buffered.write(counts.mkString("\n"))
```

lineLengthCount 方法接受两个 File 参数。for 表达式定义了一个工作流，先用 getLines 方法获取文件所有行的 TraversableView。然后对每一行调用 length 方法来计算行的长度，并将结果与行号组合。然后用 ManagedResource.writeFile 方法来获得输出结果。这个方法和 readFile 方法类似，只是返回 OutputStream 而不是 InputStream。工作流的后面两行把 OutputStream 适配给 BufferedWriter。最后用 BufferedWriter 来把计算结果写出到文件里。

作者注：单子化输入输出

Haskell 语言有个单子化输入输出库，其中所有有副作用的输入和输出操作都被包装在叫作 I/O 的单子里。所有的文件或网络操作都包装在称为 do-natation 的工作流里，类似于 Scala 的 for 表达式。

这个方法并不实际执行任何计算，它只是返回一个 ManagedResource[Unit]，这个单子的 loan 方法被调用时才会读取、计算并且写出结果。同样地，这个工作流里只是组合了计算行长度的"行为"而并不实际执行它。这样就带来了一种灵活性，让我们可以将程序的行为片段定义为一类对象，把它们传来传去或者用某种依赖注入框架来注入。

有一些函数式程序员坚信所有的副作用都应该隐藏在单子里，以便让程序员能够更好地控制像数据库访问和文件系统访问这种动作的发生时机。这类似于把工作流放在 ManagedResource 单子里面，当确实需要执行工作流的时候调用"loan"方法。虽然这种思想非常有益，但这也会使单子化工作流在整个代码库里像病毒一样传染。Scala 受 ML 语言族影响，并不强制副作用必须限制在单子里，因此有些代码大量使用单子和单子化工作流，也有很多代码不使用。

单子化工作流如果使用在合适的场合下是非常强大而有益的。当定义一个需要依序执行的任务管道而不定义执行的行为时，使用单子是非常有效的。可以用单子来控制和约束这种行为。

作者注：单子化法则和 Wadler 的研究成果

单子遵循一组严格的数学法则，这些内容超出了本书的范围。这些法则：left identity、right identity 和 association 在大部分专门讲单子的材料里都有讲。此外，Phillip Wadler，函数式编程世界里单子概念的启蒙者，写了一系列描述通用的单子和通用的模式的论文。这些材料都非常值得一读。

单子也可以用来标注相同管道的不同操作。在 Config 单子里有好几种方法来构造一个 Config 实例。当 Config 实例是从文件构造出来时，Config 单子可以用修改检测来避免多次读取相同文件。单子也可以构造一个依赖图来在运行时计算和尝试优化文件读取。尽管现在 Scala 还没有多少库优化了阶段式单子化行为，但这始终是一个把系列操作编码进单子化工作流的理由。

11.5　总结

面向对象程序员可以从函数式编程中获益良多。函数式编程给出了与函数交互的强大方法——可以使用可应用风格，比如配置一个应用的例子所示，也可以用单子化工作流。以上种种都很大程度上依赖于范畴论理的概念。

本章中需要注意的是函数式风格的类型类的广泛使用。类型类模式给函数式编程世界提供了一种非常灵活的面向对象形式。当与 Scala 的特质和继承机制结合起来时，这会是一种构造软件的非常强大的基础构造。标准库没有提供本章中介绍的类型类，你可以在 Scalaz 扩展库里找到它（https://github.com/scalaz/scalaz）。Scalaz 库使用了比本书中介绍的集中抽象更高级的抽象，值得看看。

Scala 提供了混合面向对象和函数式编程所需要的工具。在代码里和谐地使用两者才能达到最佳效果。错误使用 Scala 的最大危险就是只使用其面向对象部分或只使用函数式编程部分。因为混合使用这两种编程范式才是 Scala 语言设计的初衷。